SILENT WORLD

Beautiful Ruins of a Vanishing World / Yuto Yamada

消えゆく世界の美しい廃墟 / 山田悠人

Introduction

　写真を撮り始めたのは、些細なきっかけだった。

ベルリンへ移住した当時、湖のほとりに住んでいて、目の前に広がる美しい景色を家族や友人たちとシェアしたいと思ったからだ。その後、ストリートアーティストの友人が廃墟へ絵を描きに行くと言うので、連れて行ってもらったことが廃墟の撮影を始めるきっかけとなった。

　第二次世界大戦後に、東西に分断されていたベルリンには、いくつもの廃墟が存在する。ソビエト連邦が統治していた東ドイツ（ドイツ民主共和国＝DDR）には、共産主義時代の面影を残した巨大な建物や施設が放置されたままになっている。東京で生まれ育った自分は、その圧倒的な存在感、非現実的な異空間に引き寄せられ、探索し、撮影の虜となっていったのだった。それからというもの毎週のように、ベルリン市内やベルリンの郊外、さらにはドイツを飛び出し、さまざまな国々の廃墟を探訪し、撮影し続けた。気付けば、３年以上の時が過ぎていた。

　今のベルリンでは都市開発が進み、廃墟は取り壊しの対象になっている。跡地にはショッピングセンターやアパートメントが続々と建設され、シリア難民のキャンプとしても利用されるようになった。撮影した廃墟の中にも、すでに封鎖され、消えゆく運命を待つ巨大廃墟が多い。今後、時代の移り変わりとともに、消え去る廃墟がいくつもあることだろう。

　日本に住んでいたら、絶対に目にすることのできない「"静寂の世界"（SILENT WORLD）」。それは美しくもある、特異な空間だ。かつての情景を想像しながら、その静けさと重ねられた時の移ろいを堪能して欲しい。

　そこには、時代と風化が創り出したストーリーが息づいている。

山田　悠人

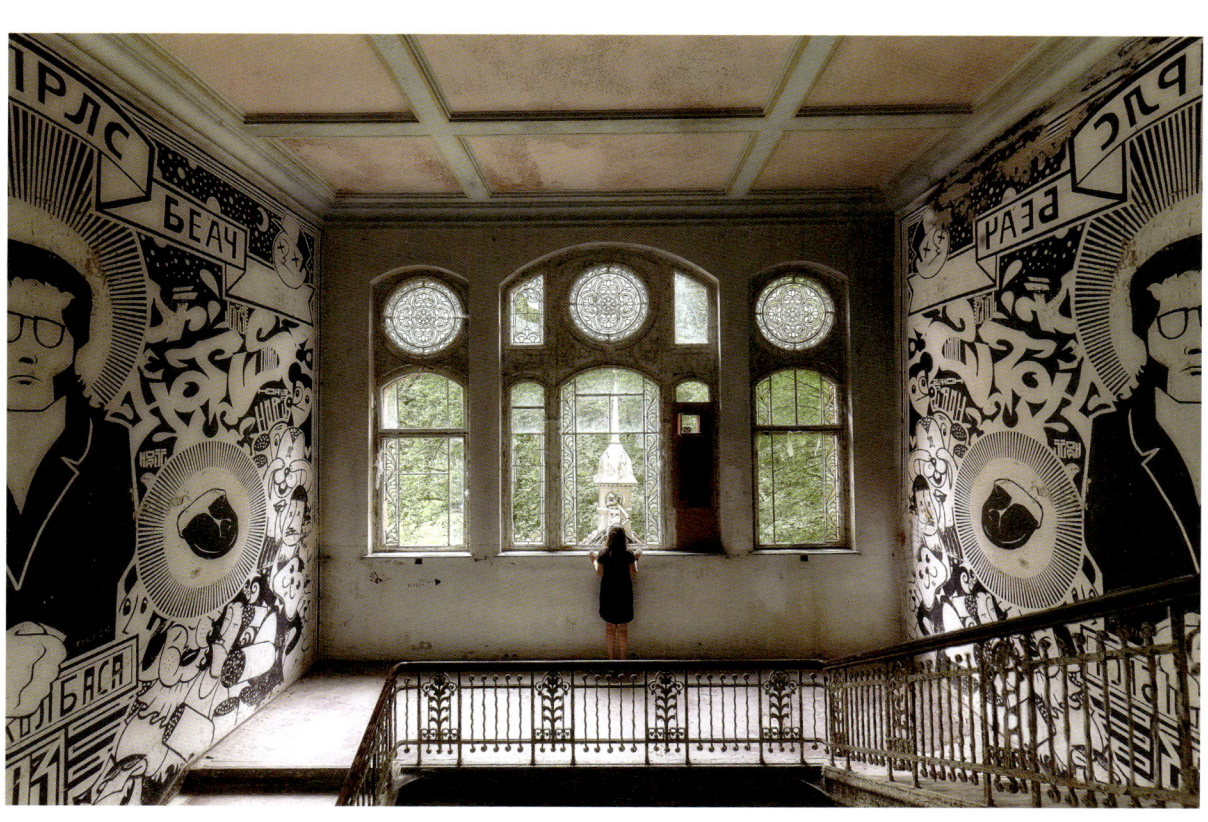

chapter 1

病院————Hospital

生と死の象徴である病院。
数々の命が生まれ、そして消えていった。
役目が失われた病院の床に散らばる、
無数の診療ファイルや未使用の薬品や注射器。
未だ漂うホルマリンの匂いは、我々を遠い過去へと誘う

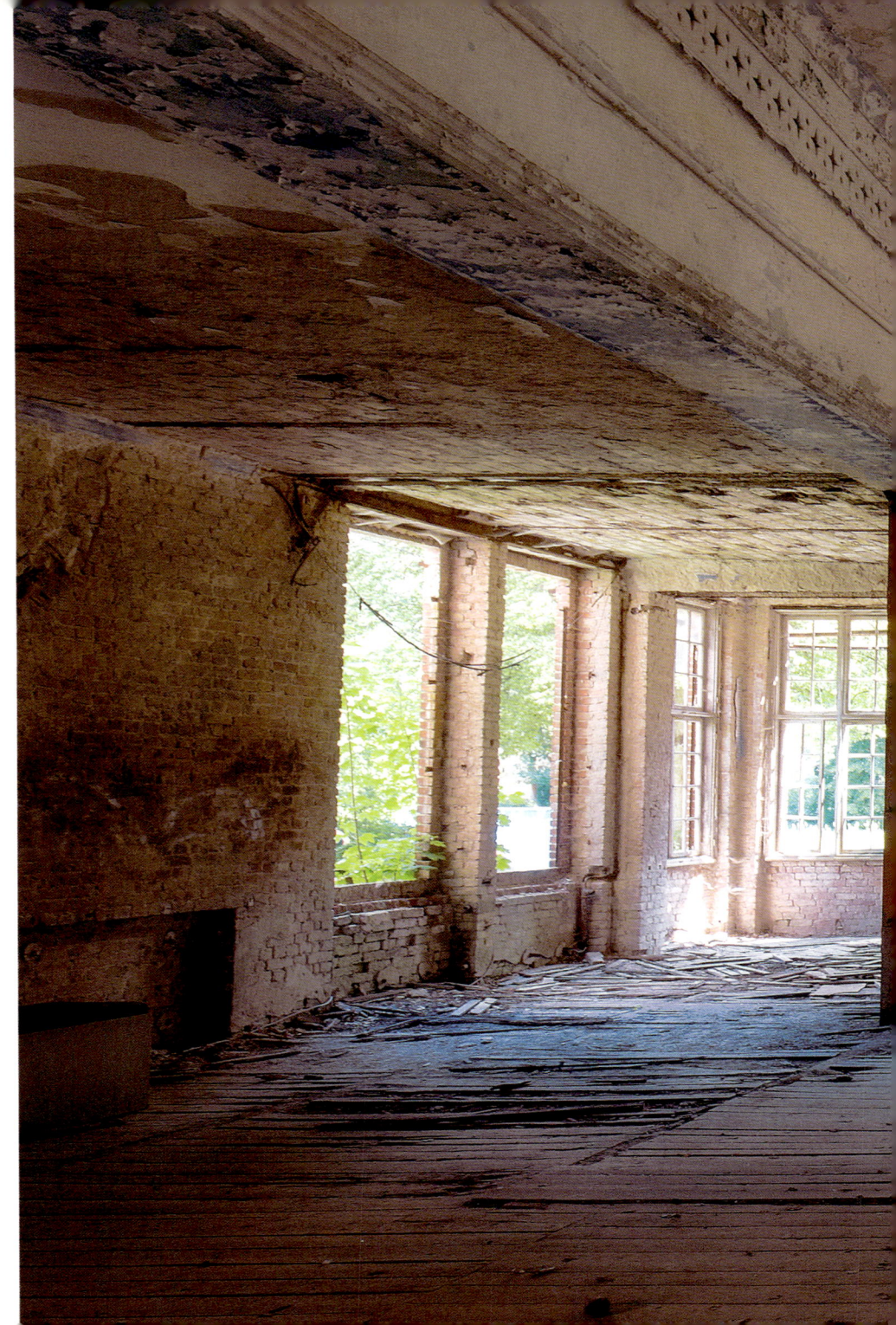

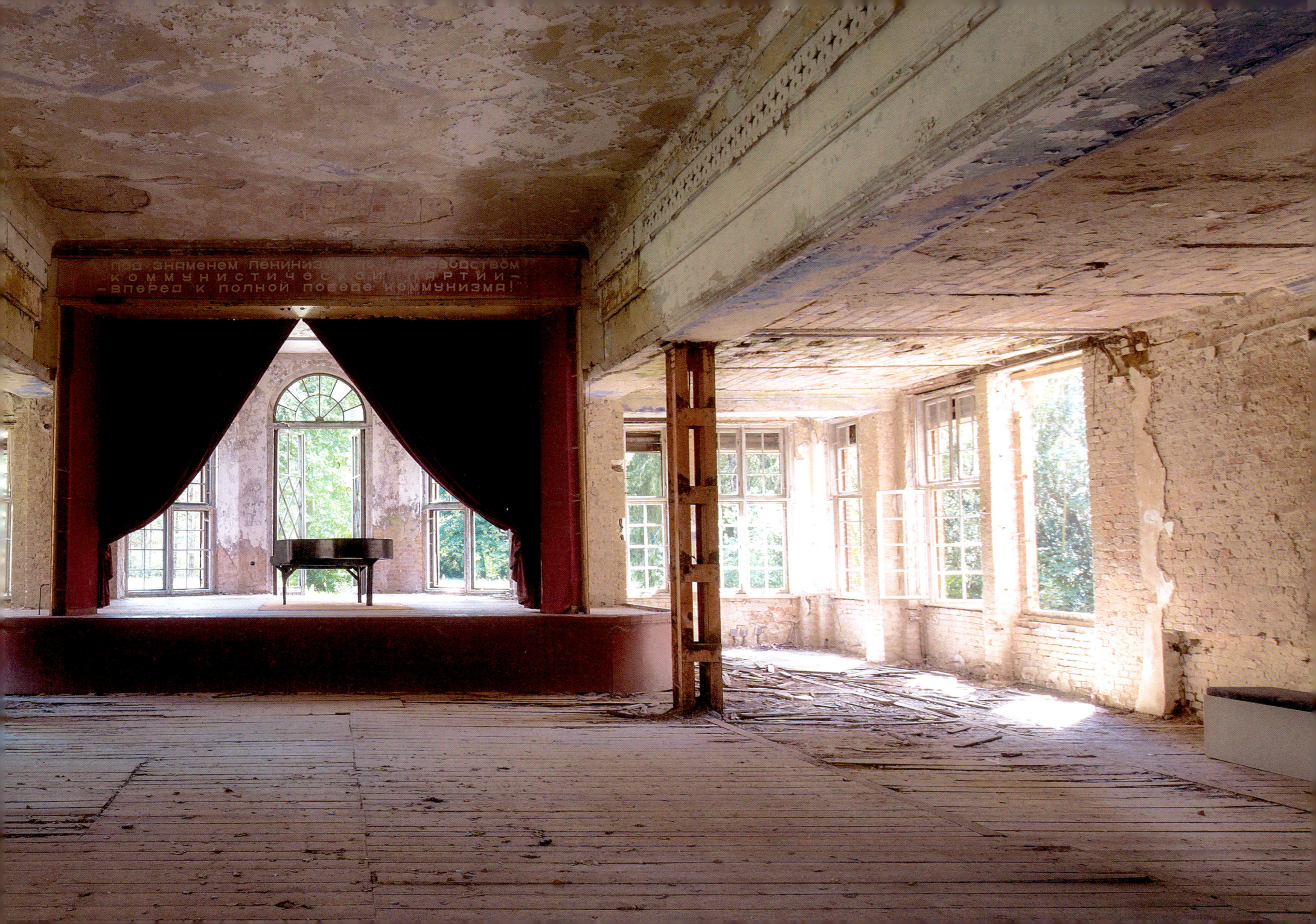

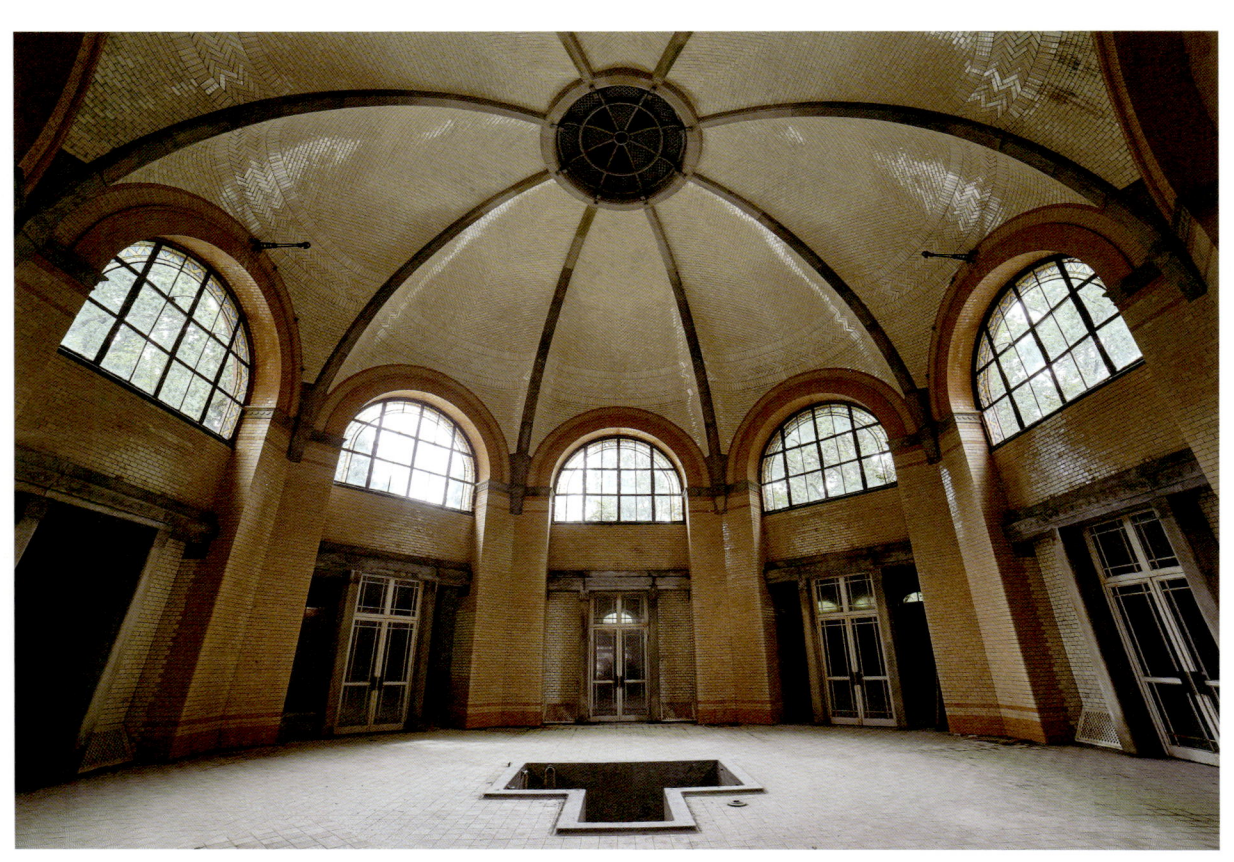

scene 1

ベーリッツ療養所

Sanatoriums in Beelitz

［ドイツ・ブランデンブルグ州］
旧結核治療院・軍病院

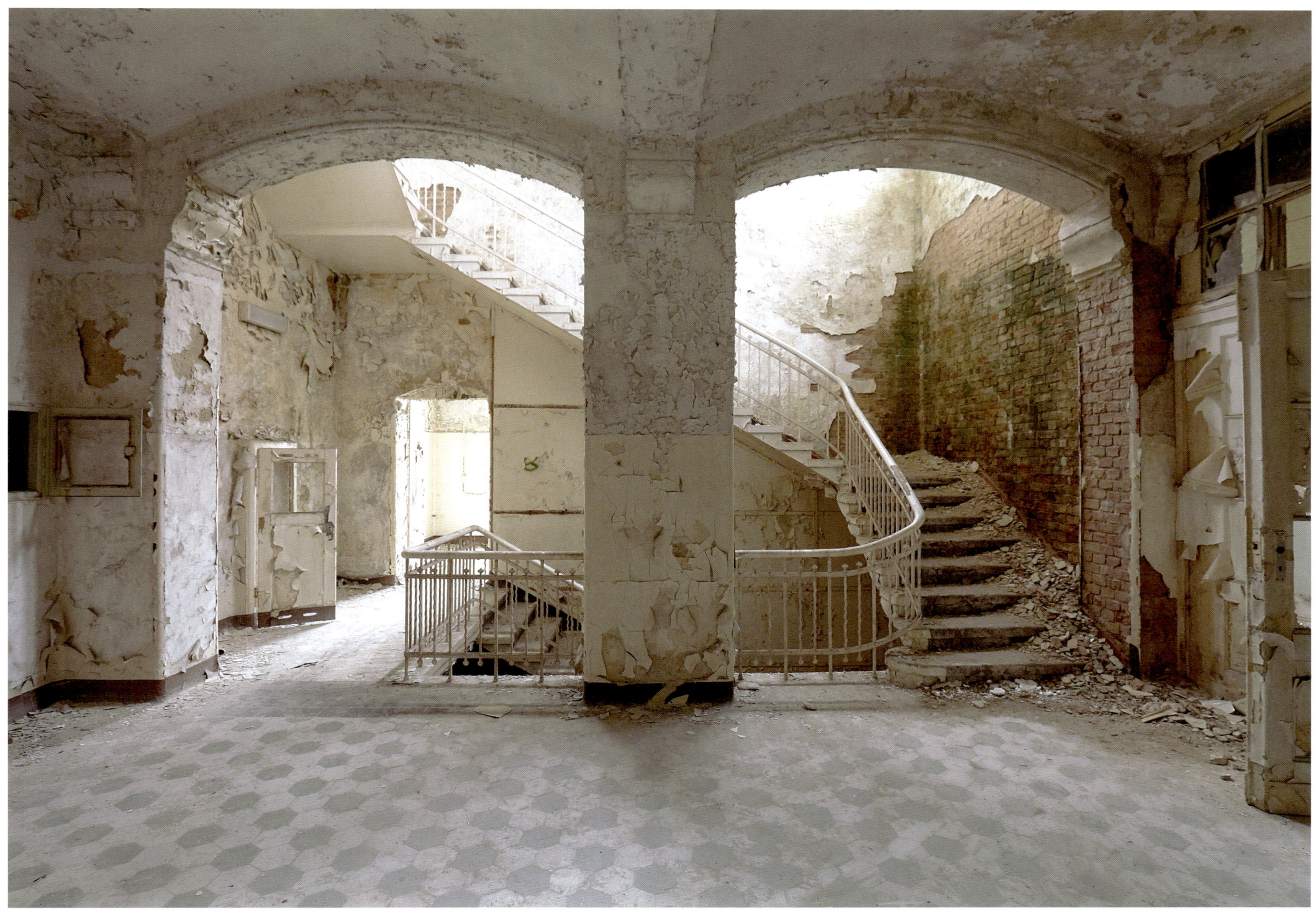

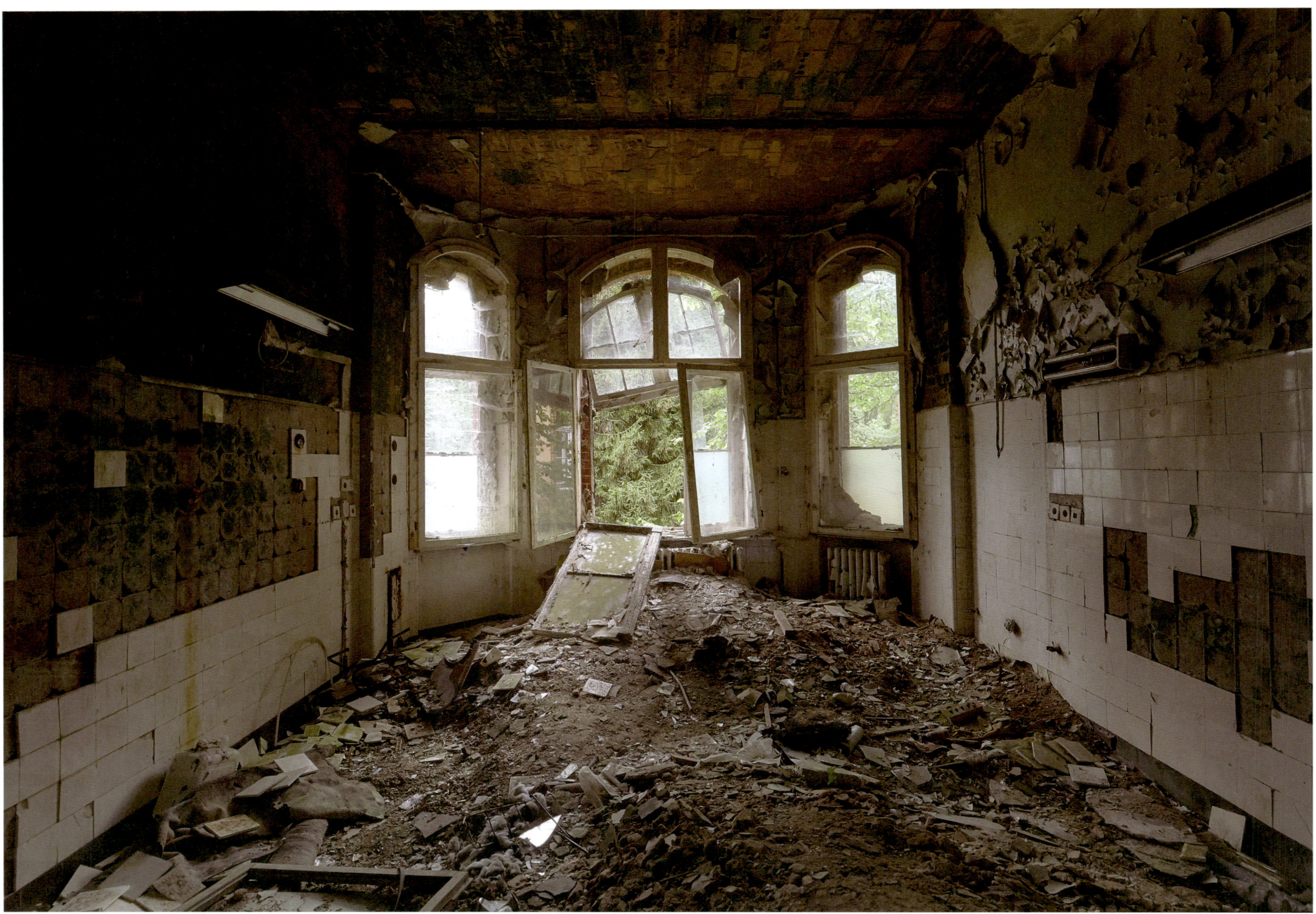

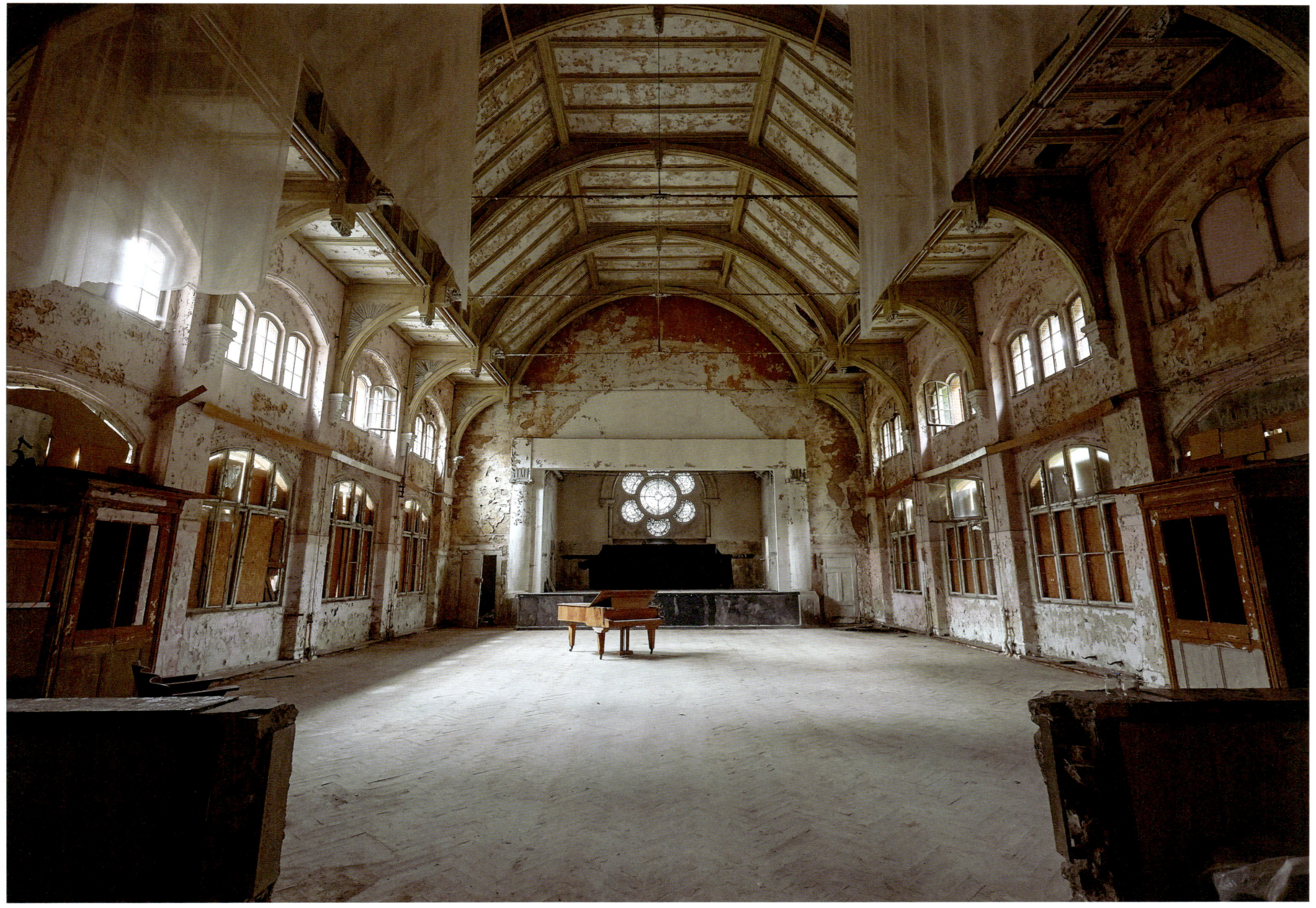

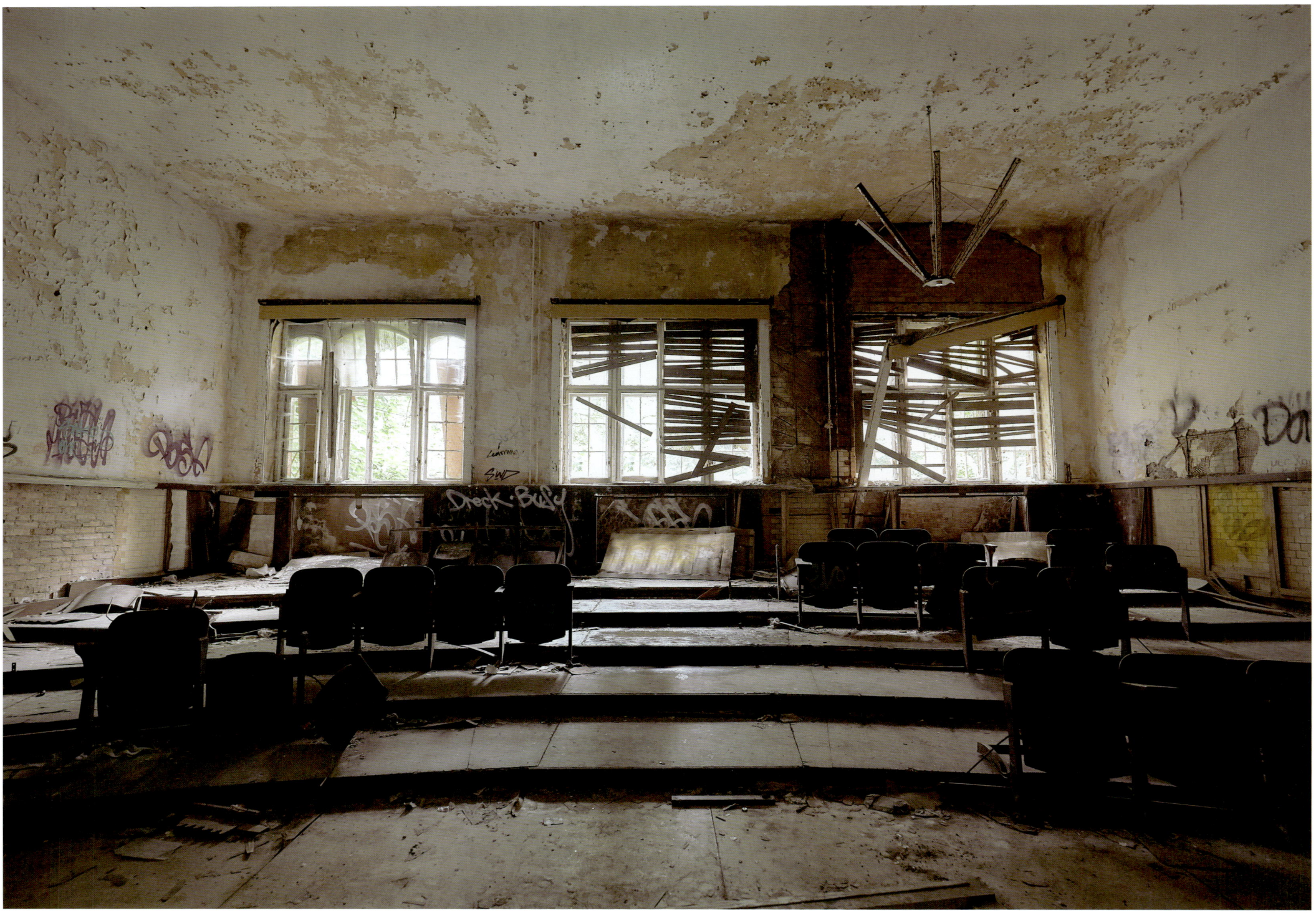

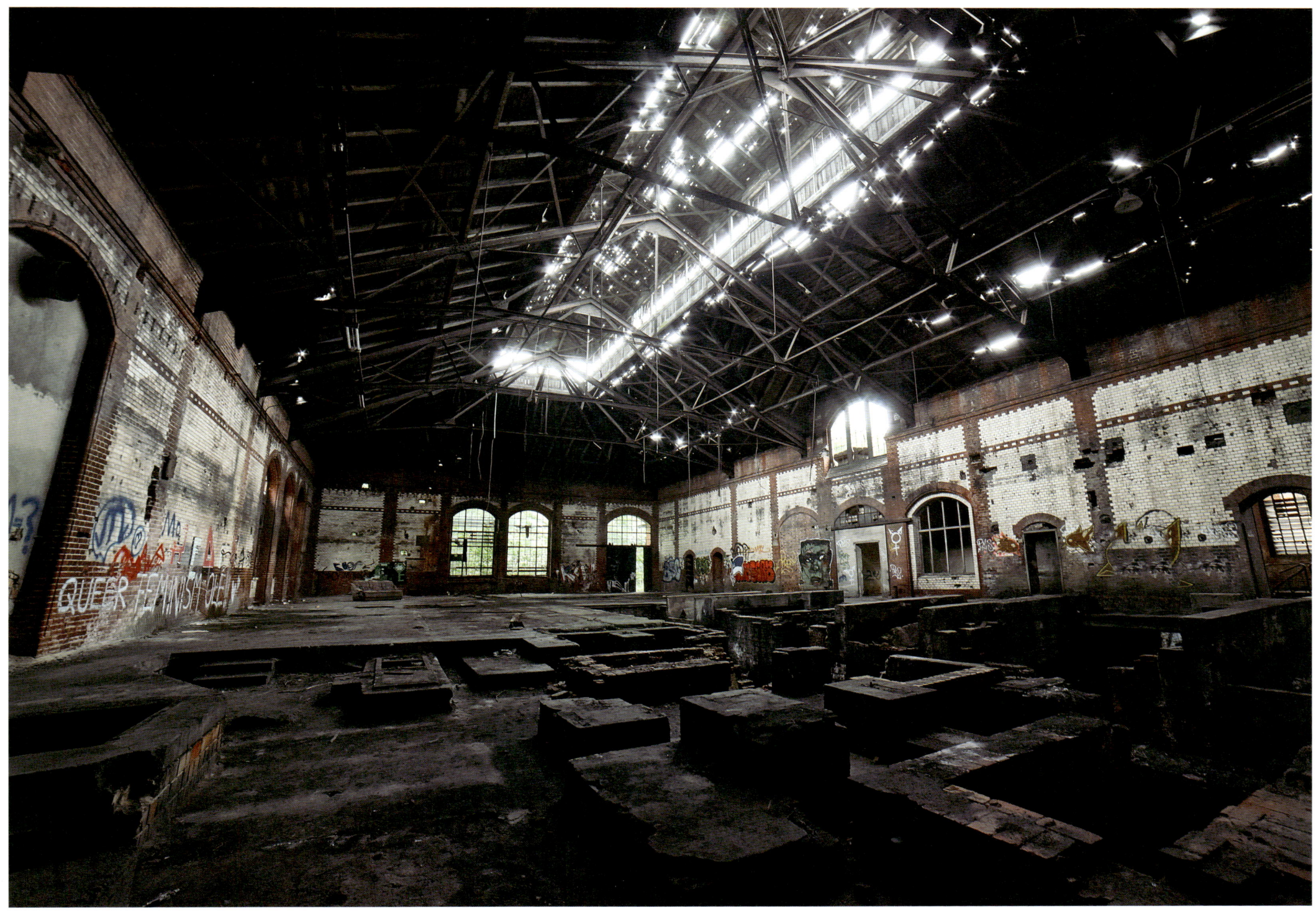

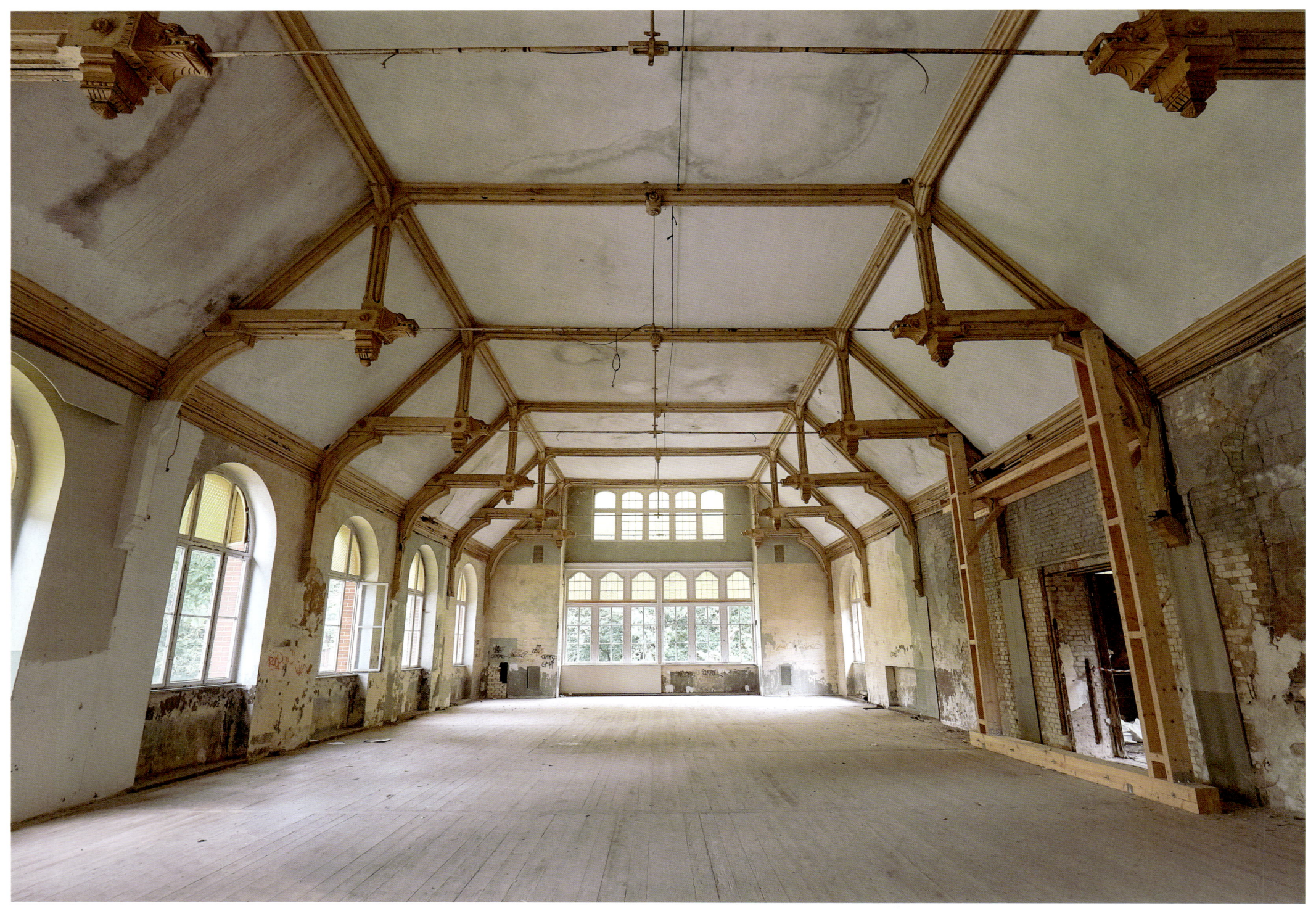

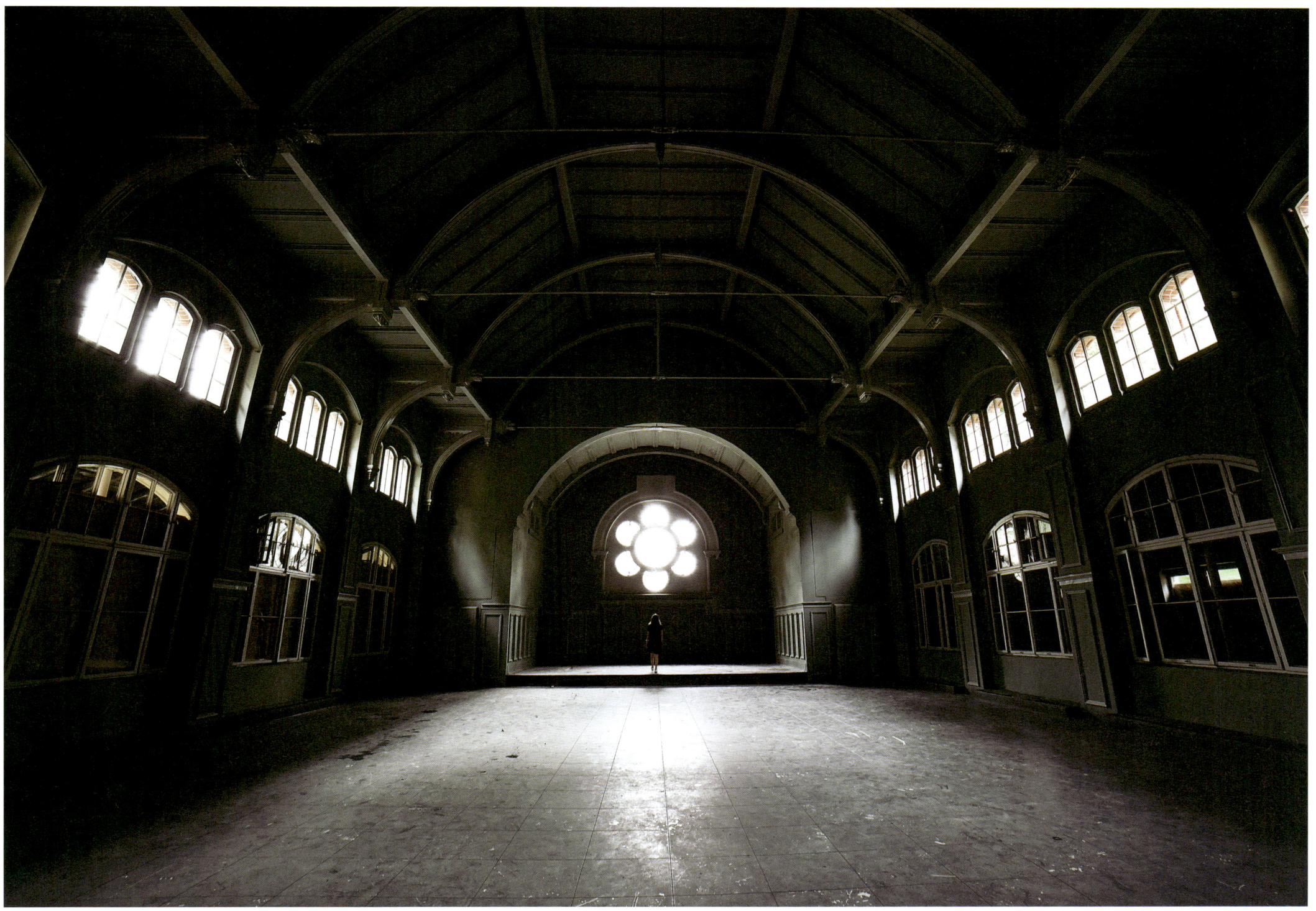

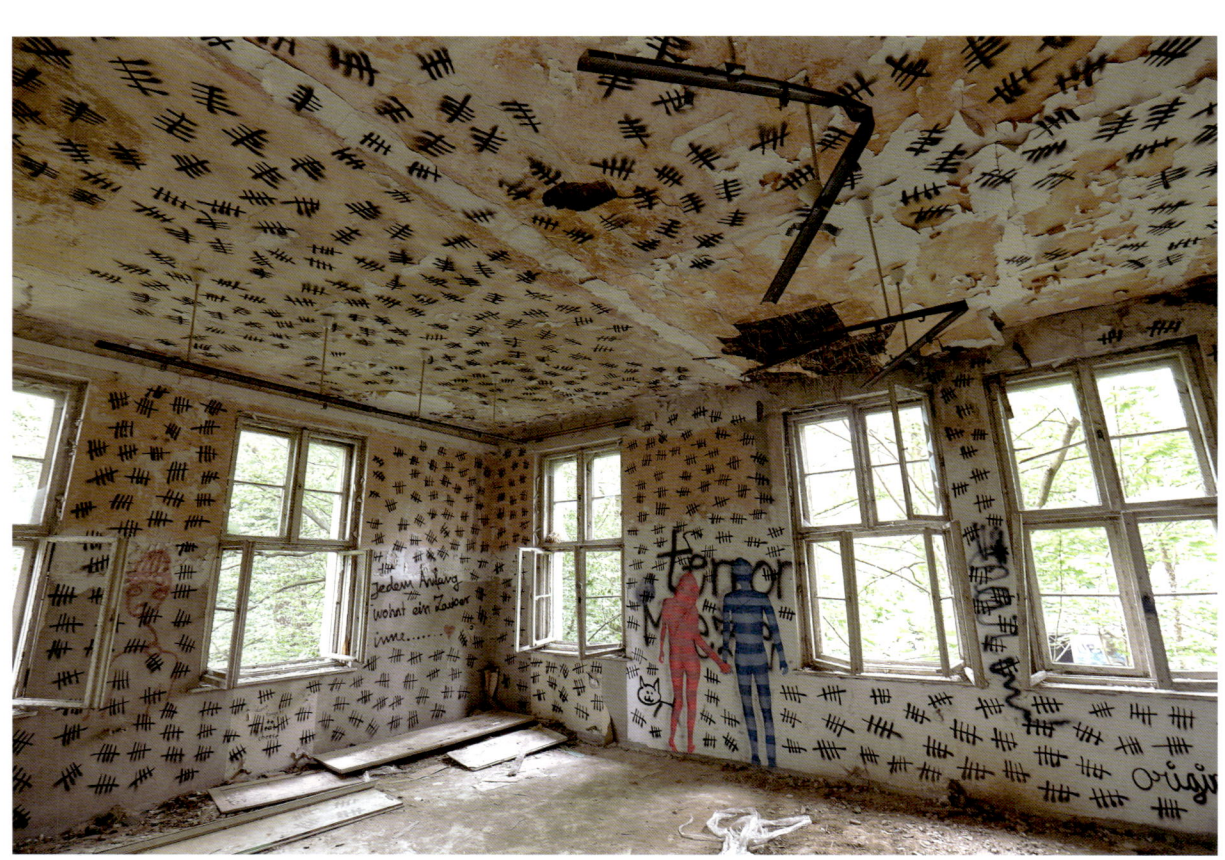

scene 2

市立児童病院
Maternity and Children's Hospital

［ドイツ・ベルリン］

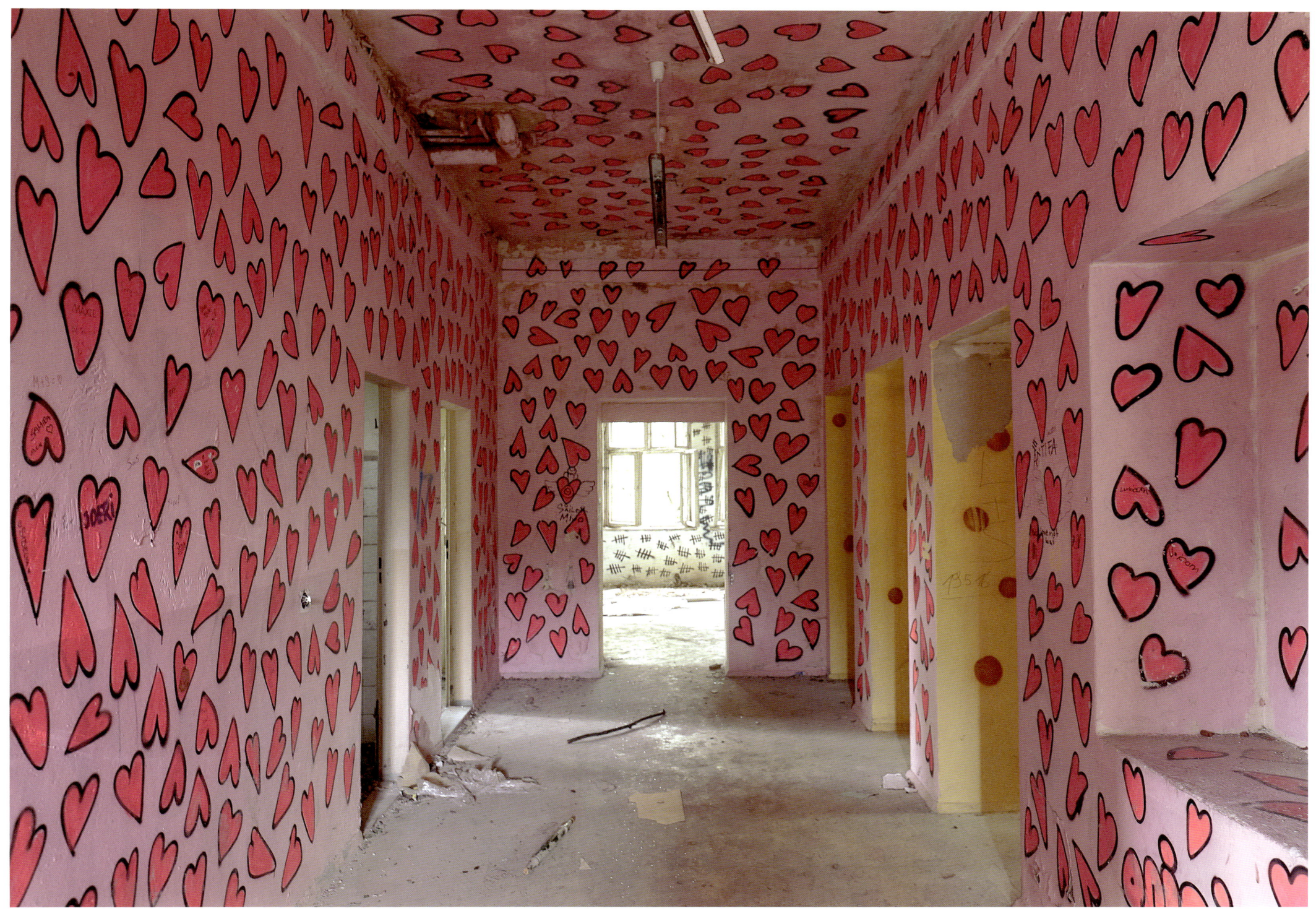

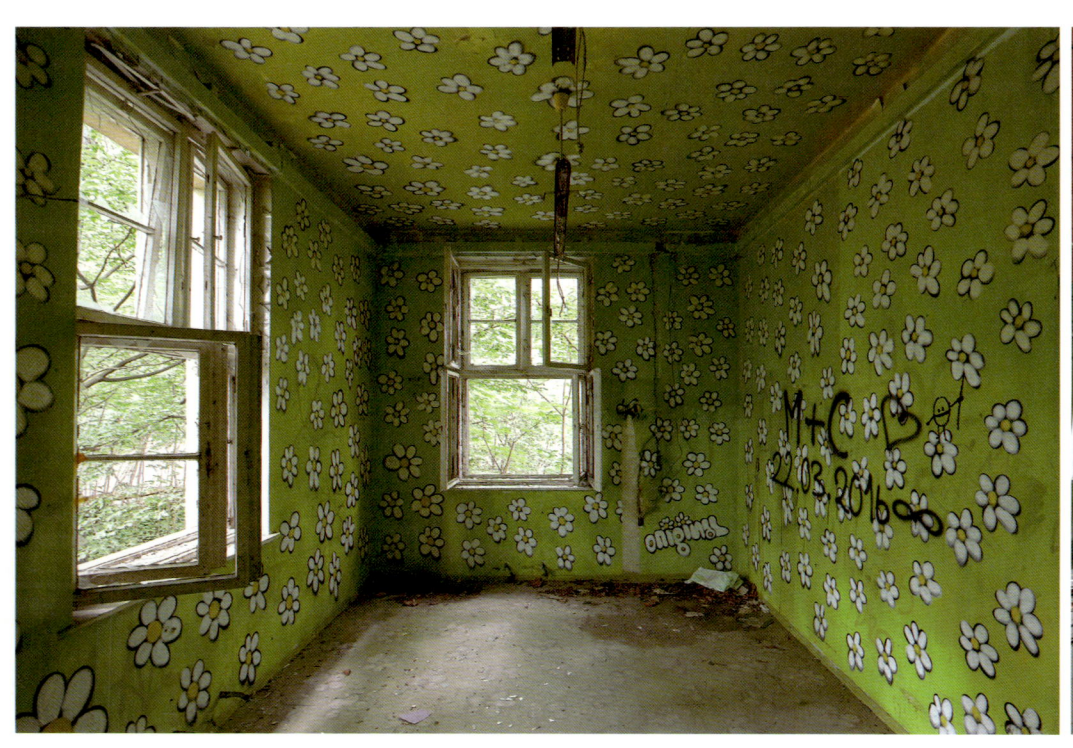
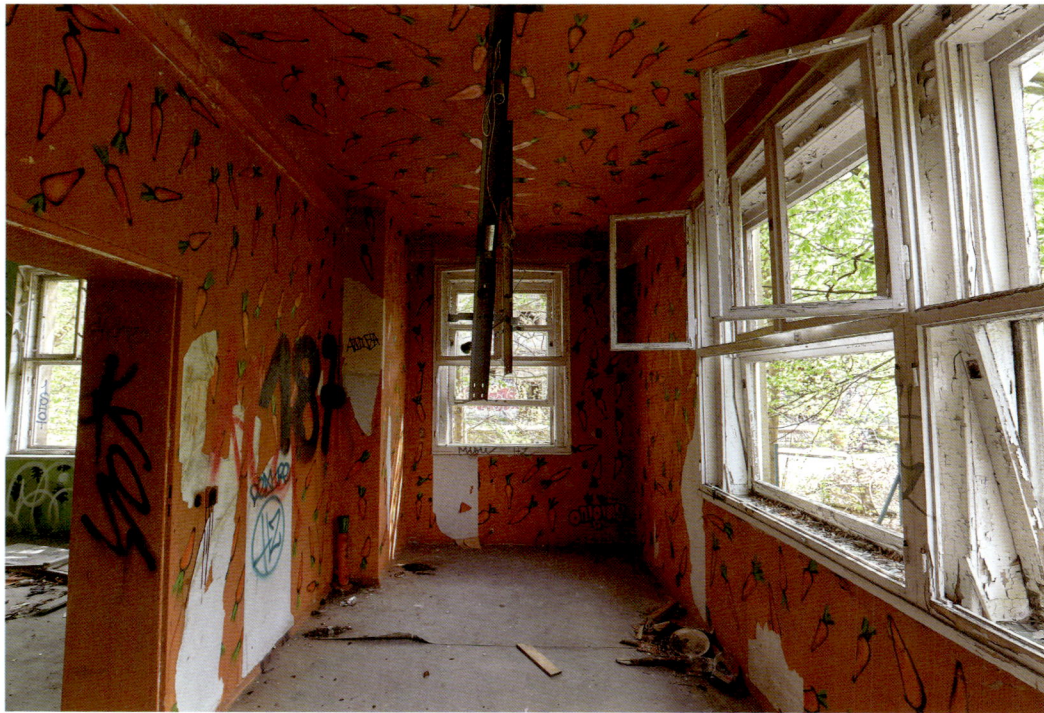

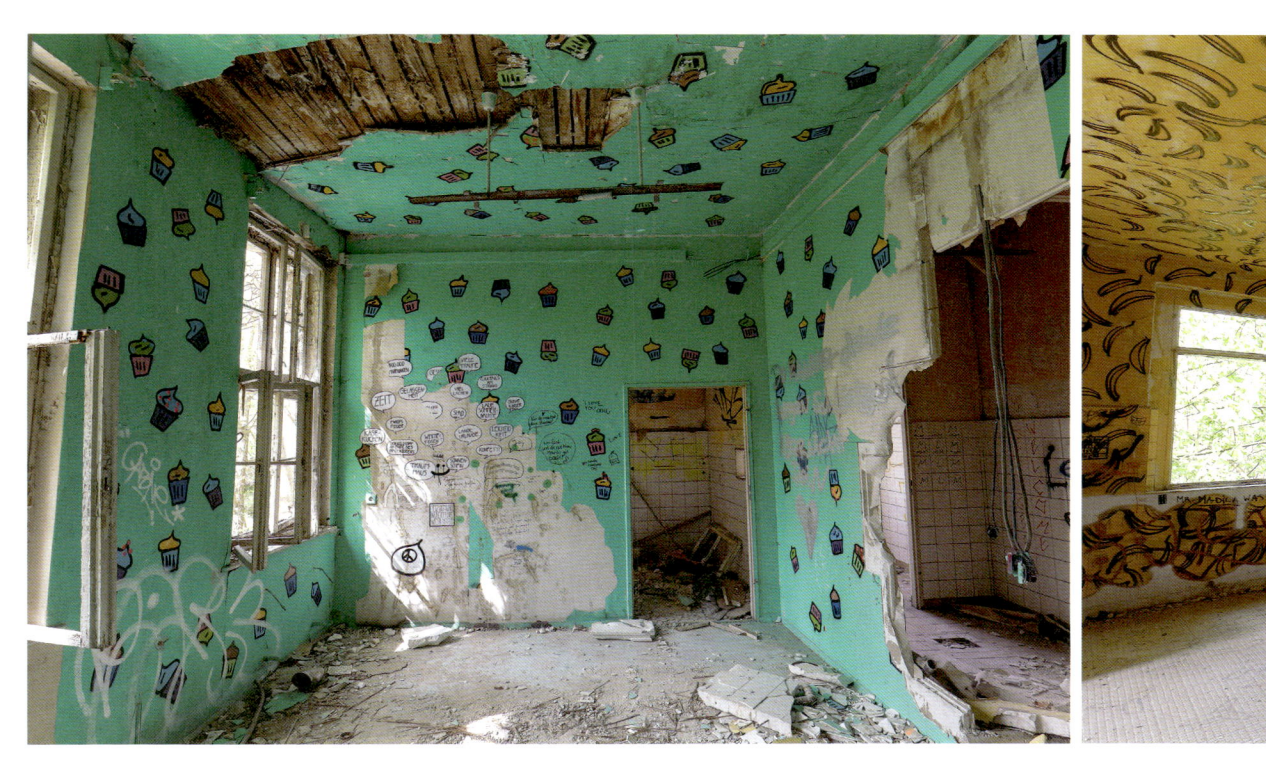
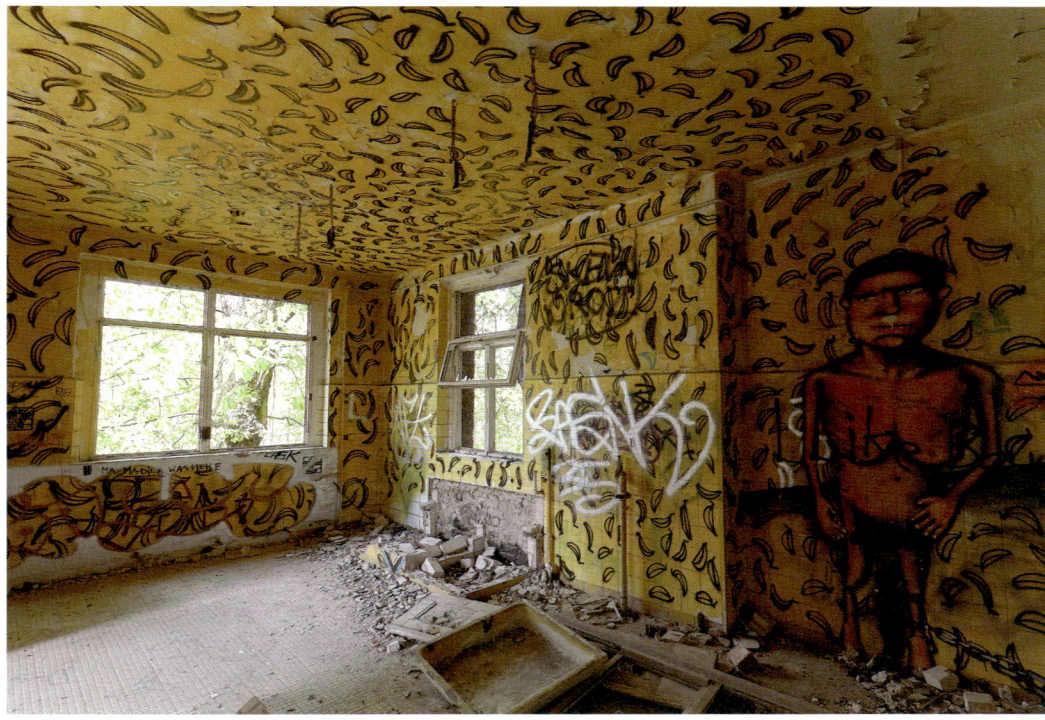

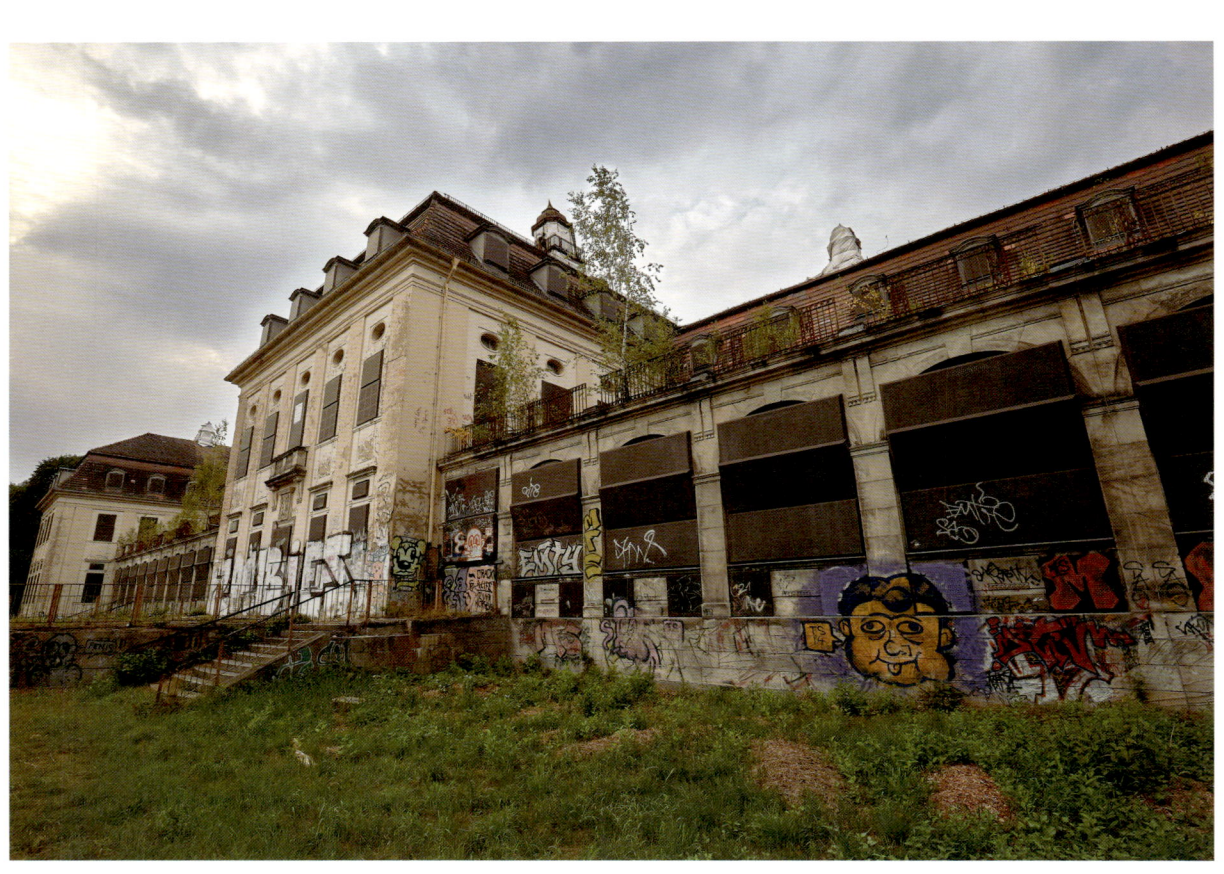

scene 3

ブッフ森林治療院

Tuberculosis Sanatorium, Military Hospital in Buch

［ドイツ・ベルリン］
旧結核治療院・軍病院

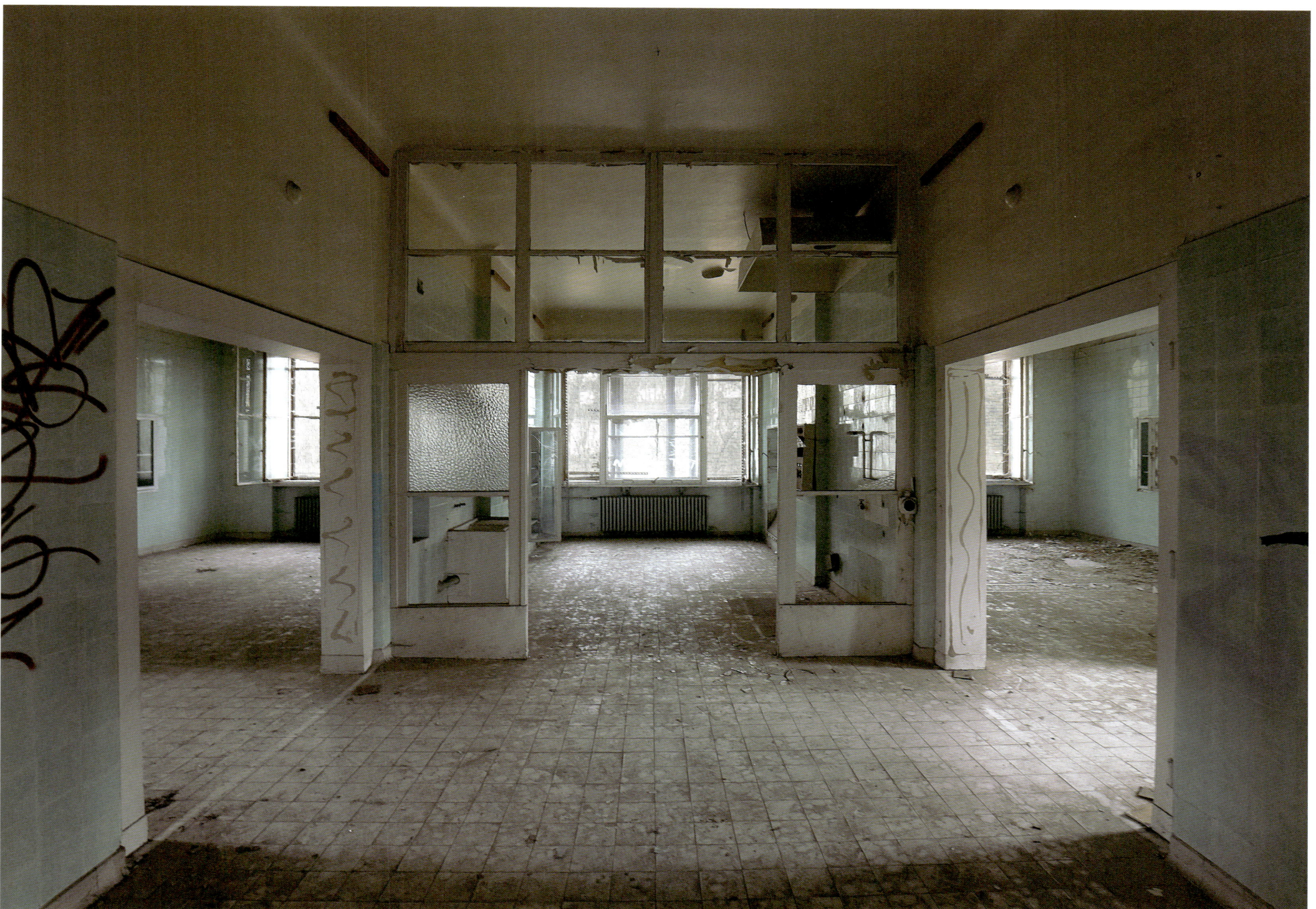

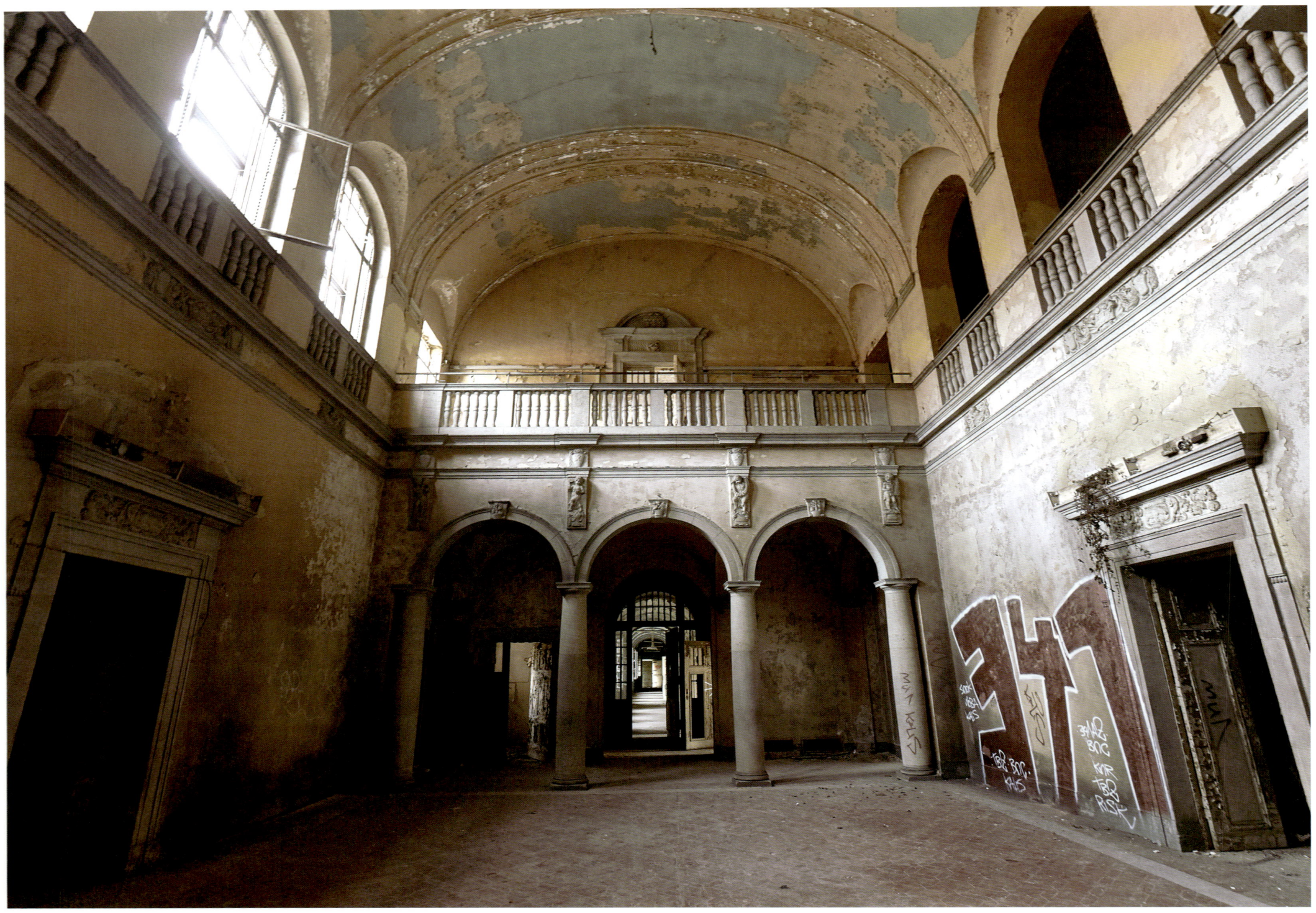

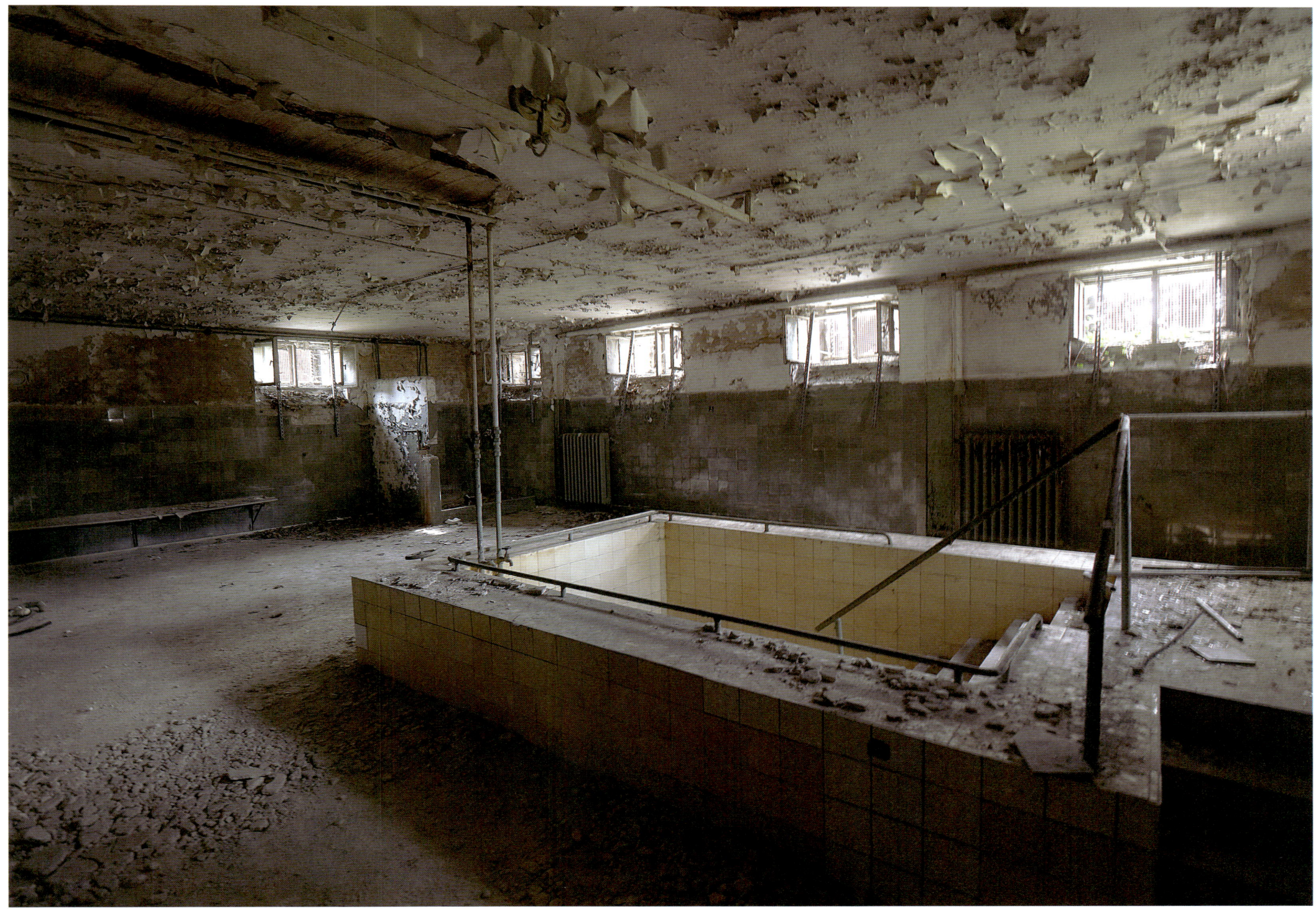

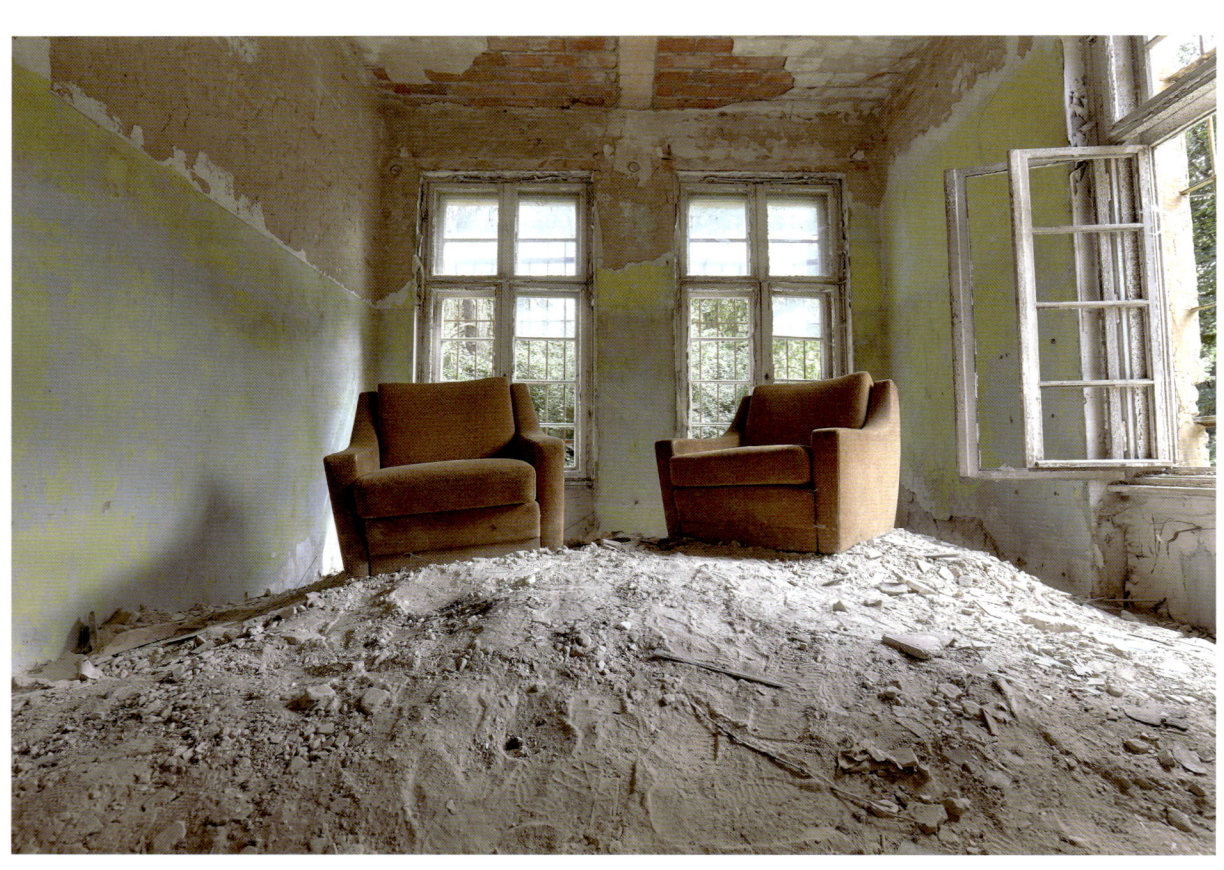

scene 4

グラボーゼー結核療養所

Sanatorium in Grabowsee

［ドイツ・ブランデンブルグ州］
結核療養所・ソビエト連邦軍病院

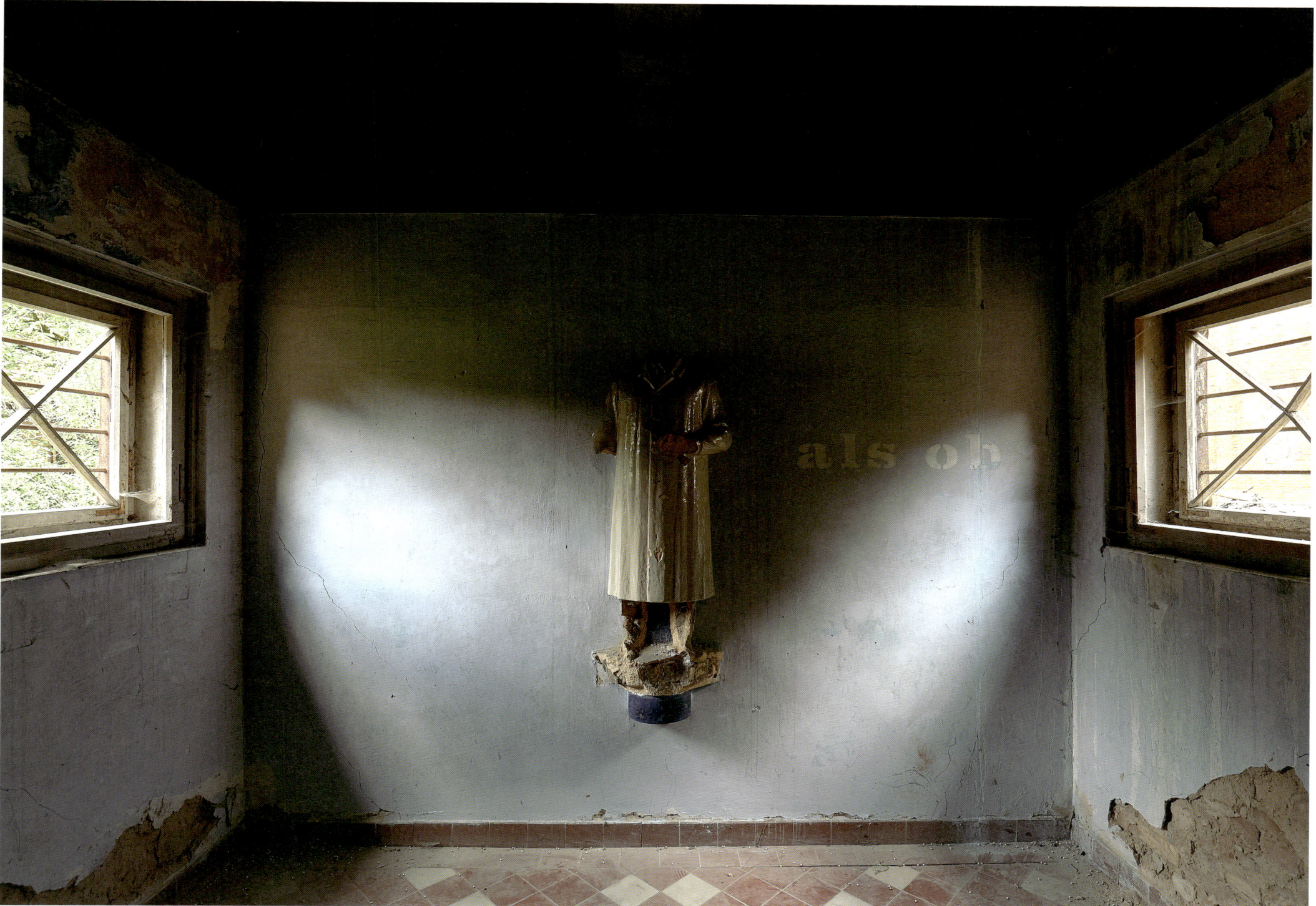

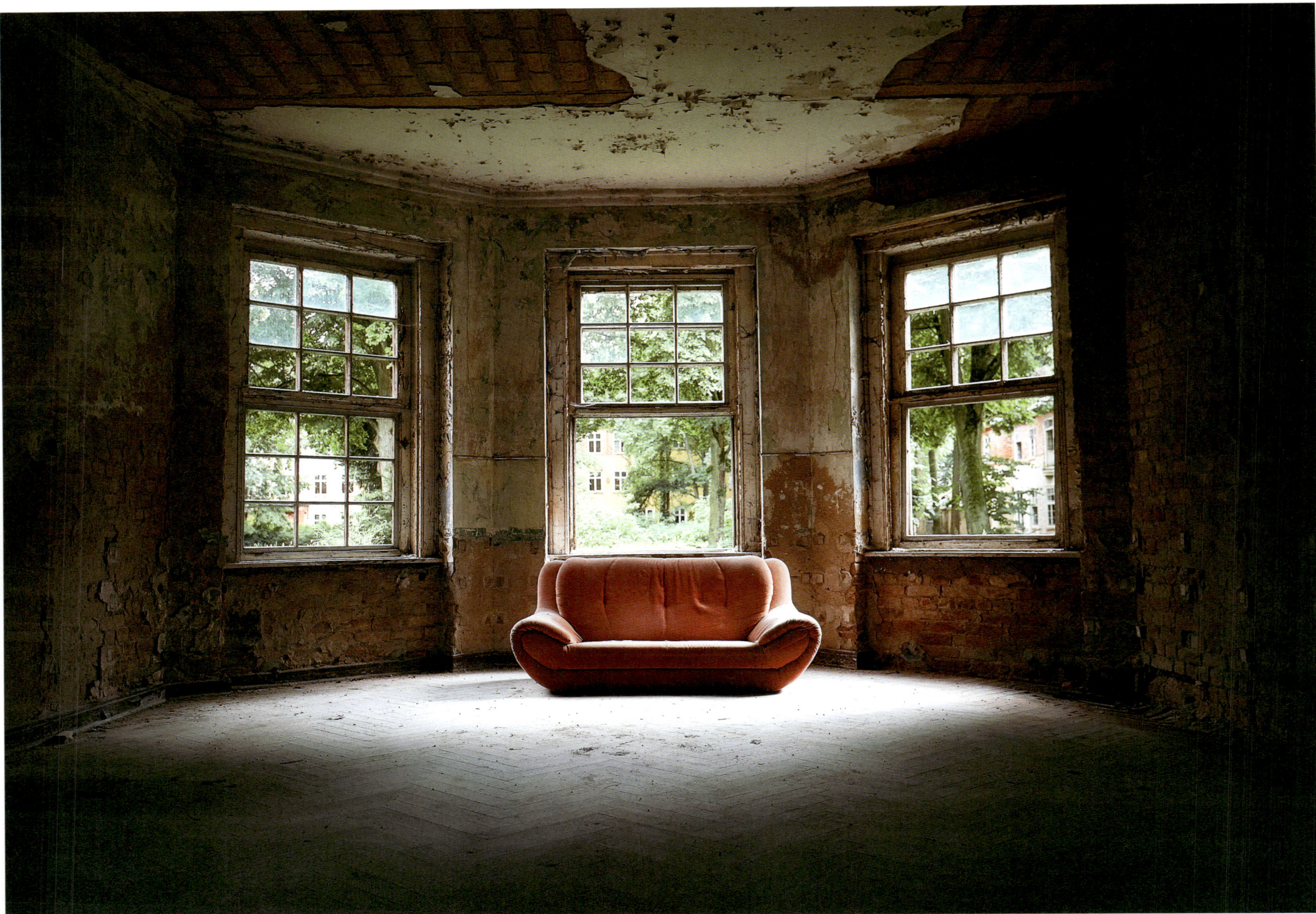

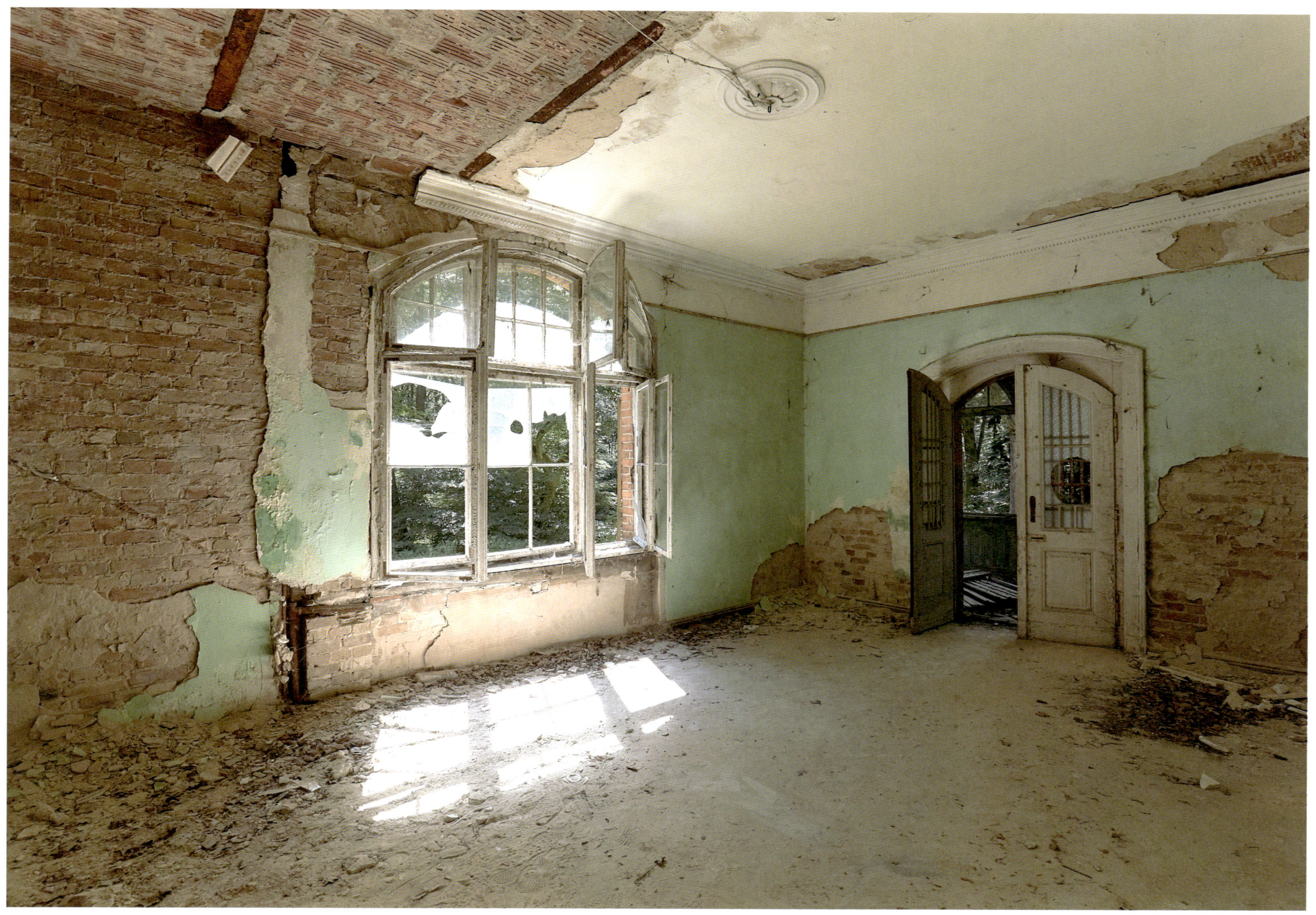

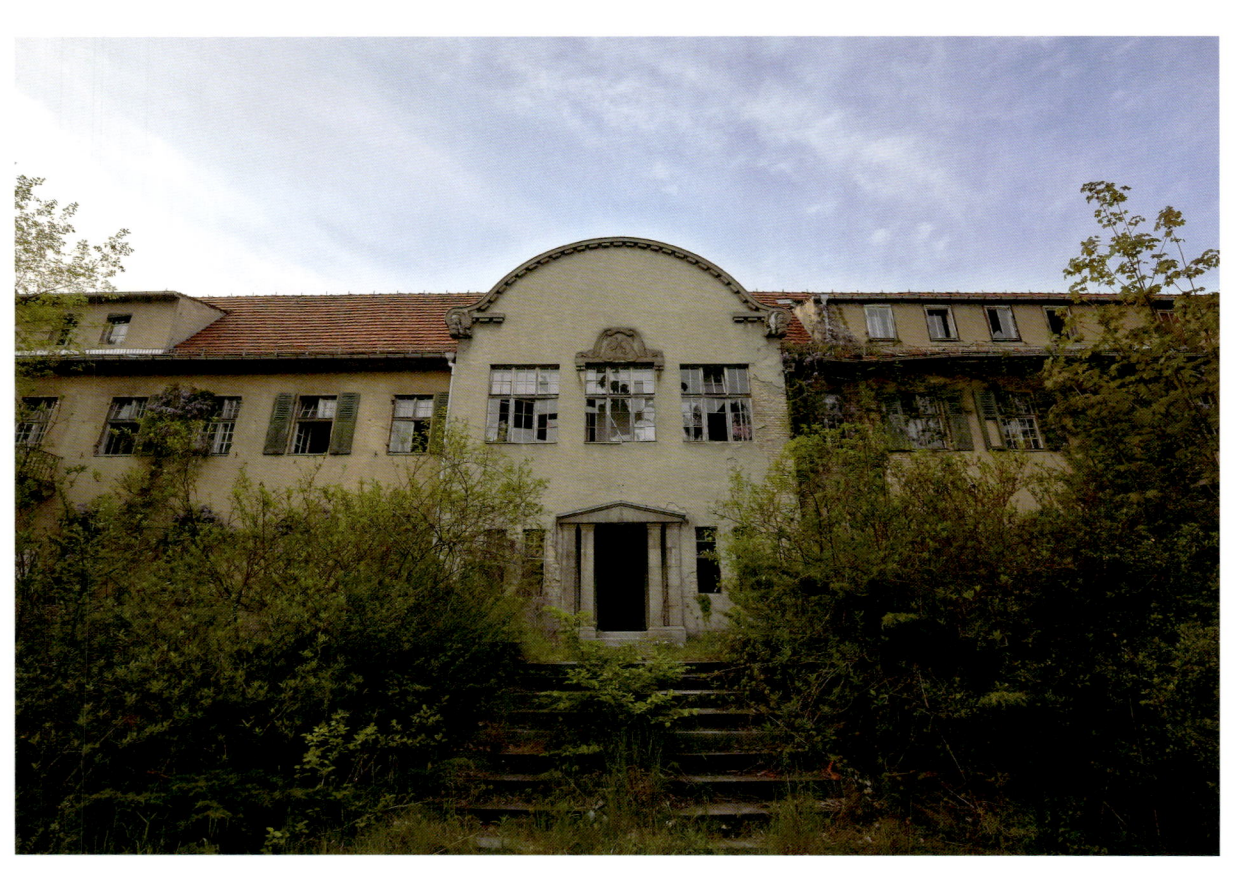

scene 5

エリザベス結核療養所

Elisabeth Sanatorium

［ドイツ・ブランデンブルグ州］
結核療養所・皮膚科院

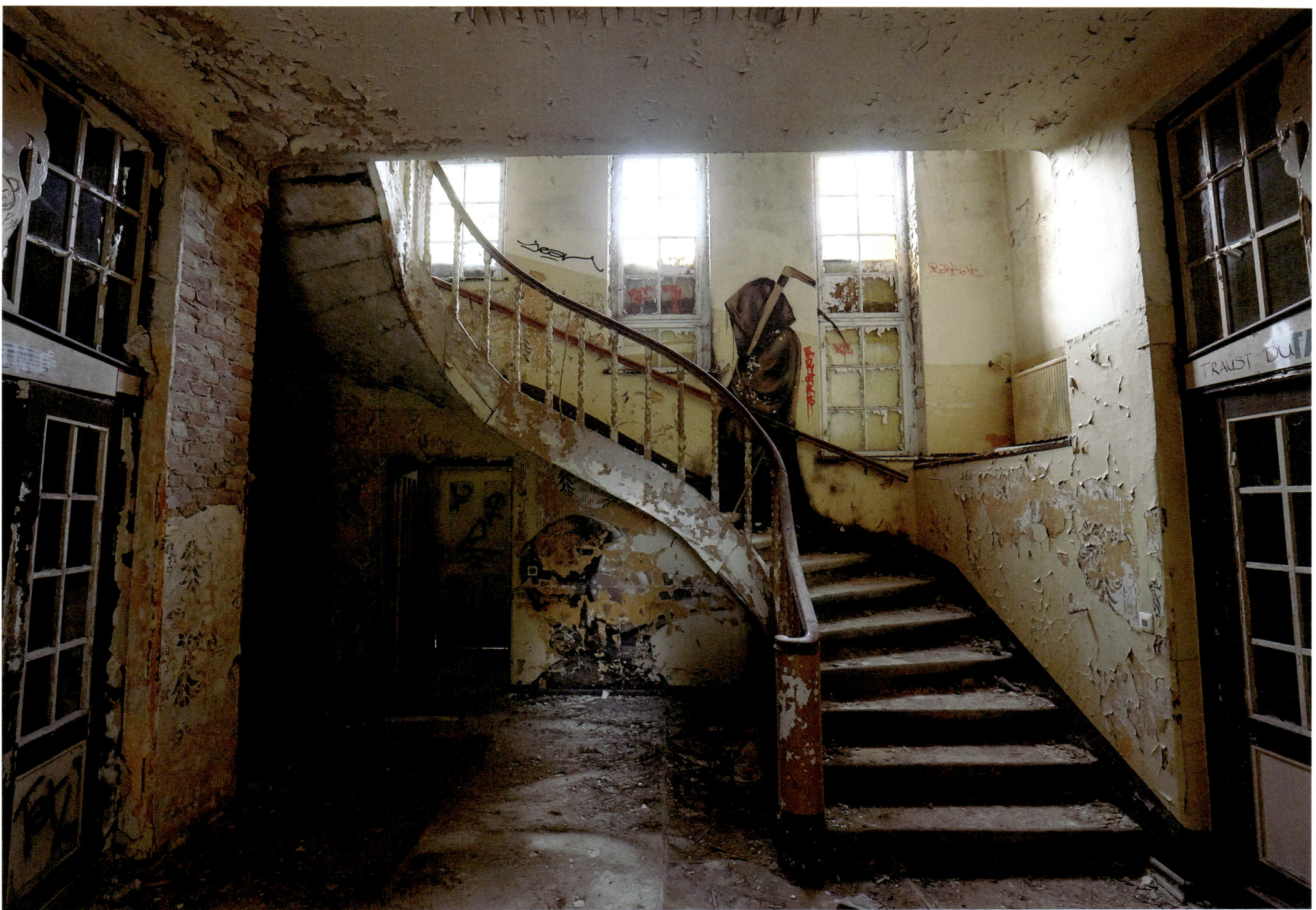

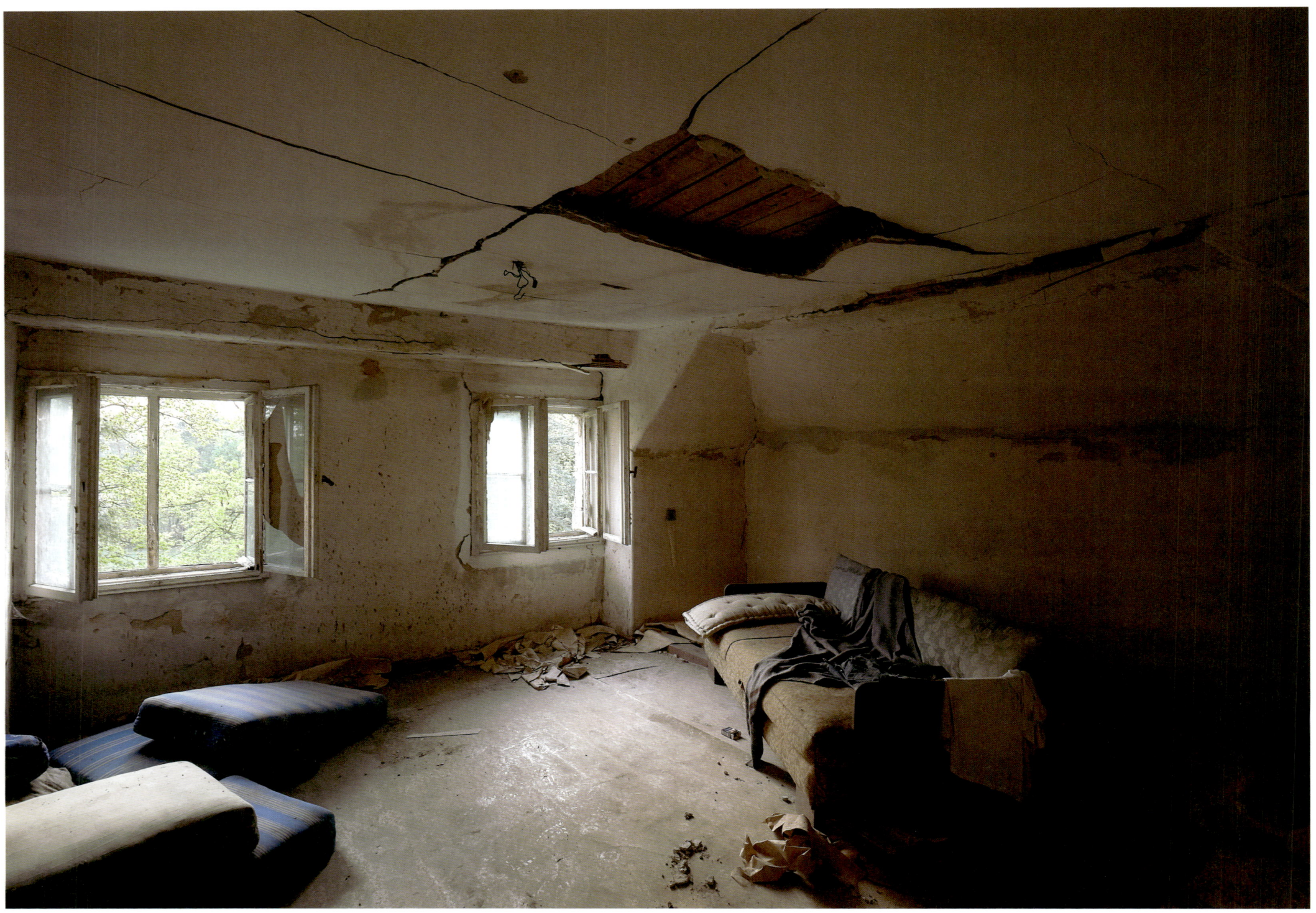

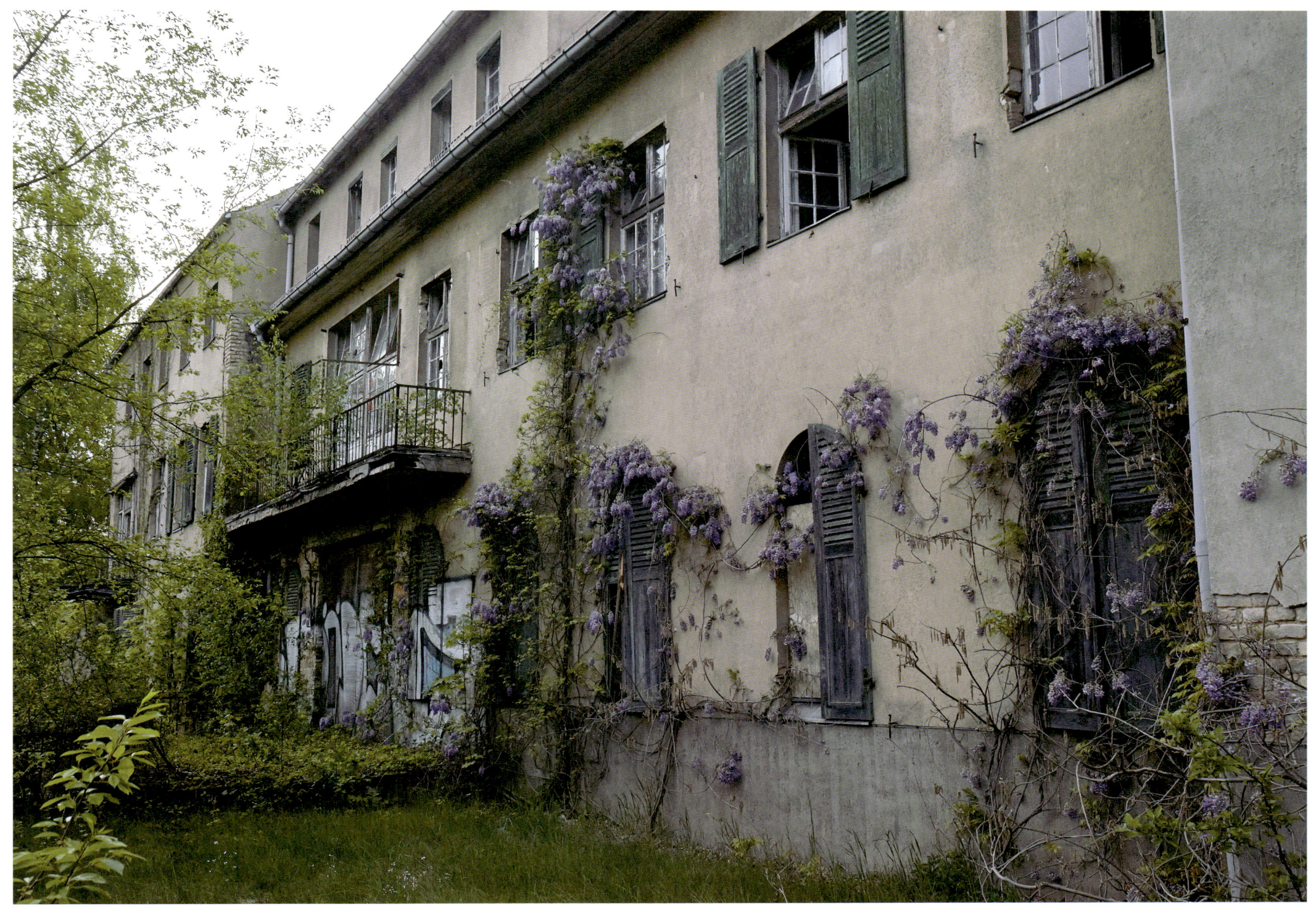

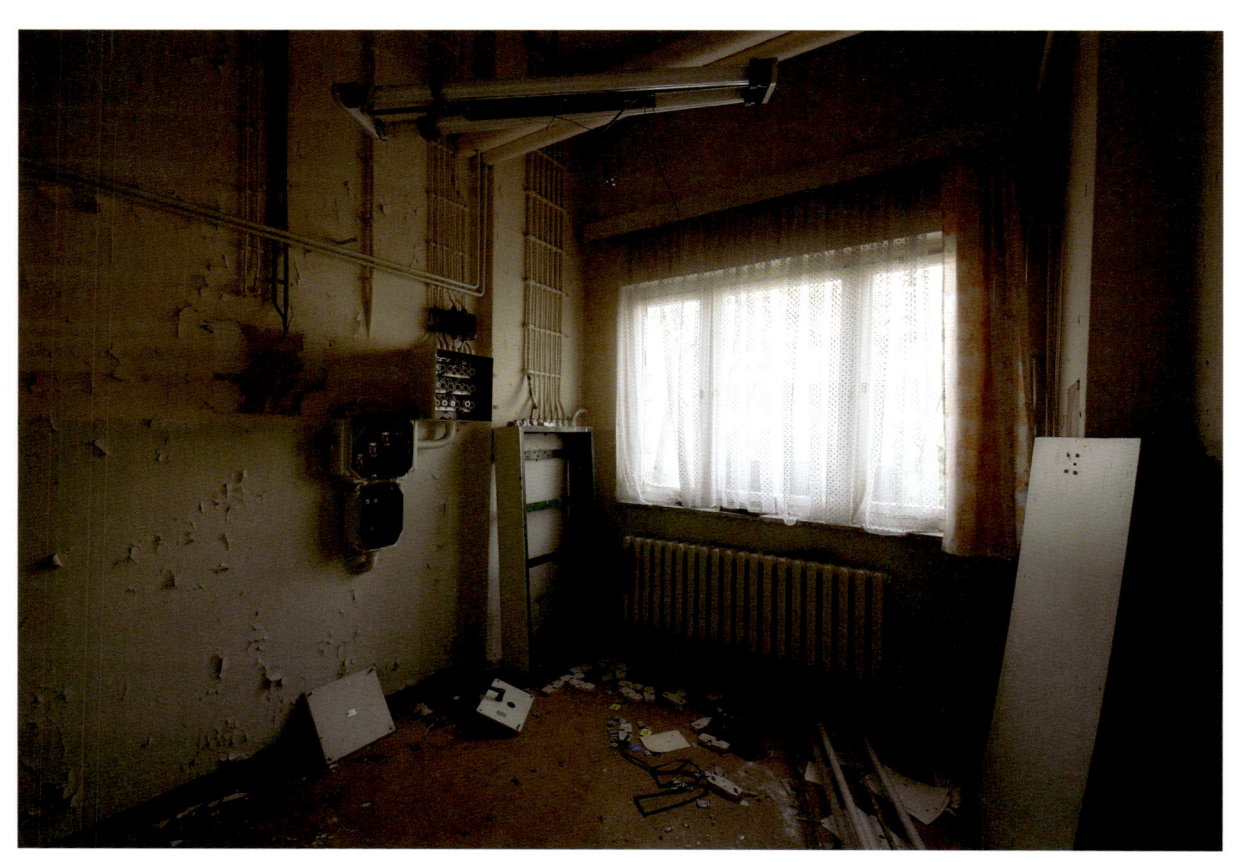

scene 6

サロウ養護老人ホーム
Former Nursing Home in Salow

［ドイツ・ブランデンブルグ州］
旧軍病院・養護老人ホーム

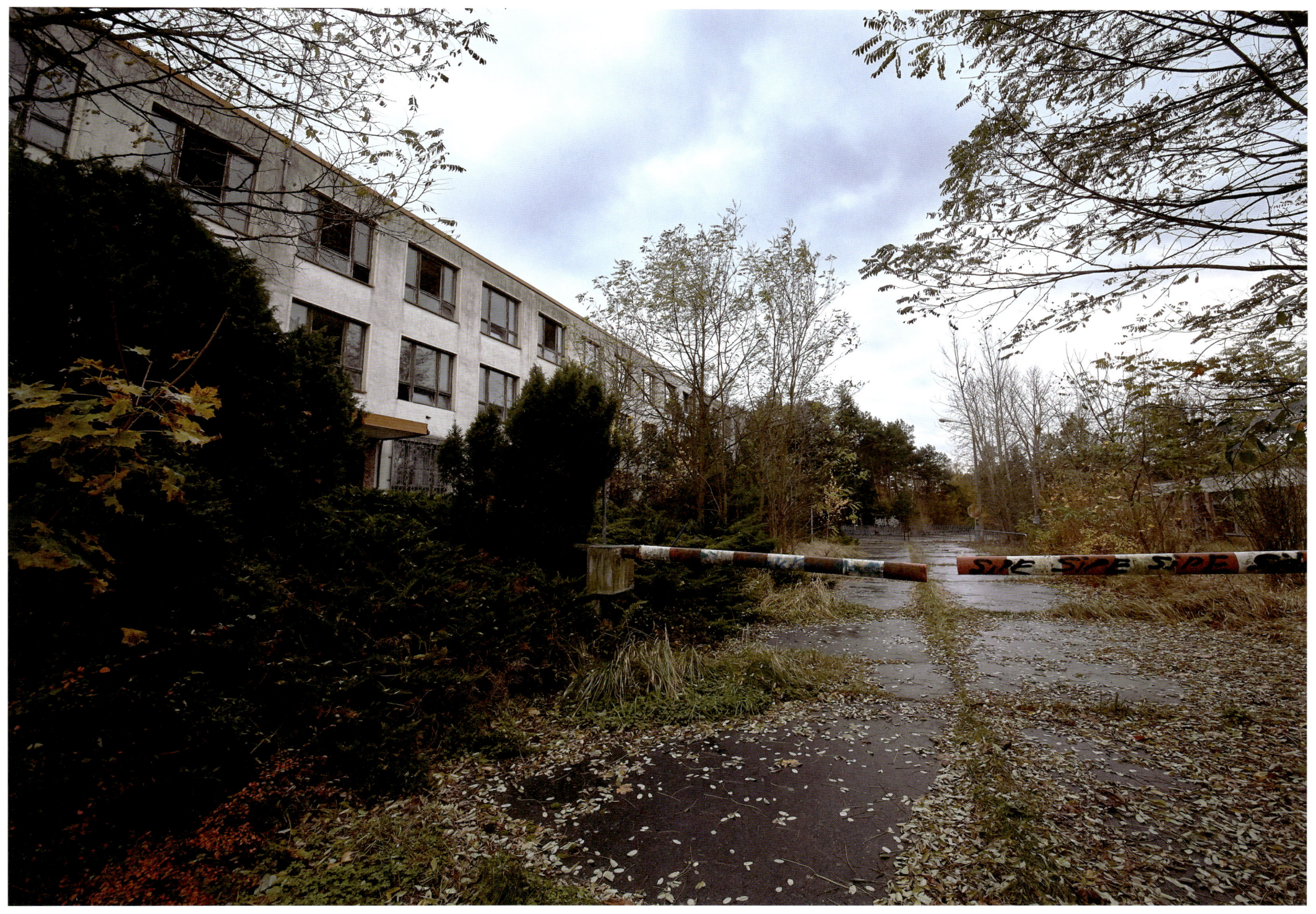

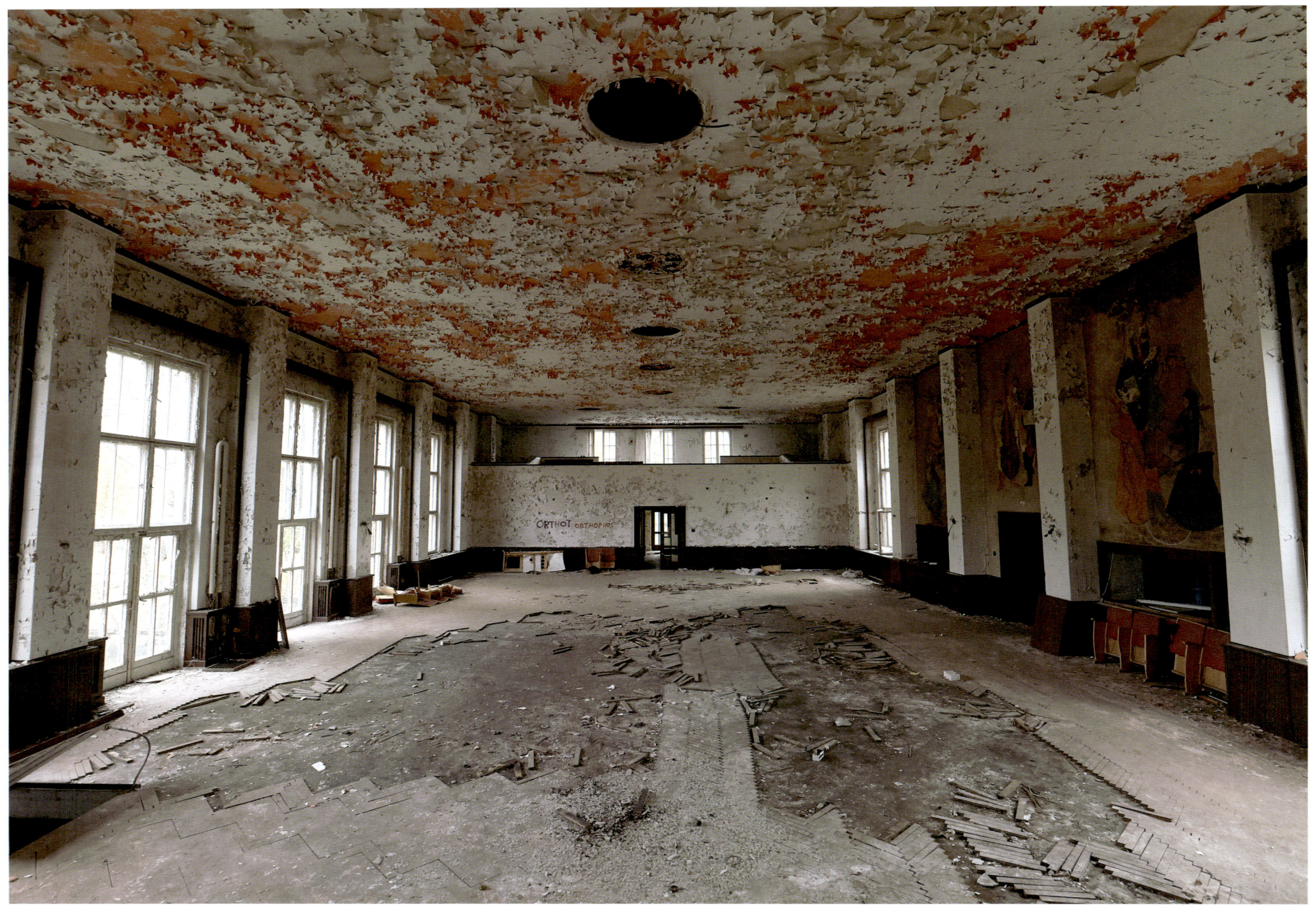

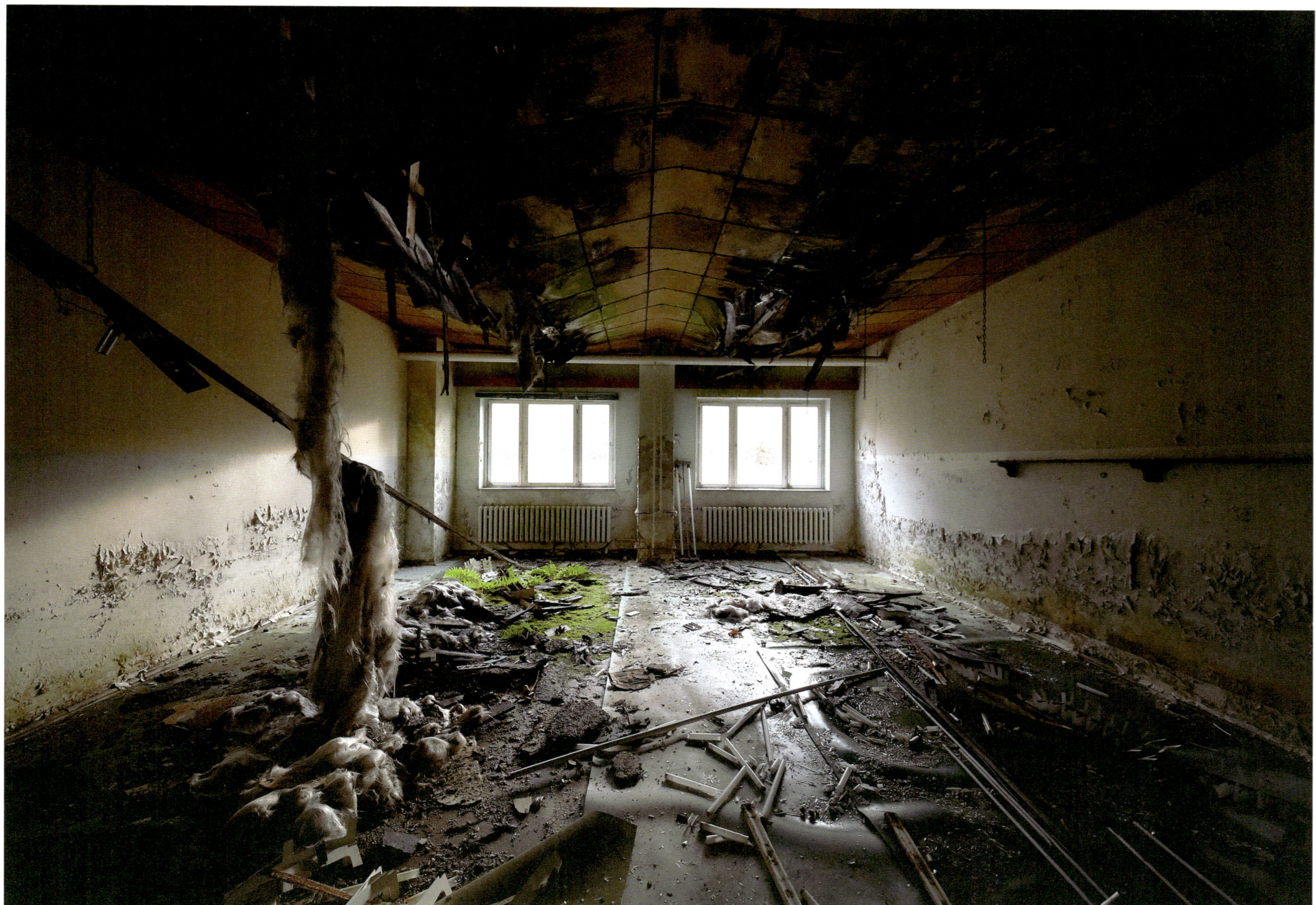

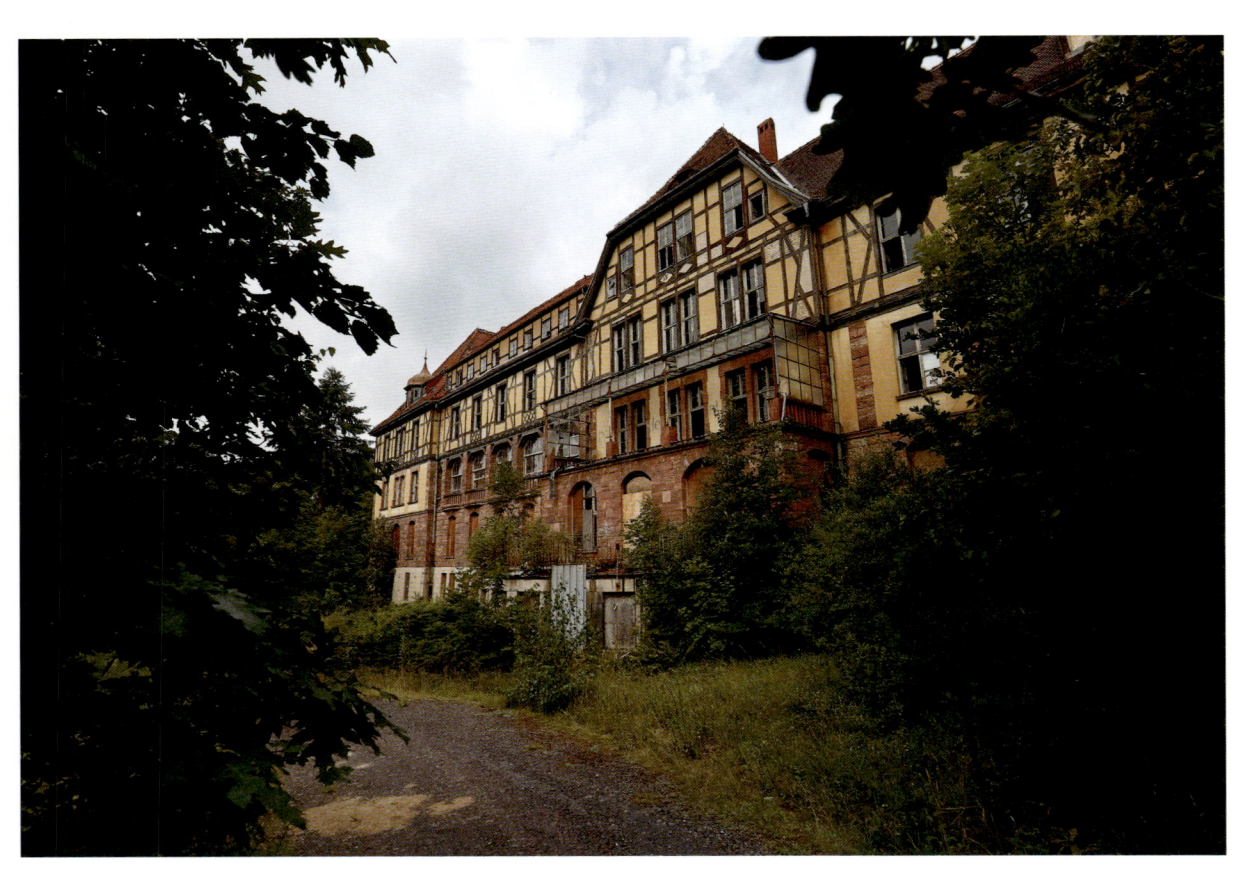

chapter 1

scene 7
ソフィア療養所
Sophia Sanatorium

［ドイツ・チューリンゲン州］
結核療養所

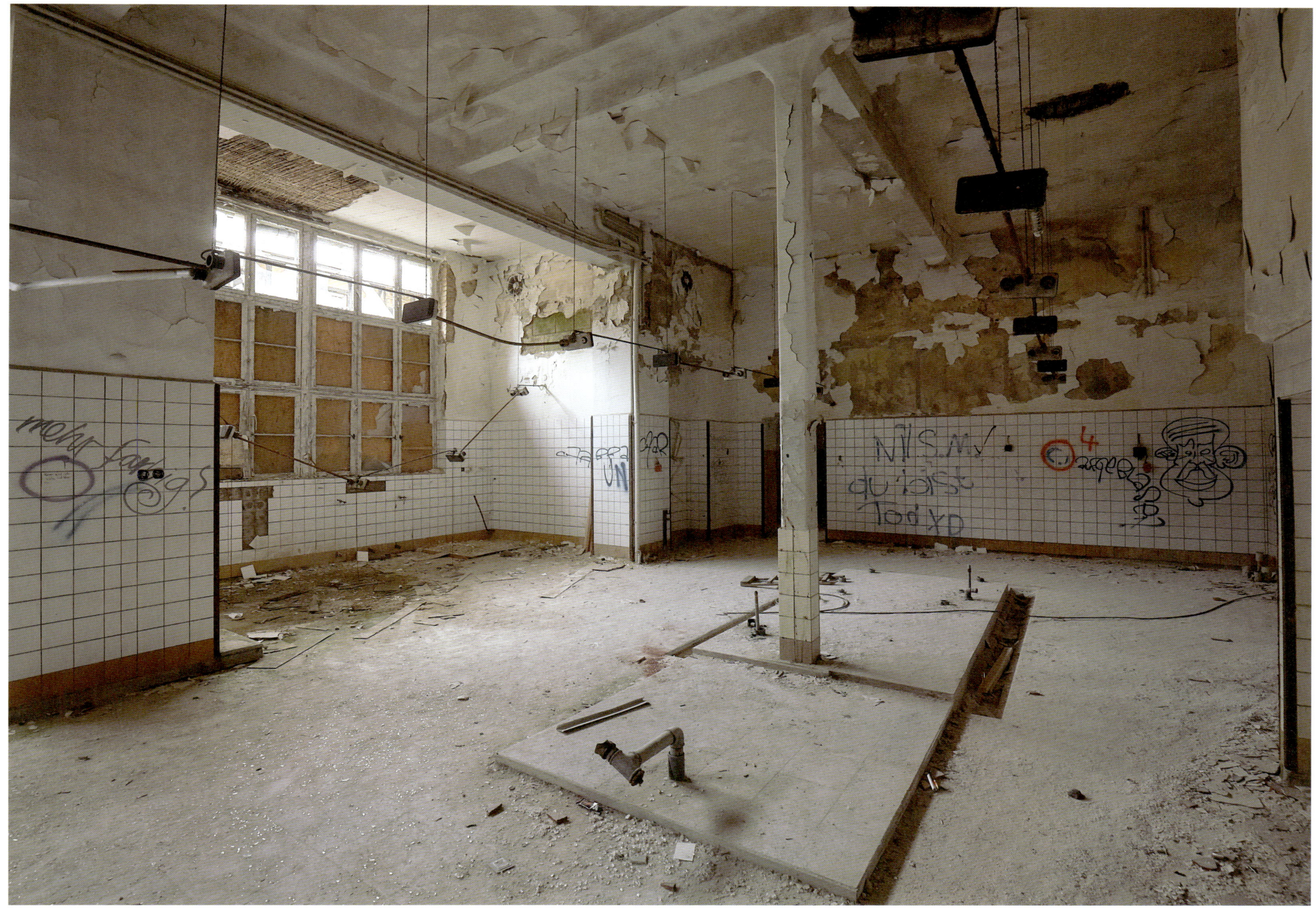

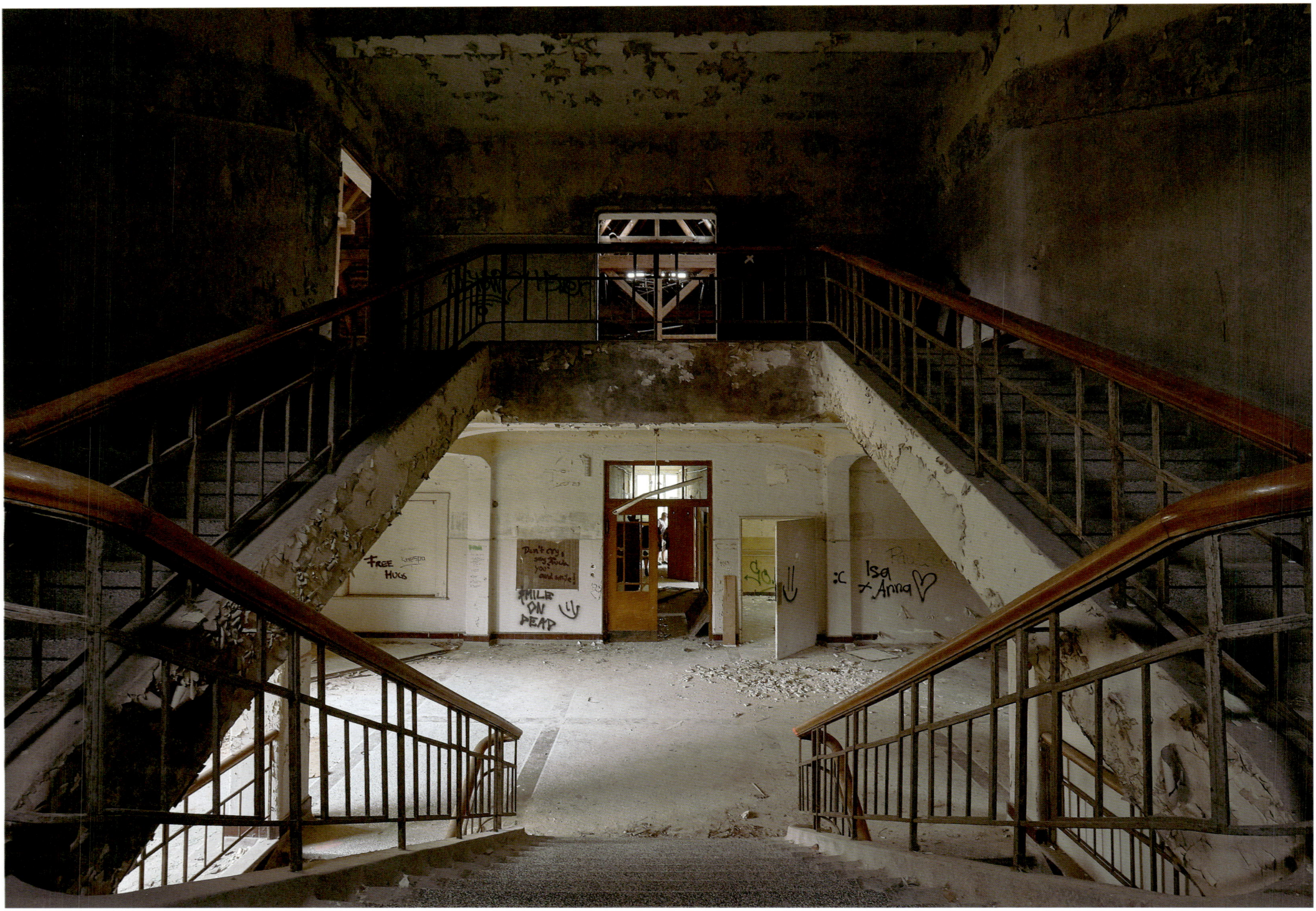

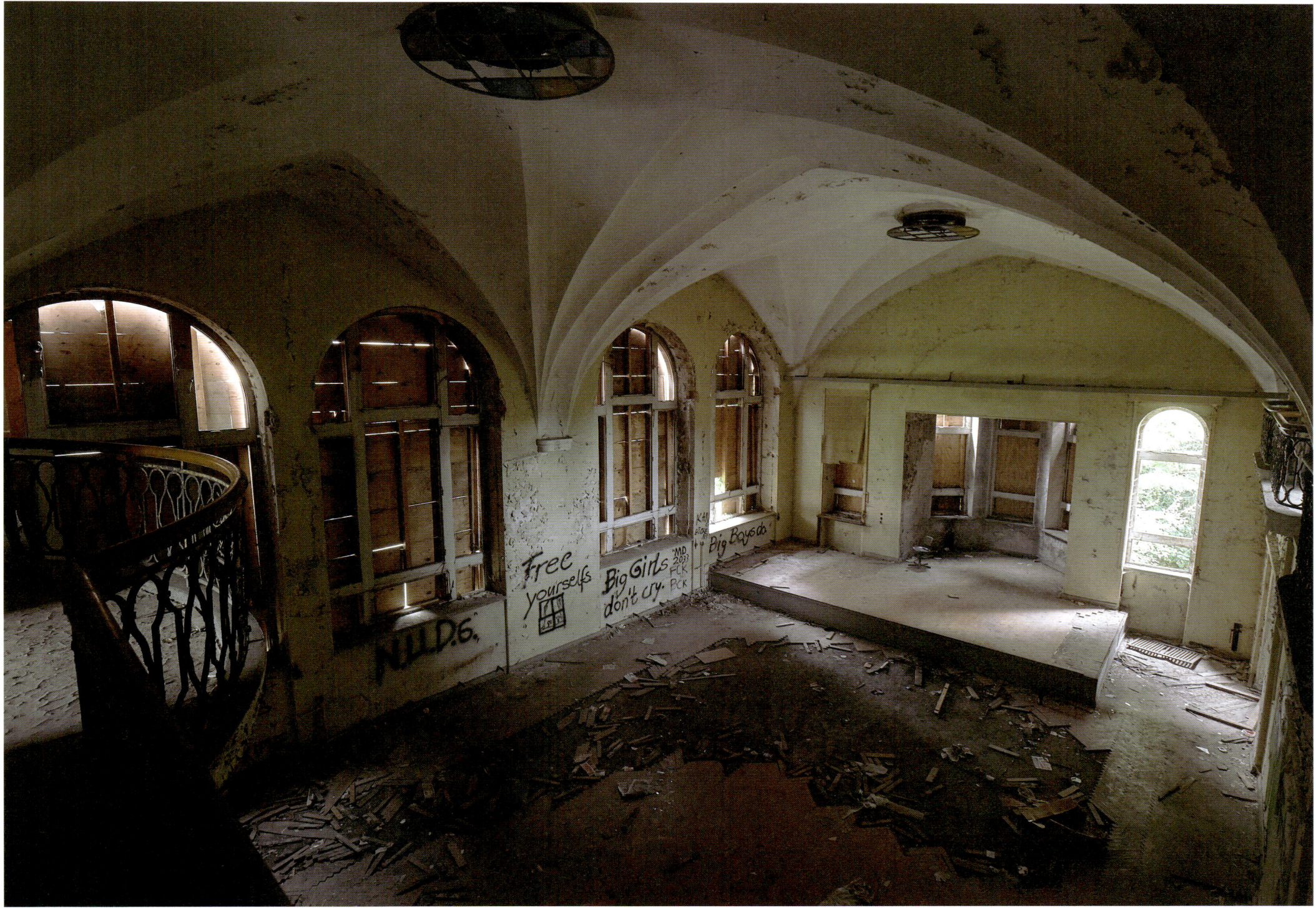

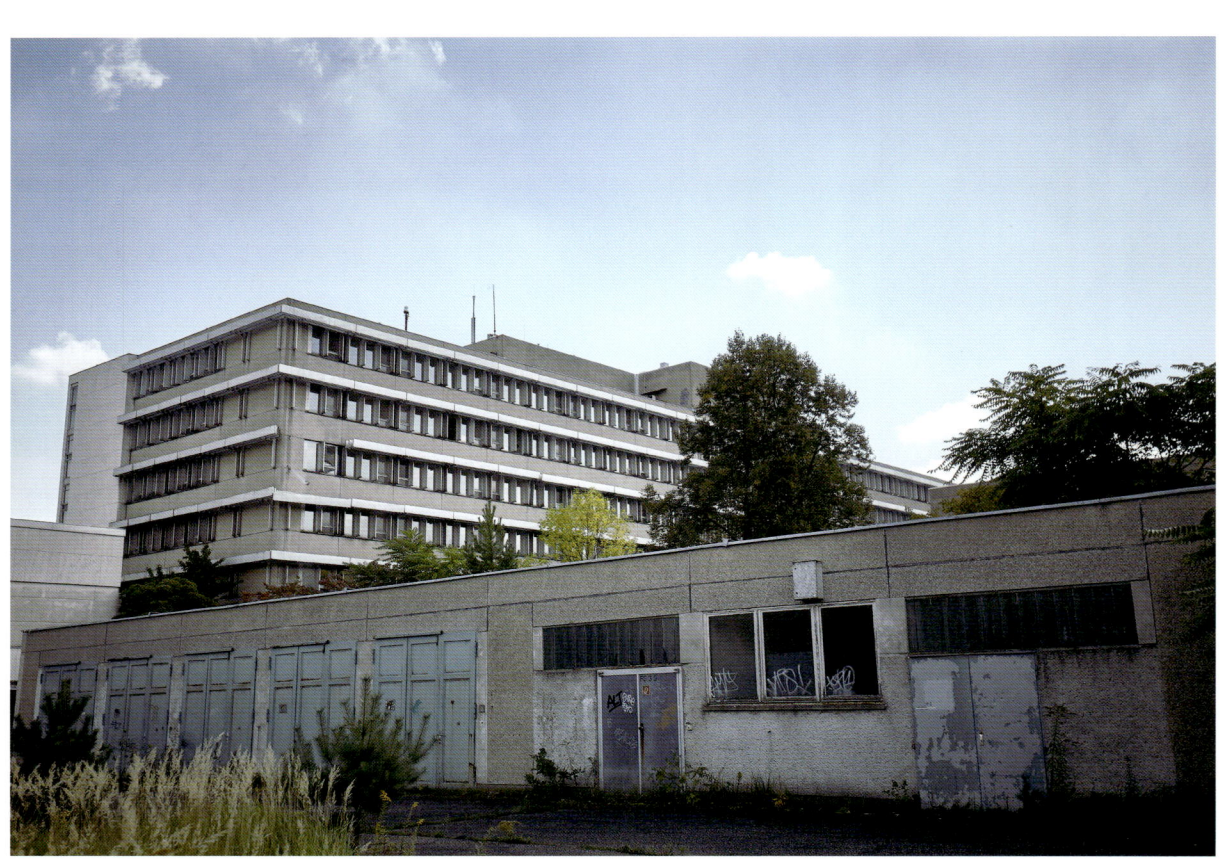

scene 8

東ドイツ公立病院
Former East German Stasi Government Hospital

［ドイツ・ベルリン］
旧軍事医学アカデミー
東ドイツ（ドイツ民主共和国＝DDR）政府病院

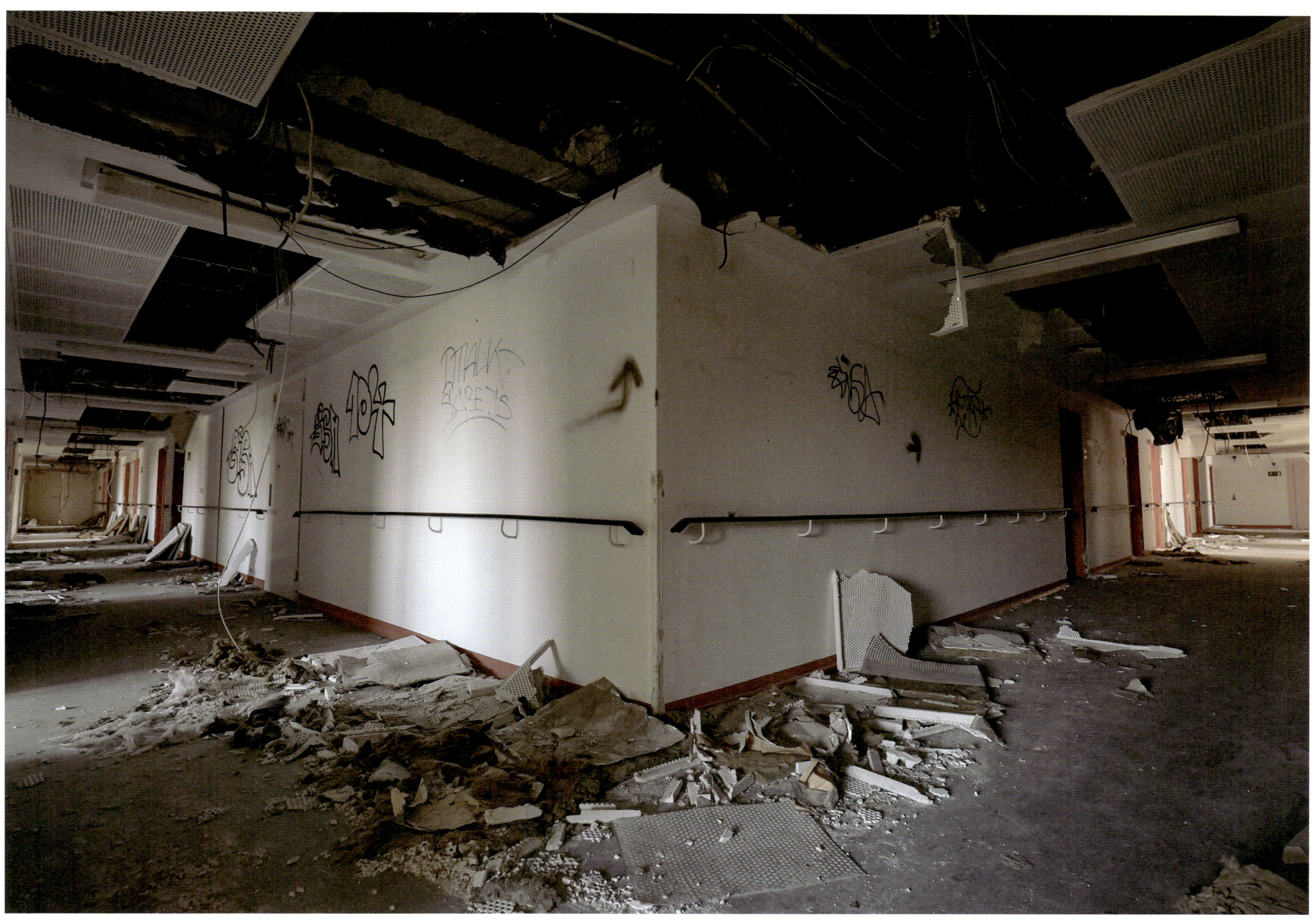

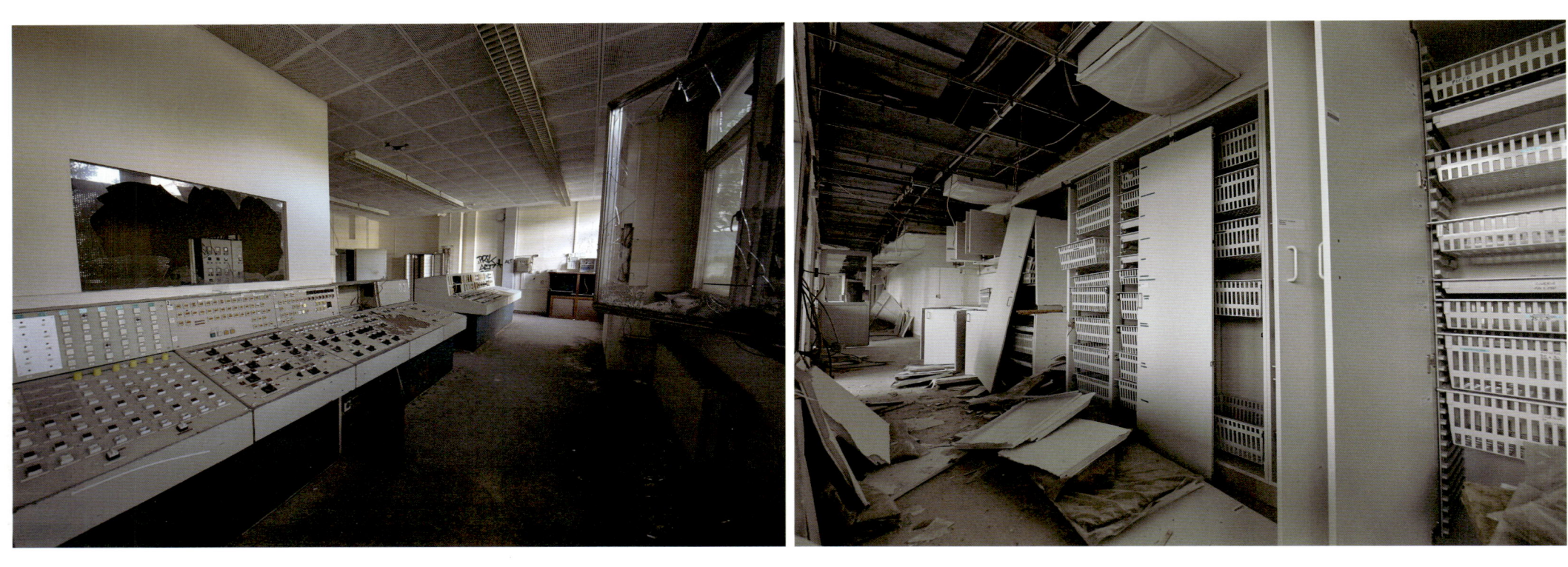

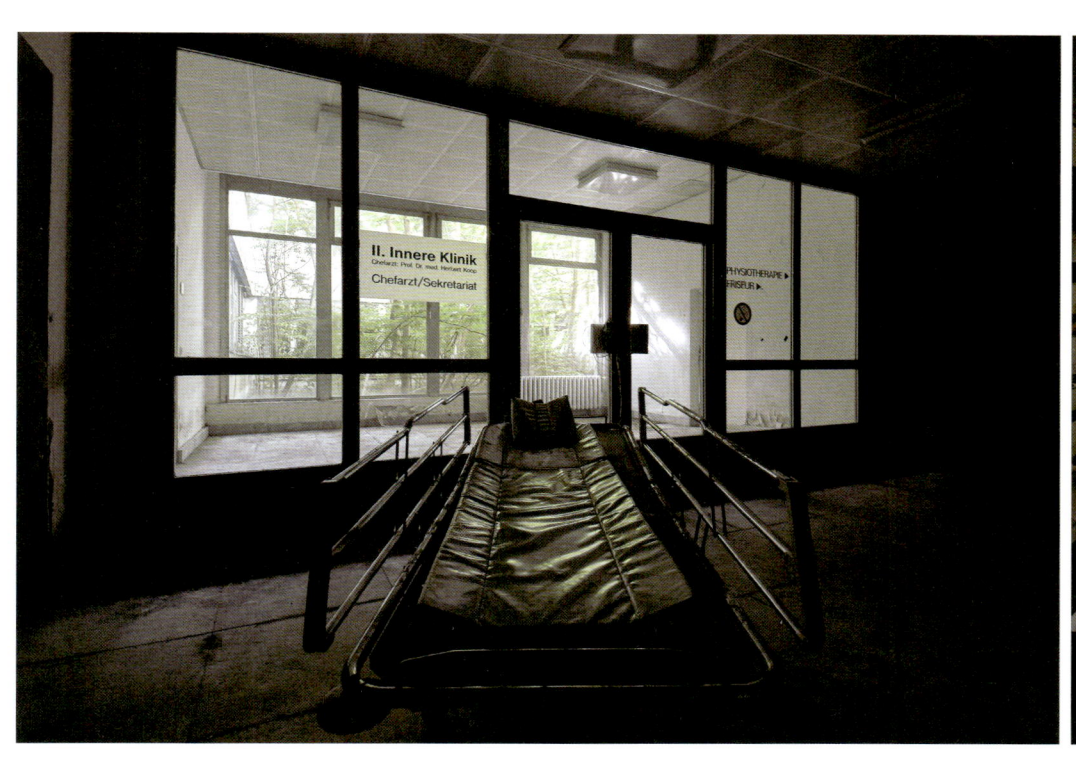
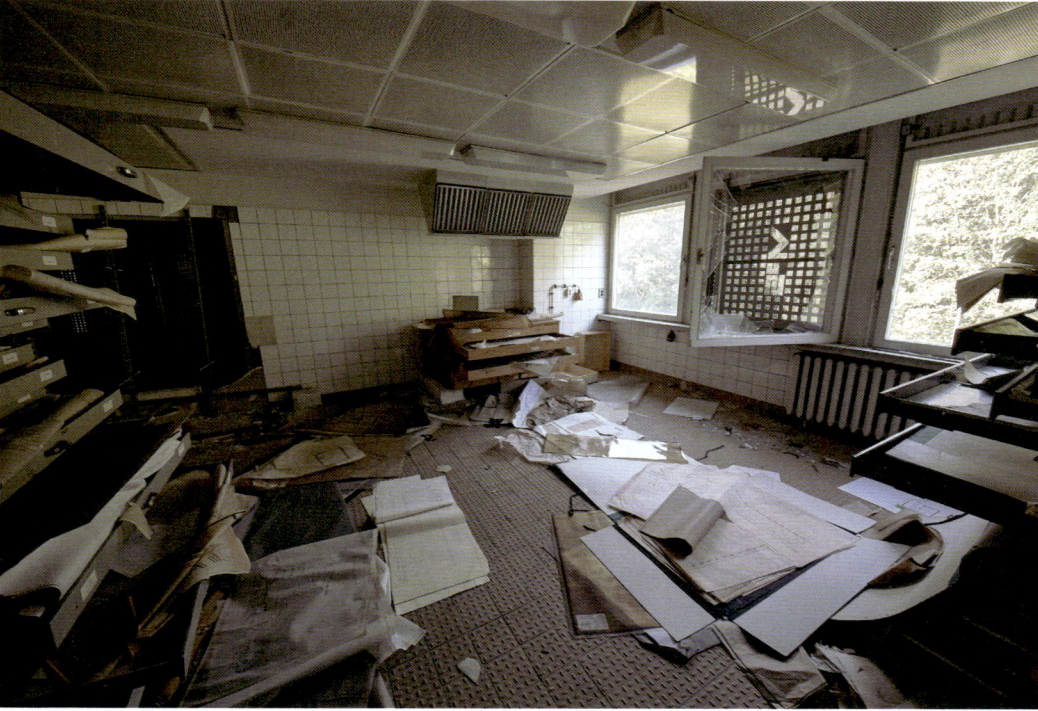

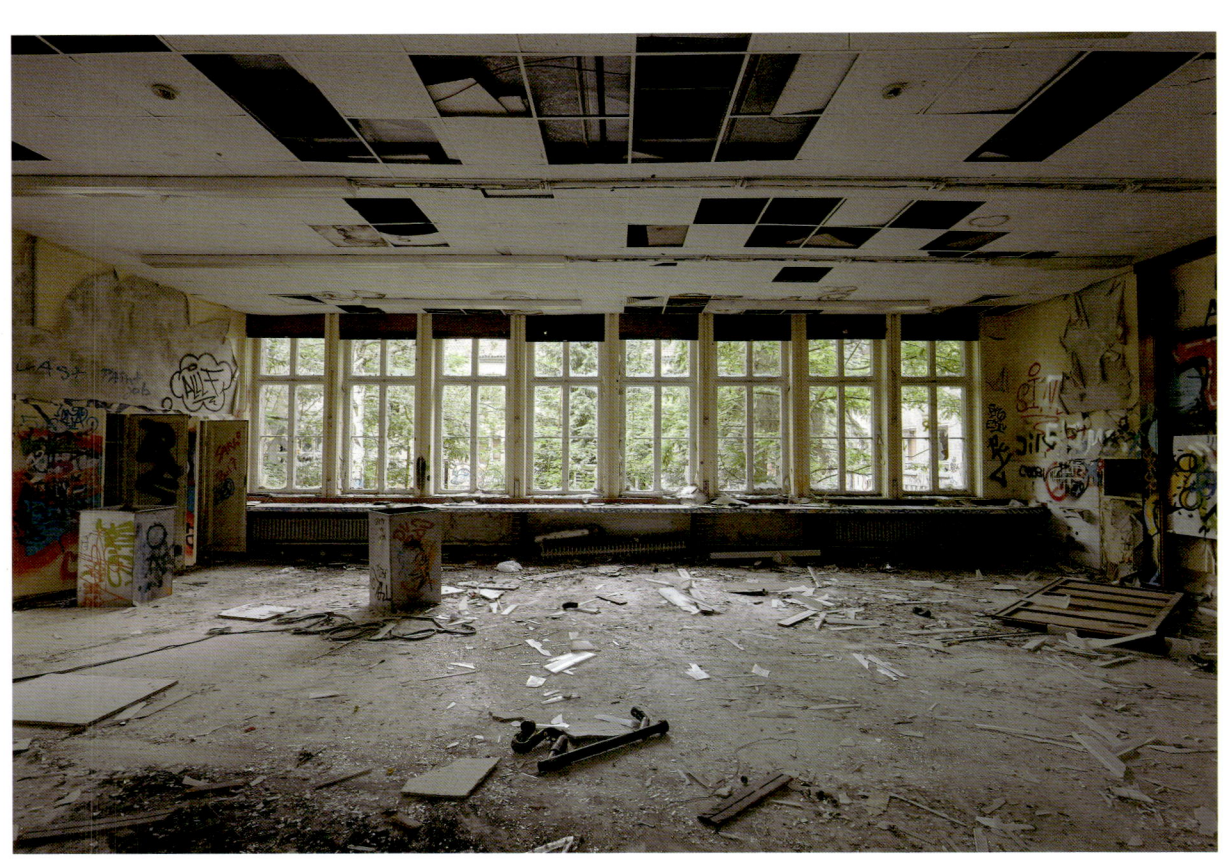

scene 9

ベルリン自由大学解剖学研究所
Anatomy Institute

［ドイツ・ベルリン］

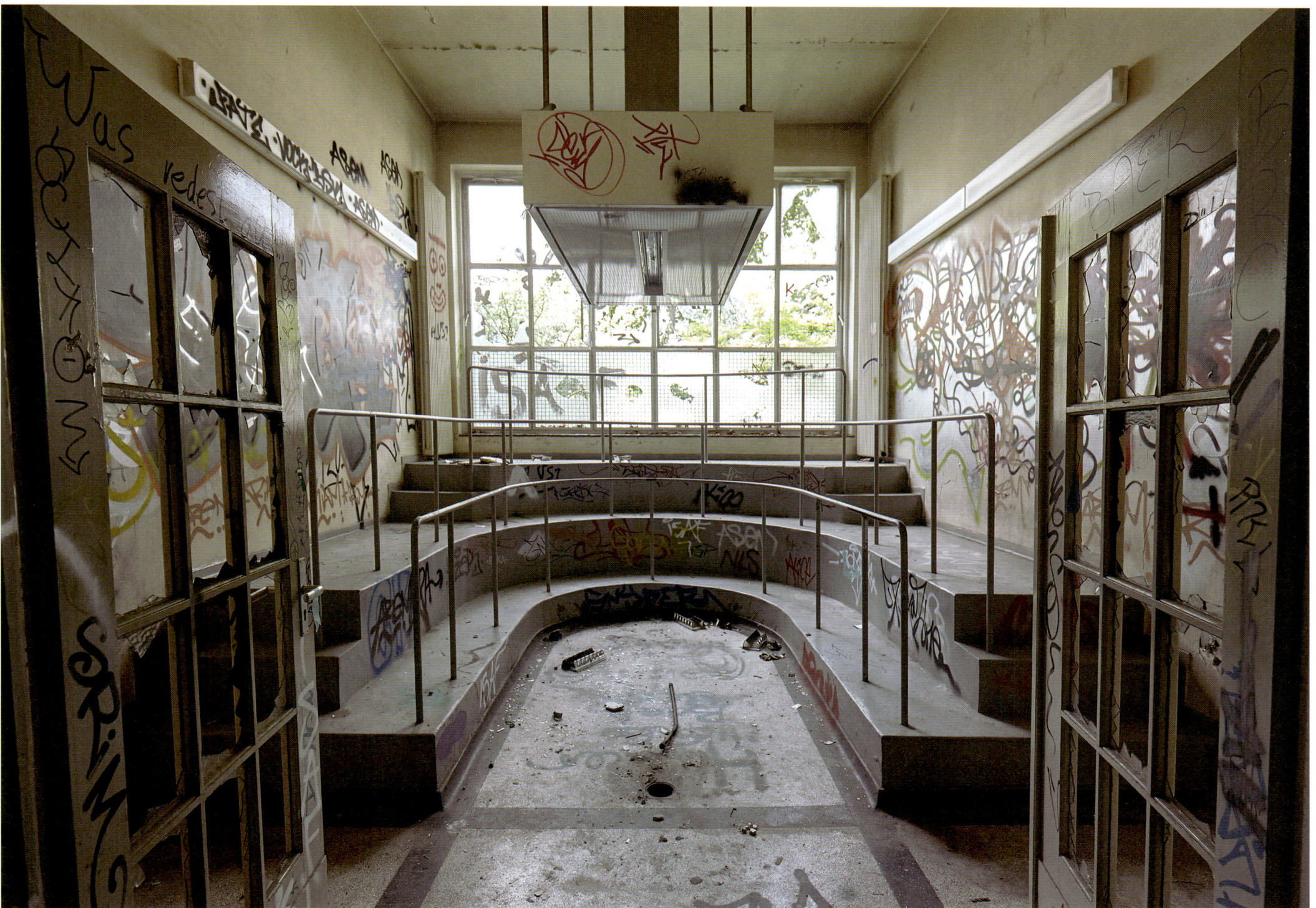

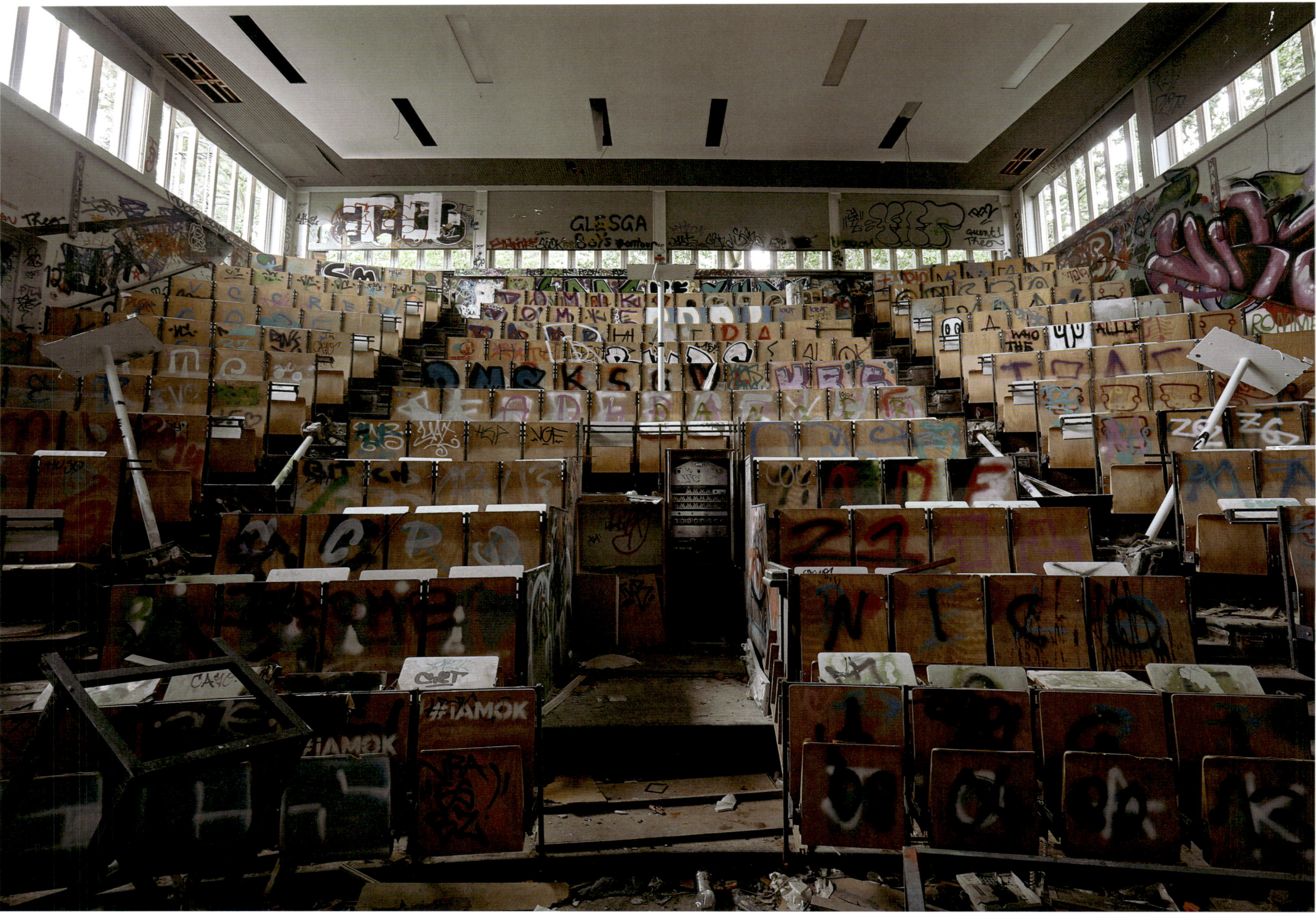

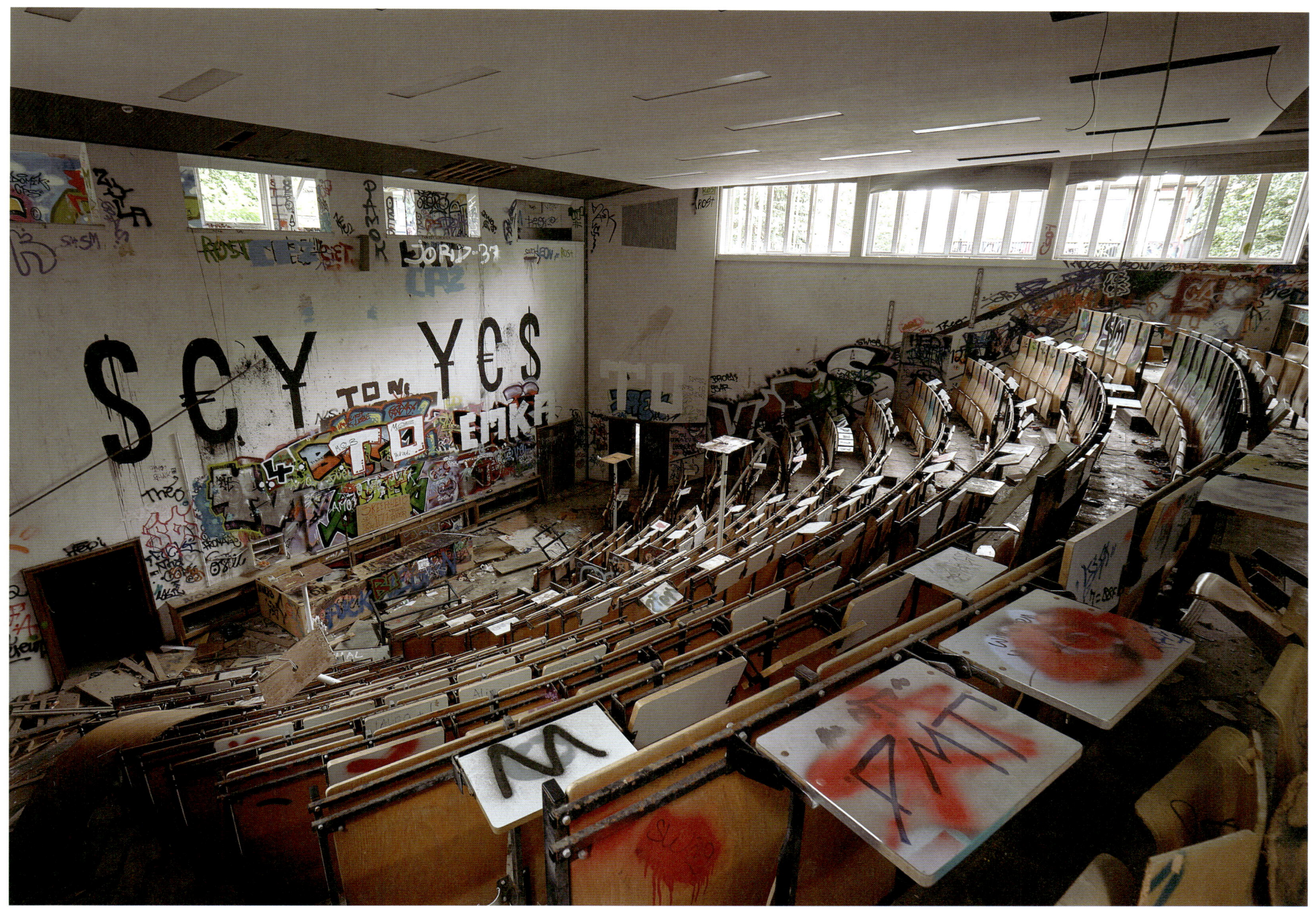

chapter 2

軍事施設──Military

放置される、かつての国の最重要機関施設。
広大な敷地に残されたのは、
無数の兵舎や戦争の傷痕が残る建物。
二度の世界大戦や冷戦を経て、やがて廃墟となった。
争いの時は遠ざかり、風化は進むばかりだ

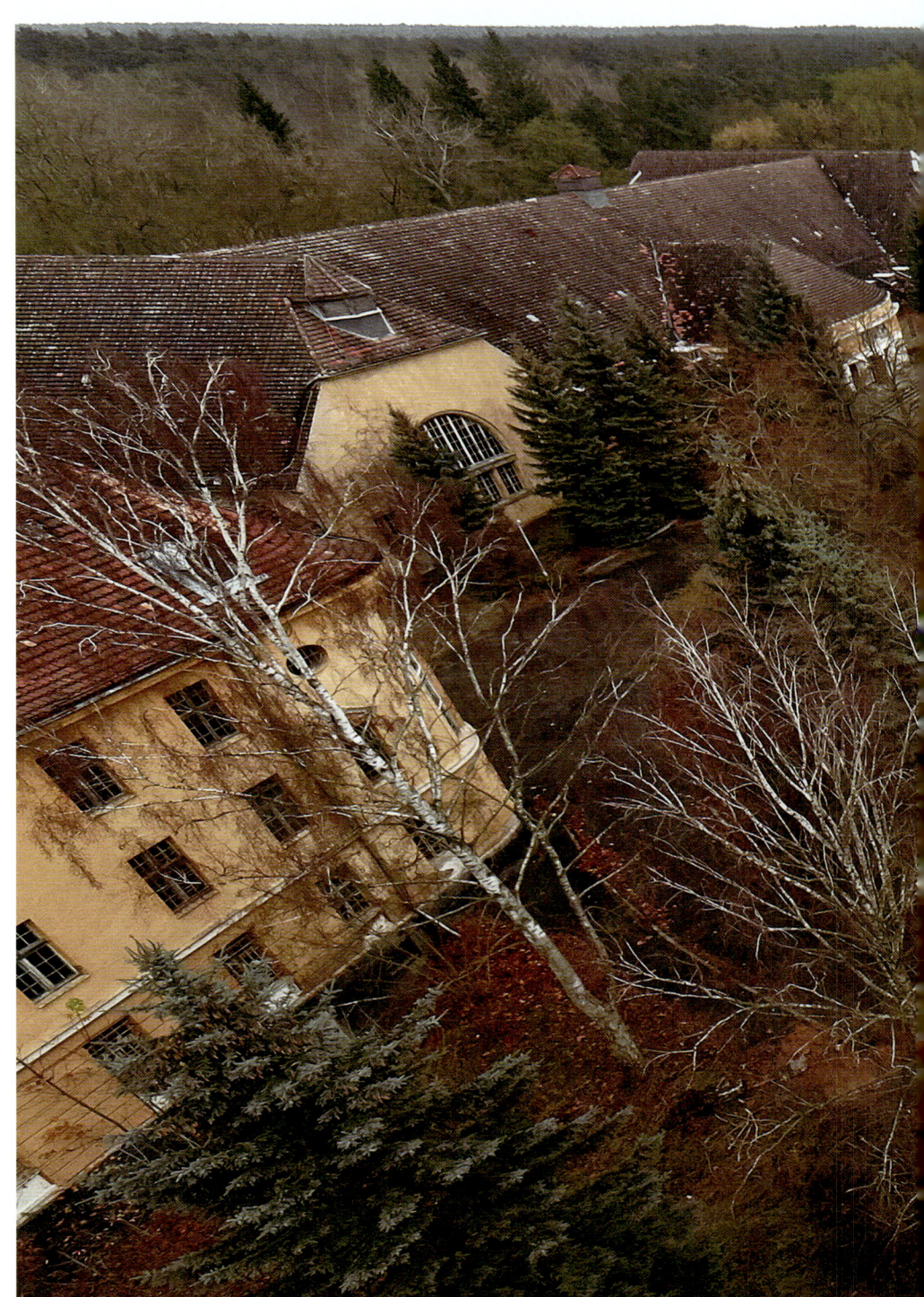

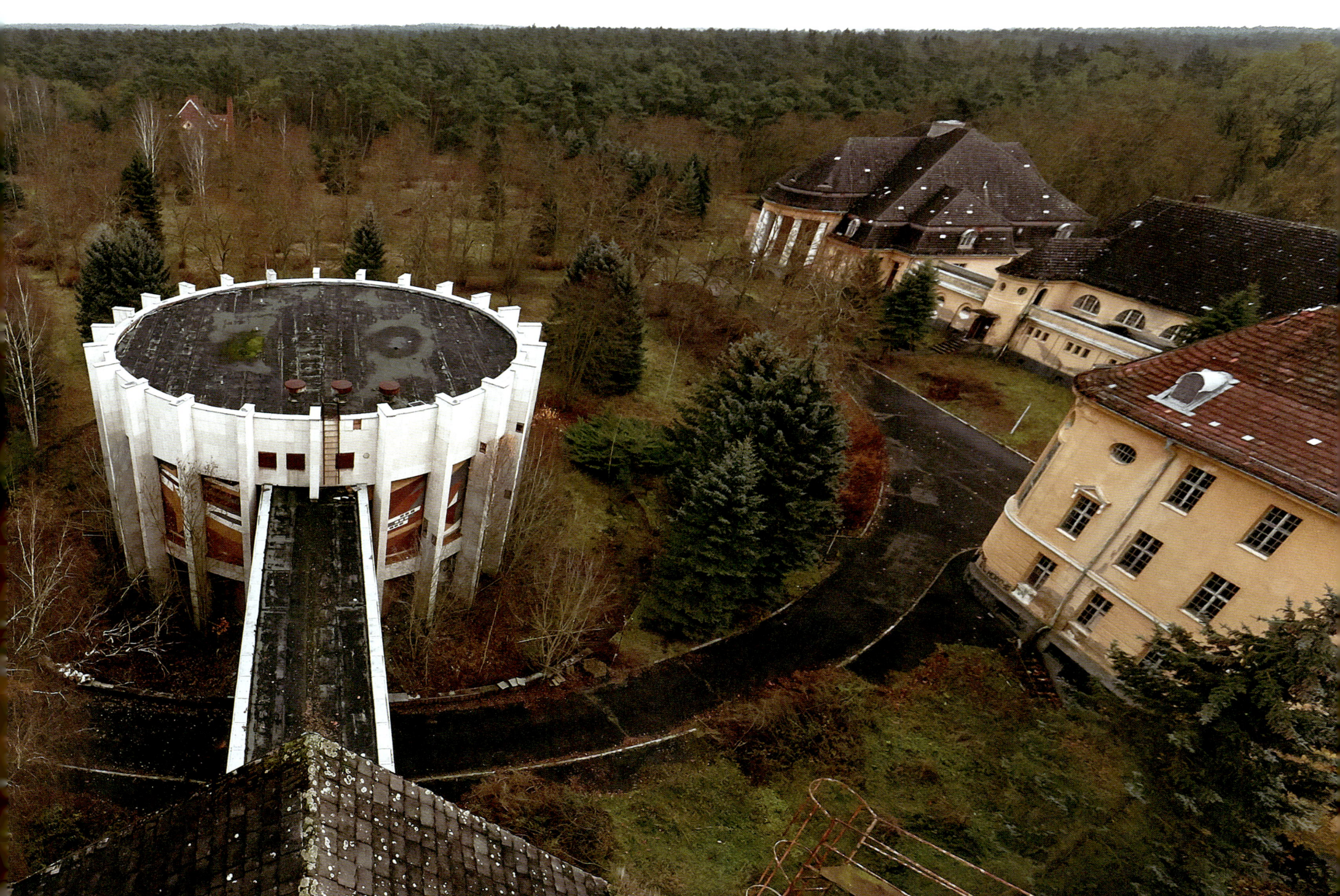

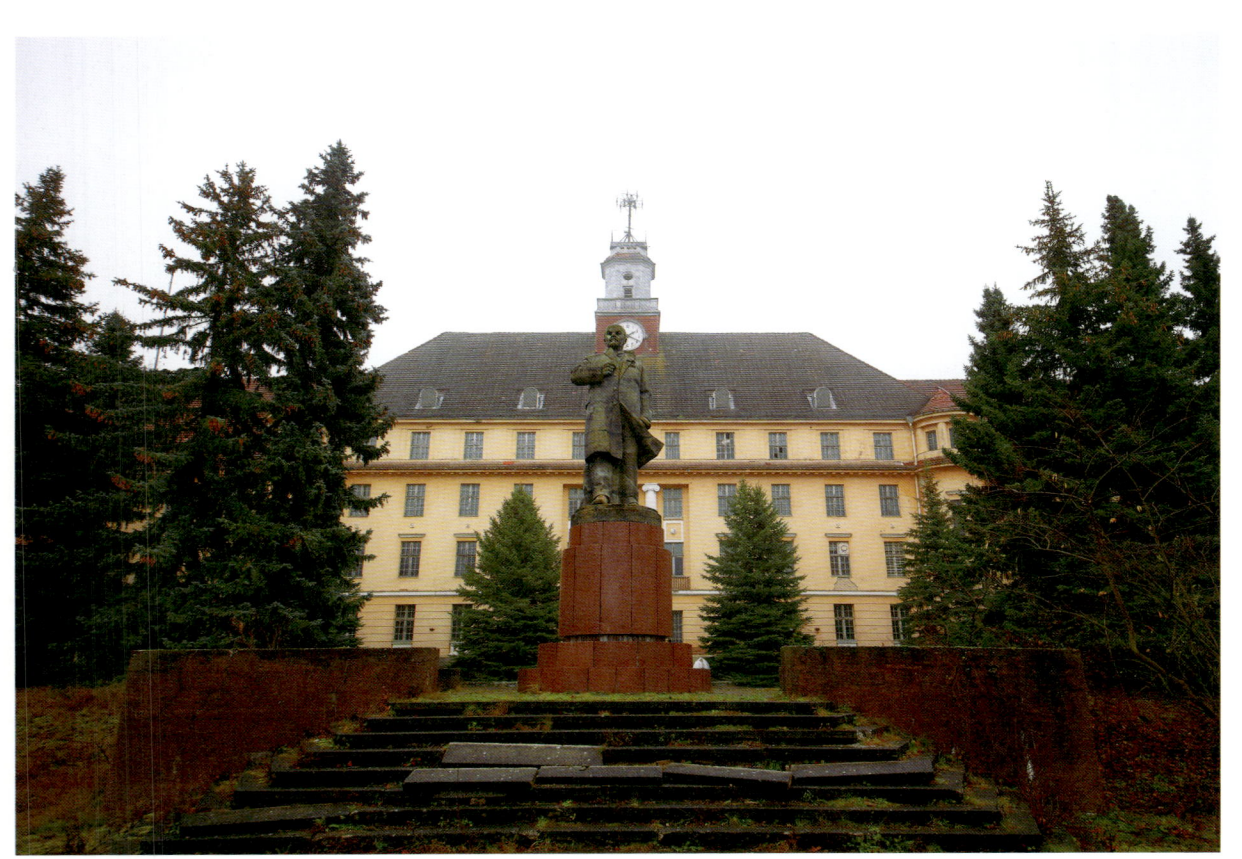

scene 1

ブンスドルフ軍事施設（リトルモスクワ）

Former Headquarters of the Soviet Military Forces Aka Little Moscow

［ドイツ・ブランデンブルグ州］
旧ドイツ陸軍歩兵学校・ドイツ陸軍総司令部
ソビエト連邦軍本部（通称リトルモスクワ）

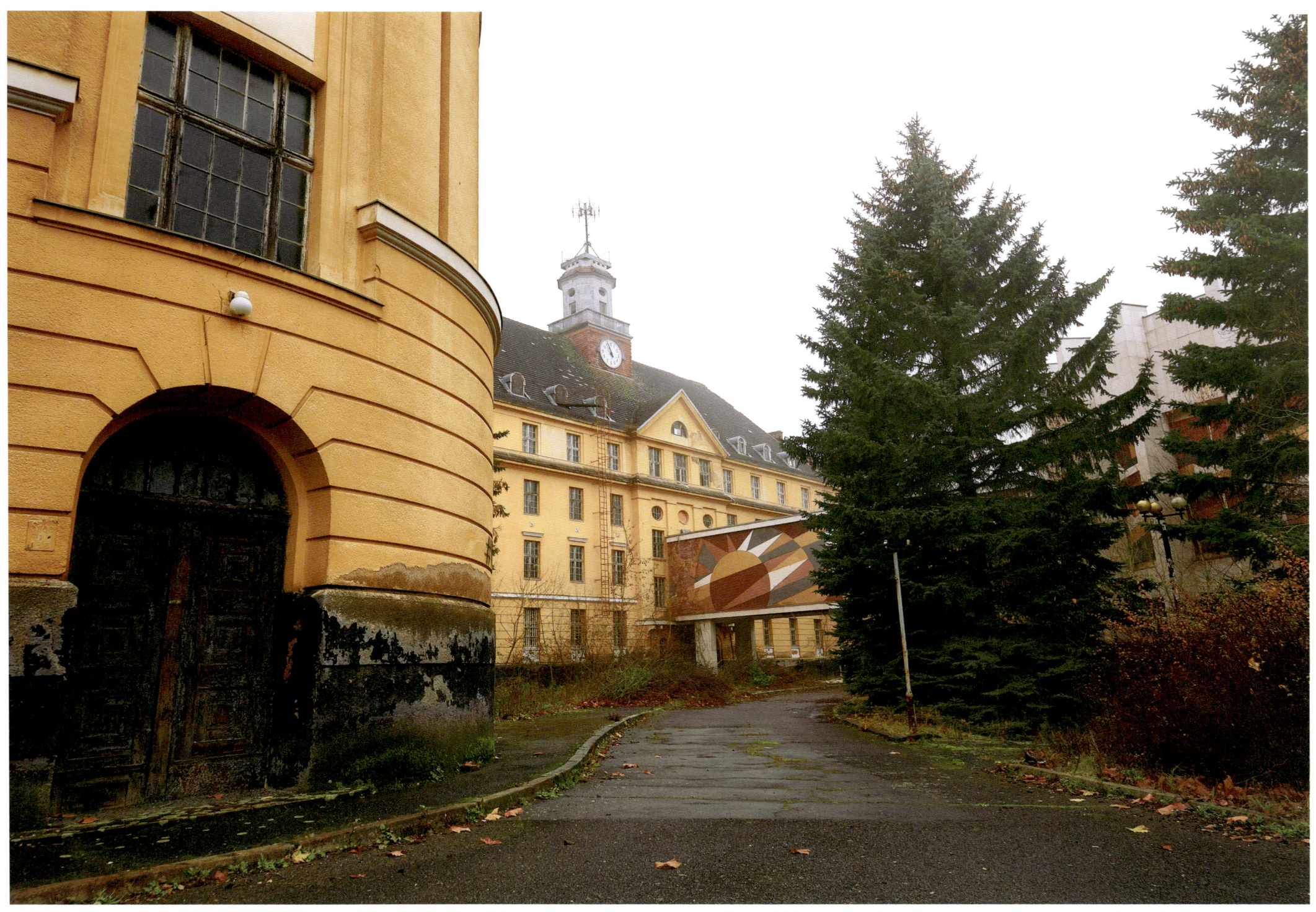

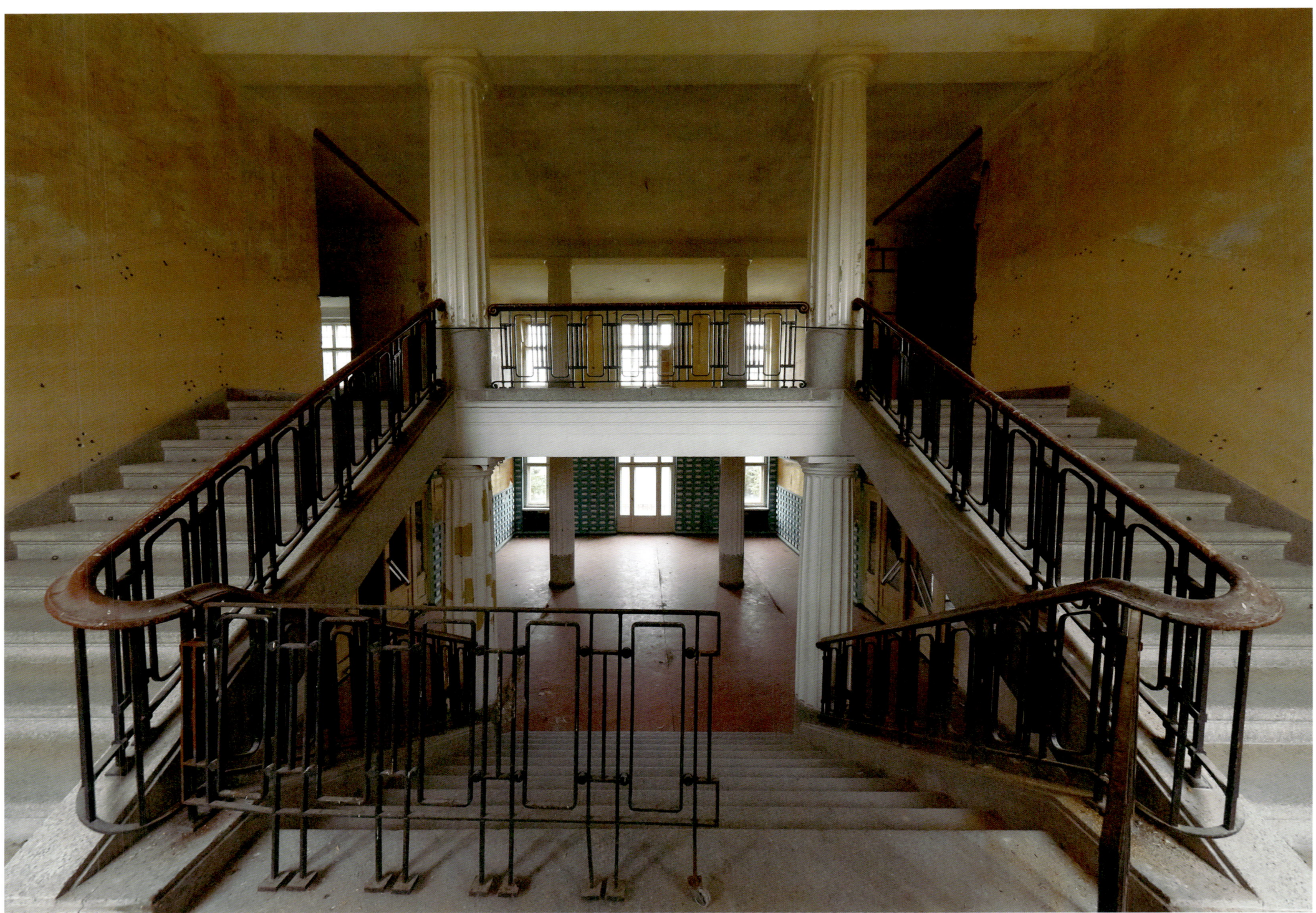

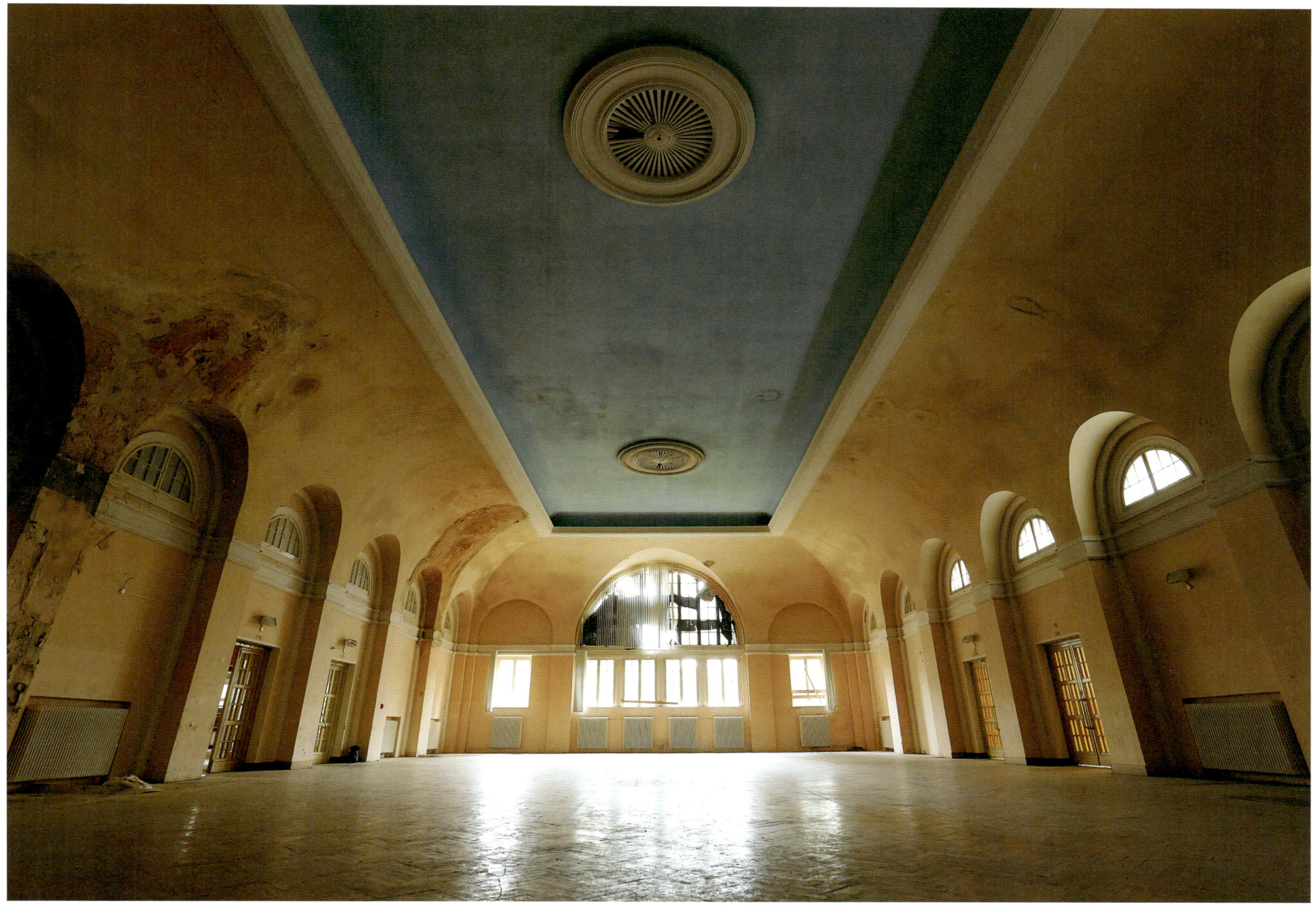

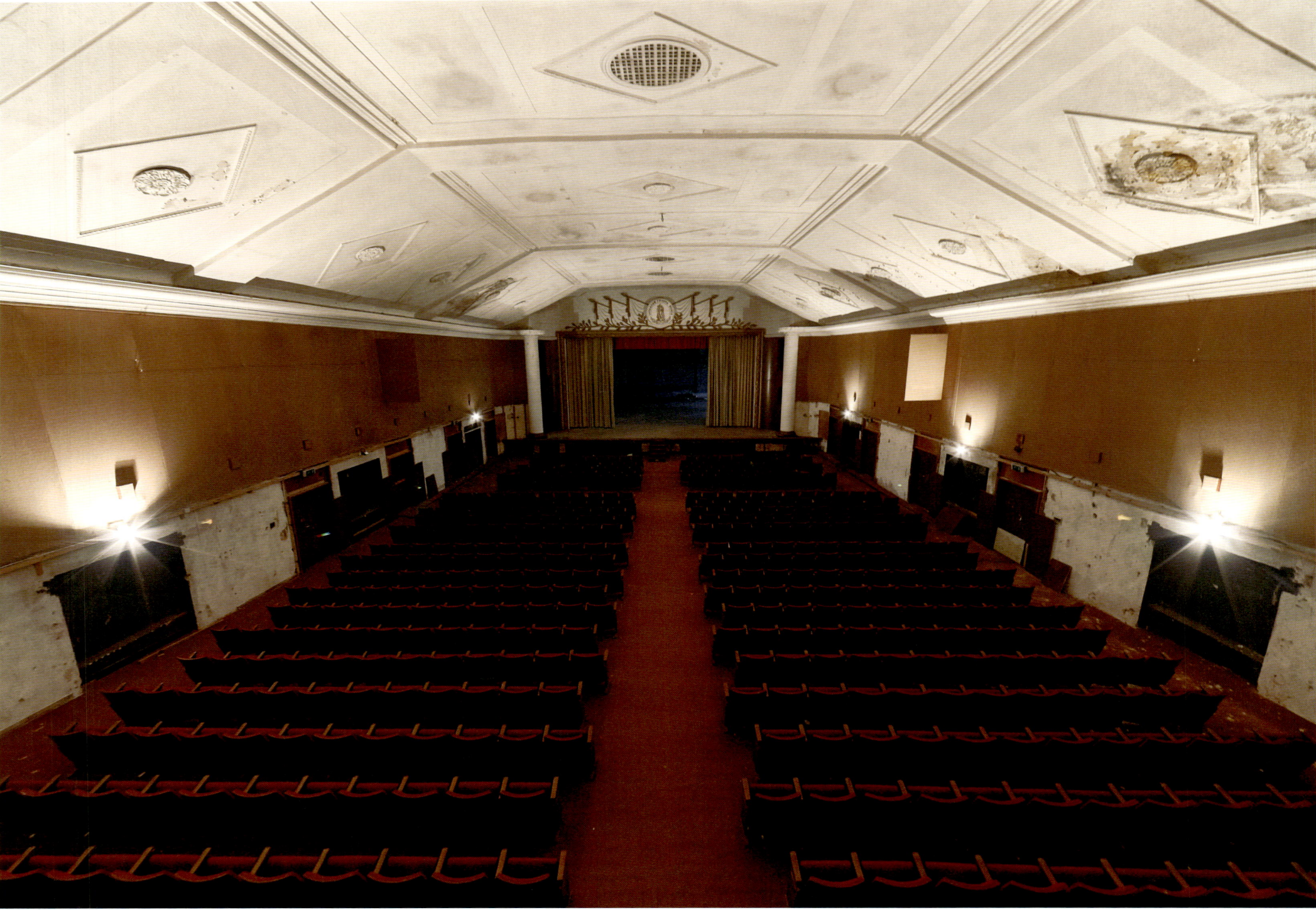

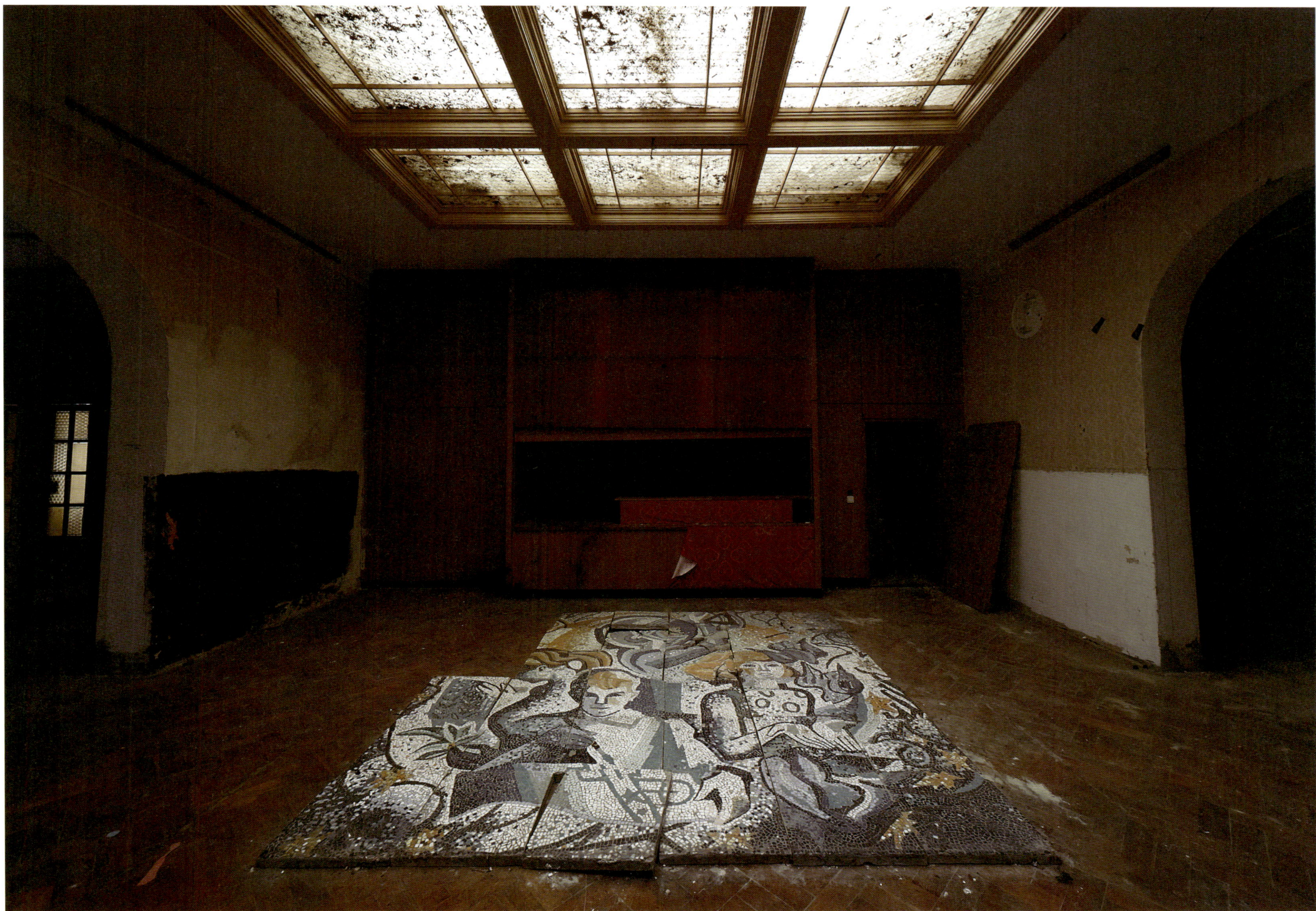

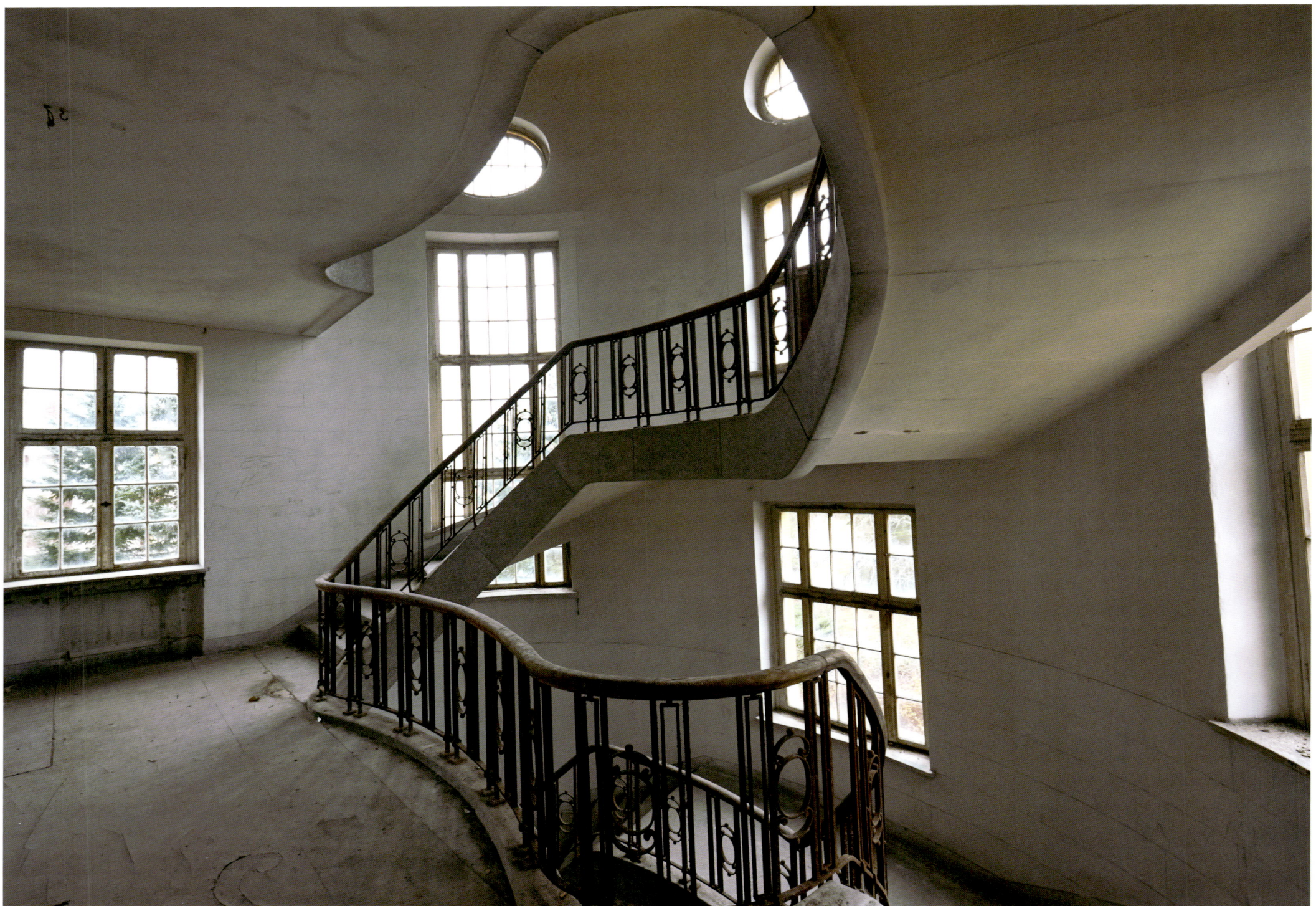

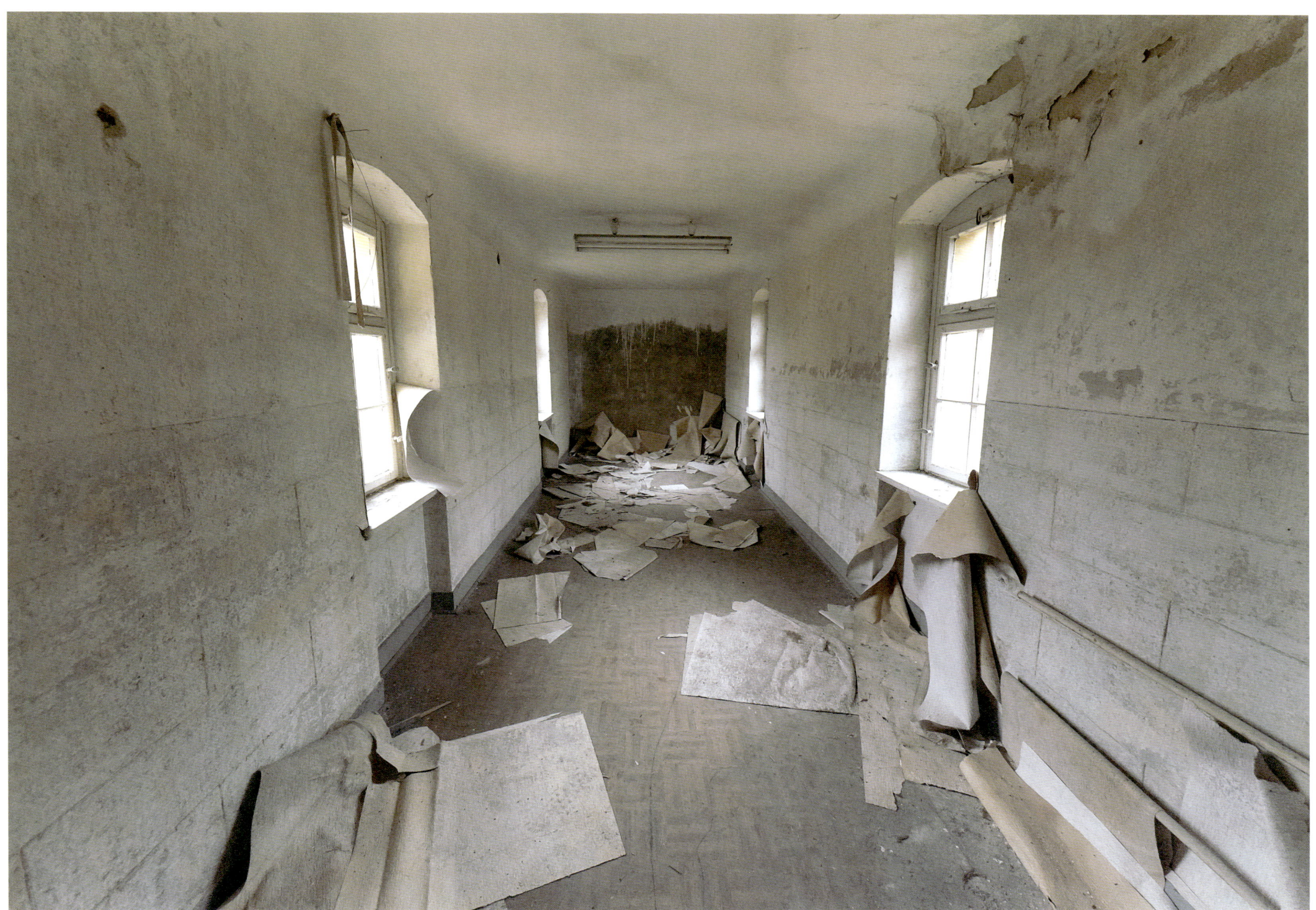

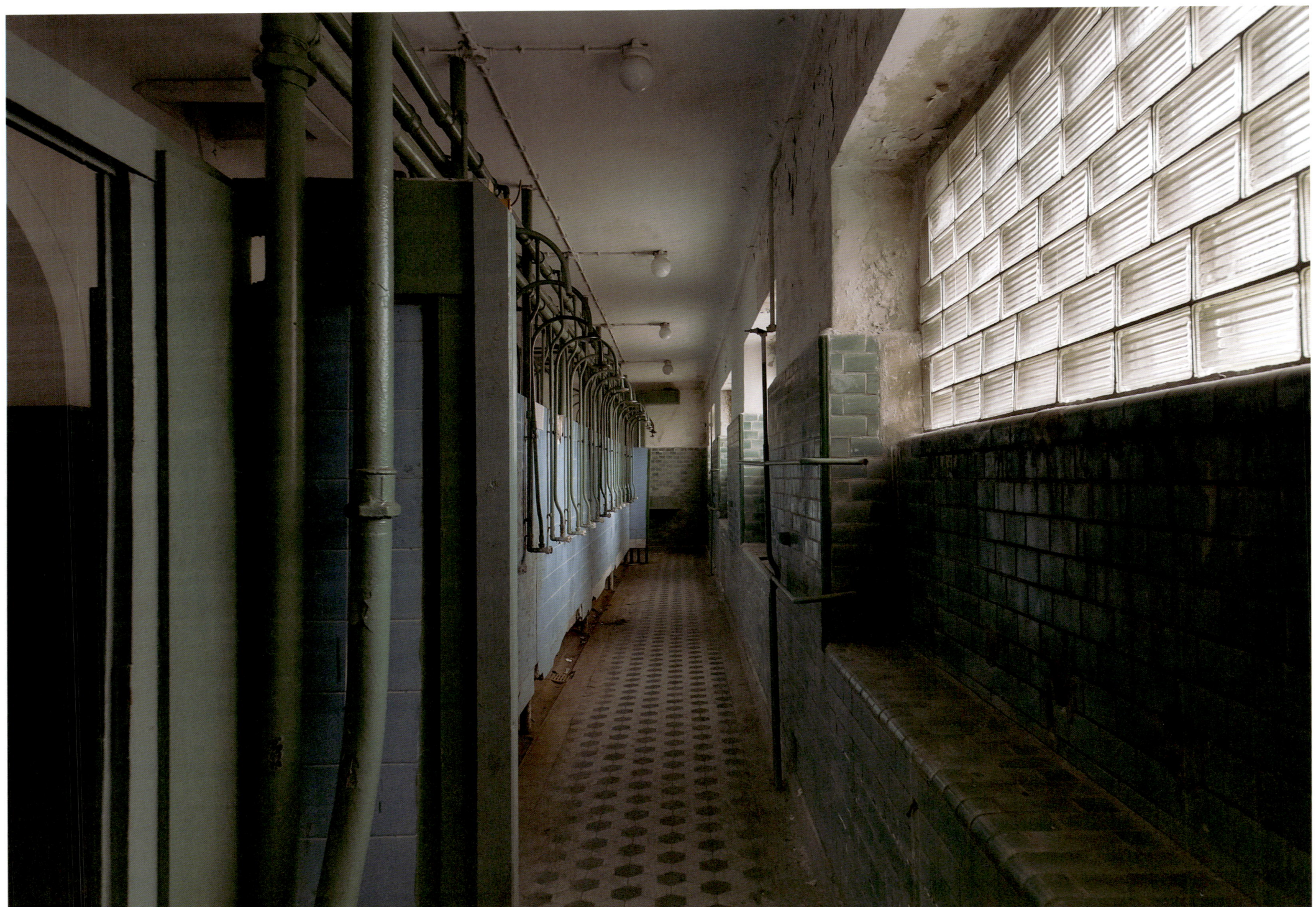

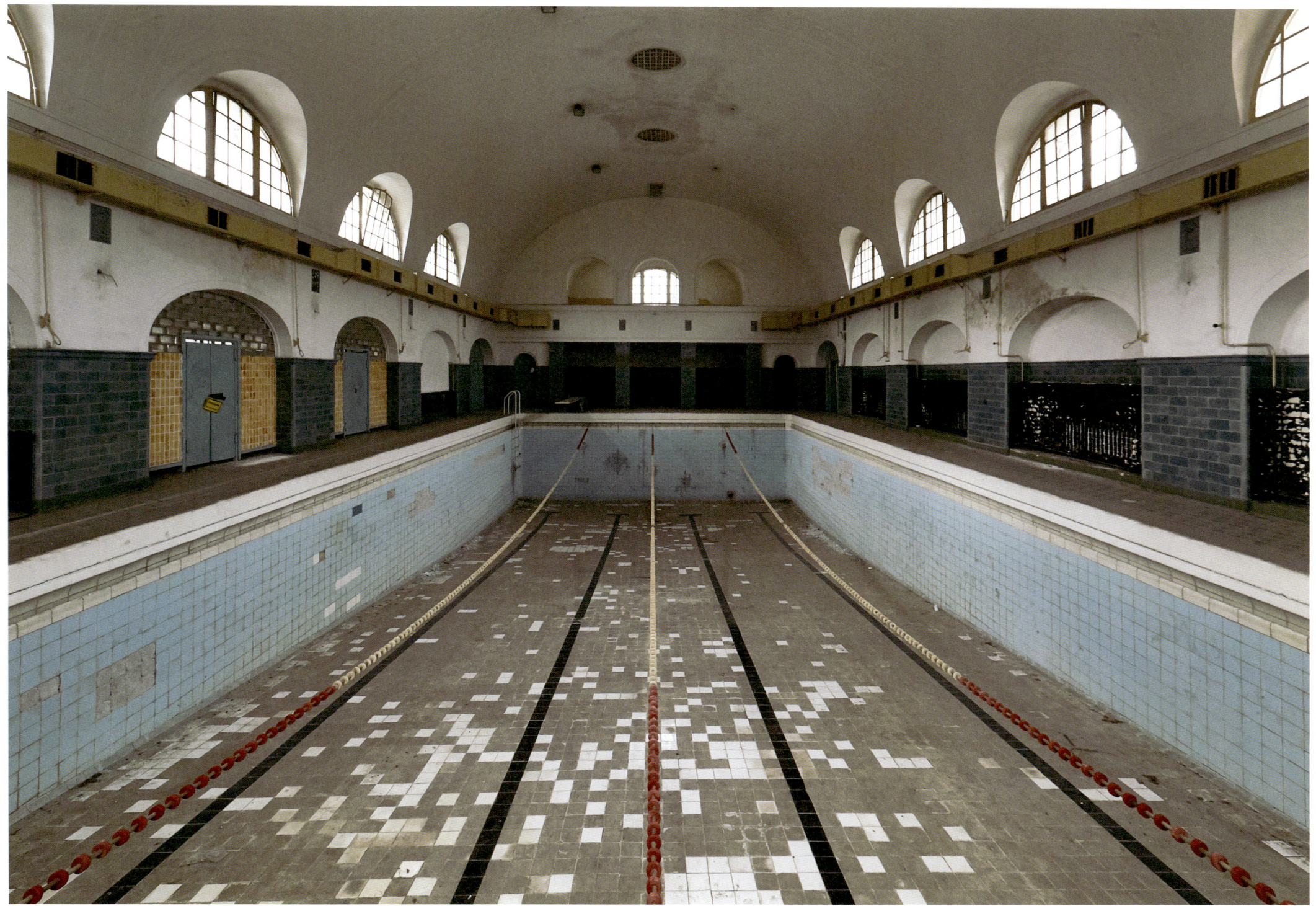

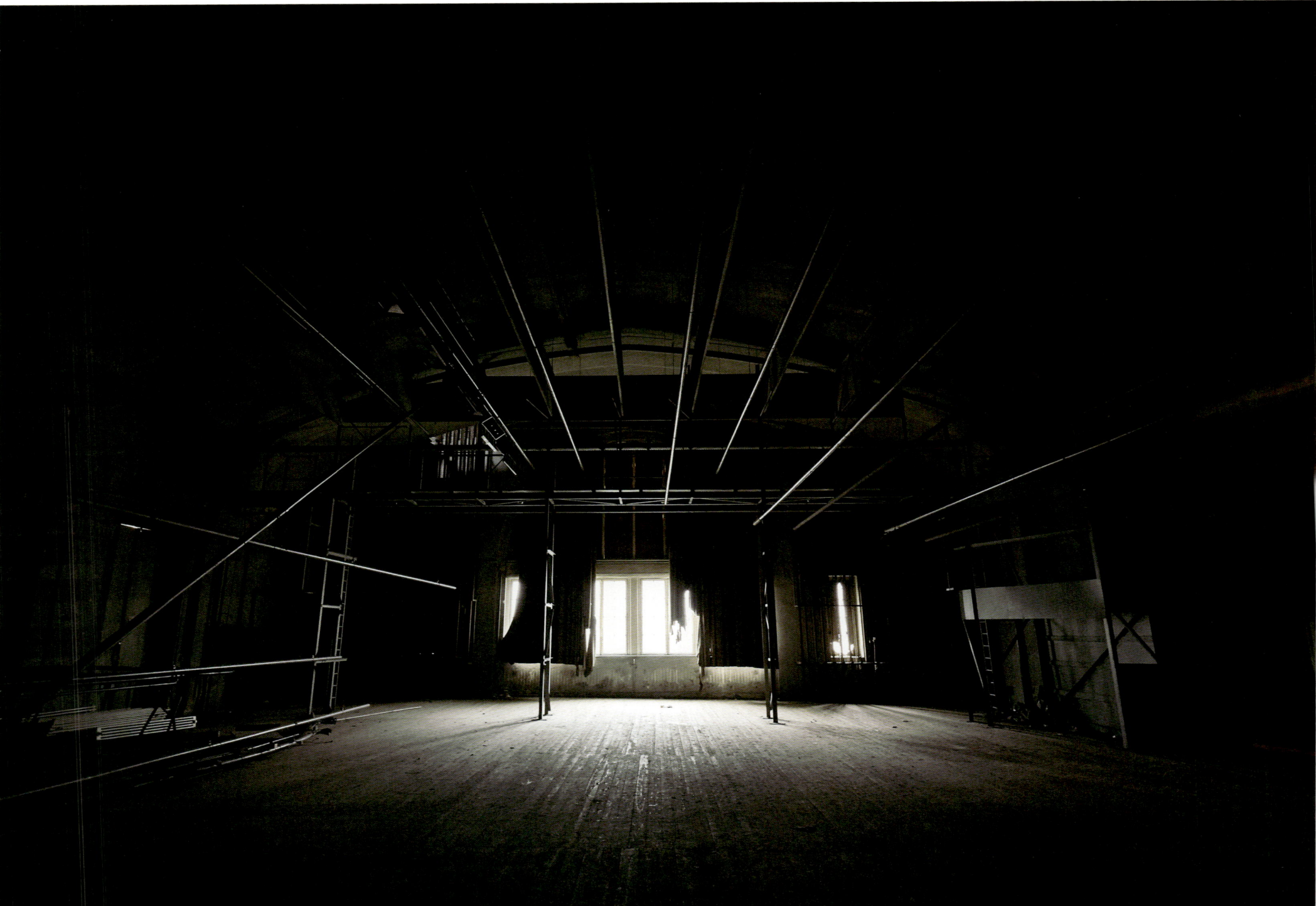

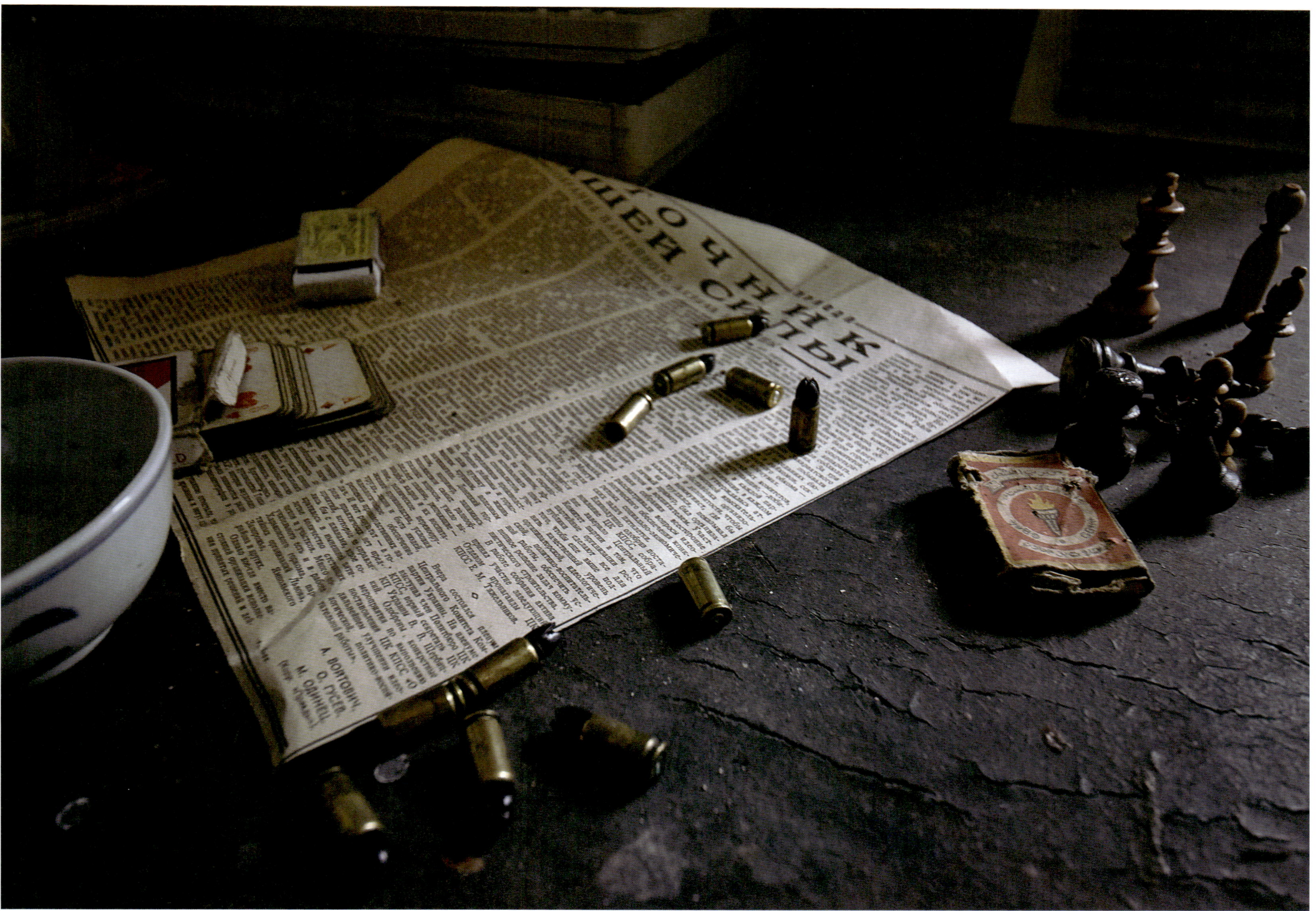

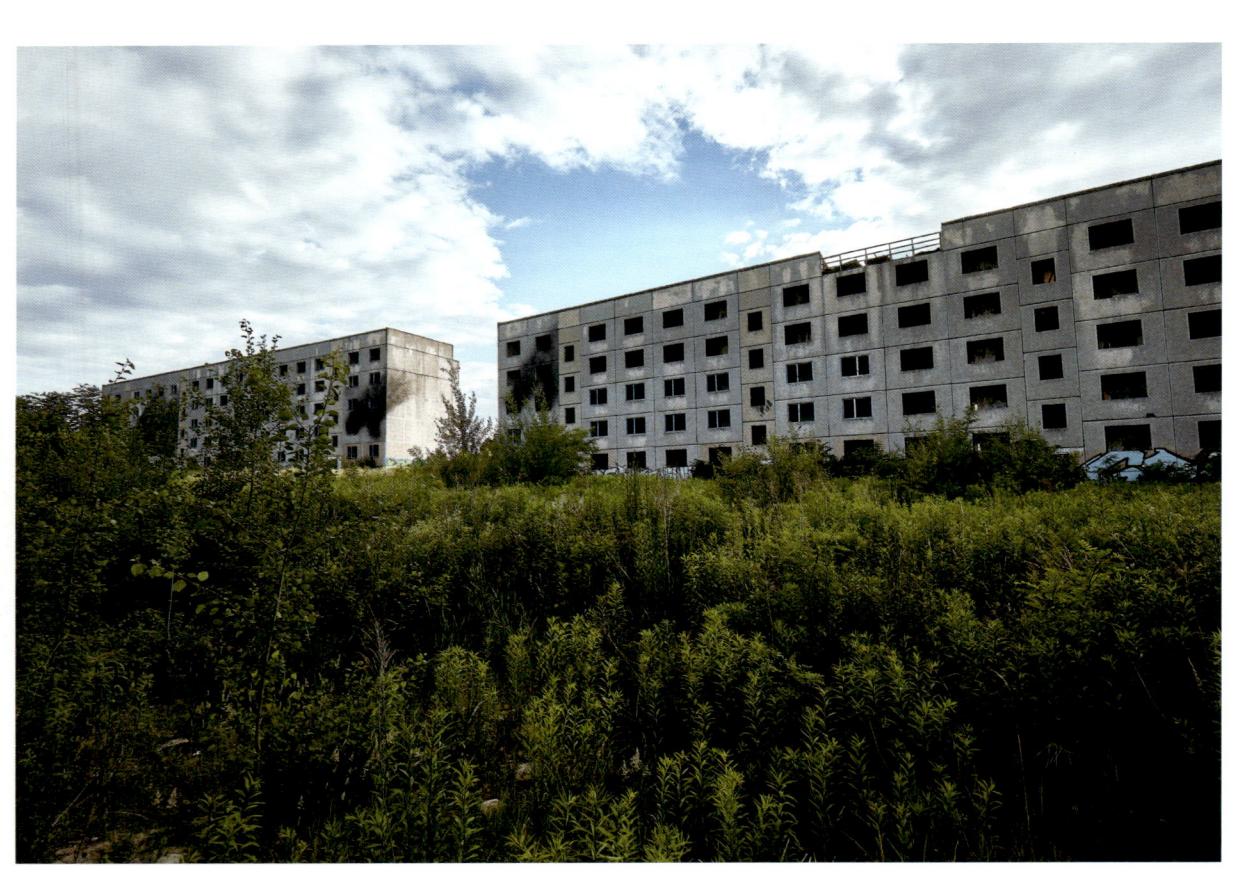

scene 2

クランプニッツ軍事複合施設

Nazi and Soviet Military Complex in Krampnitz

［ドイツ・ブランデンブルグ州］
ナチス・ドイツとソビエト連邦で使用されていた
軍事訓練学校・軍事複合施設

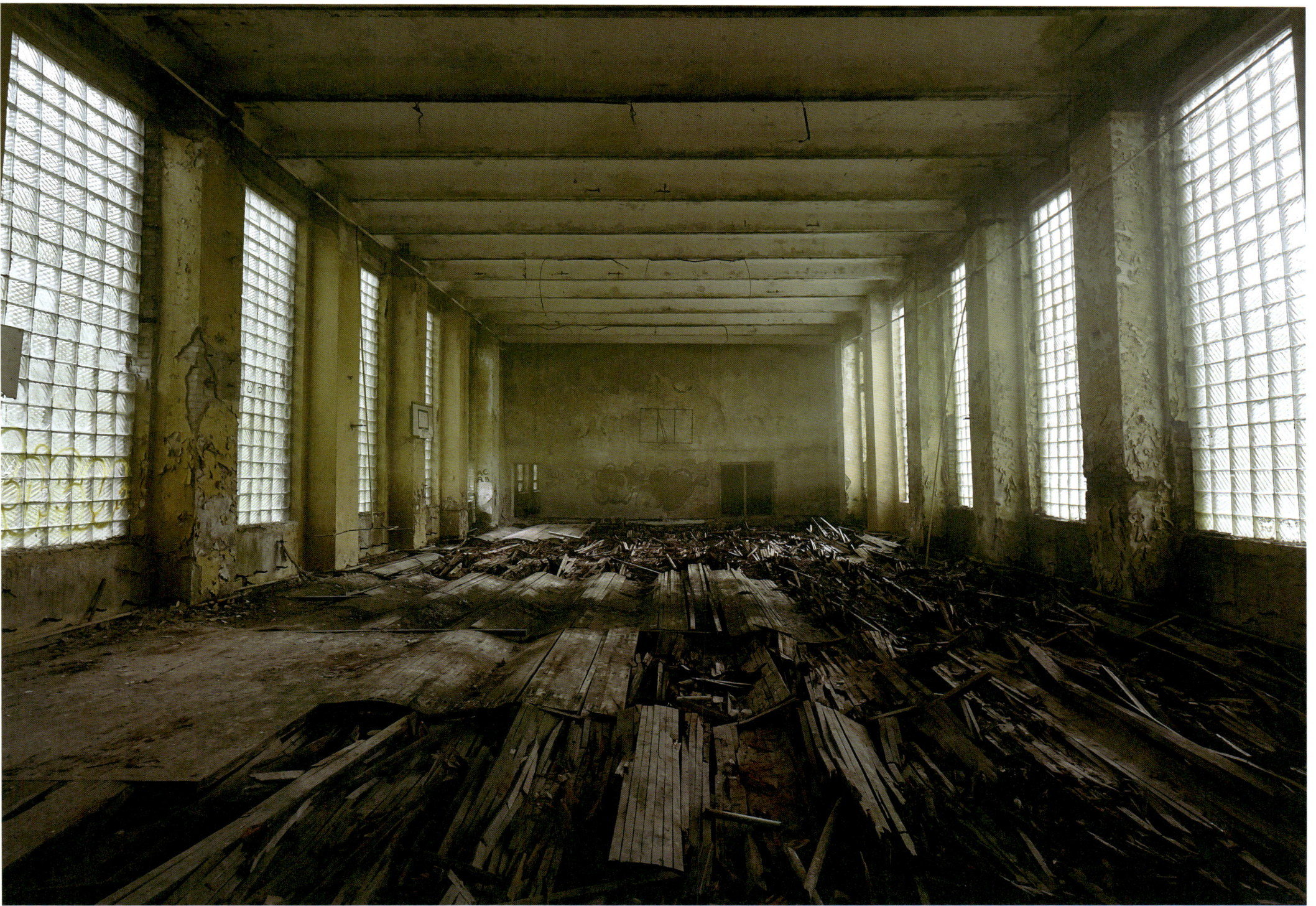

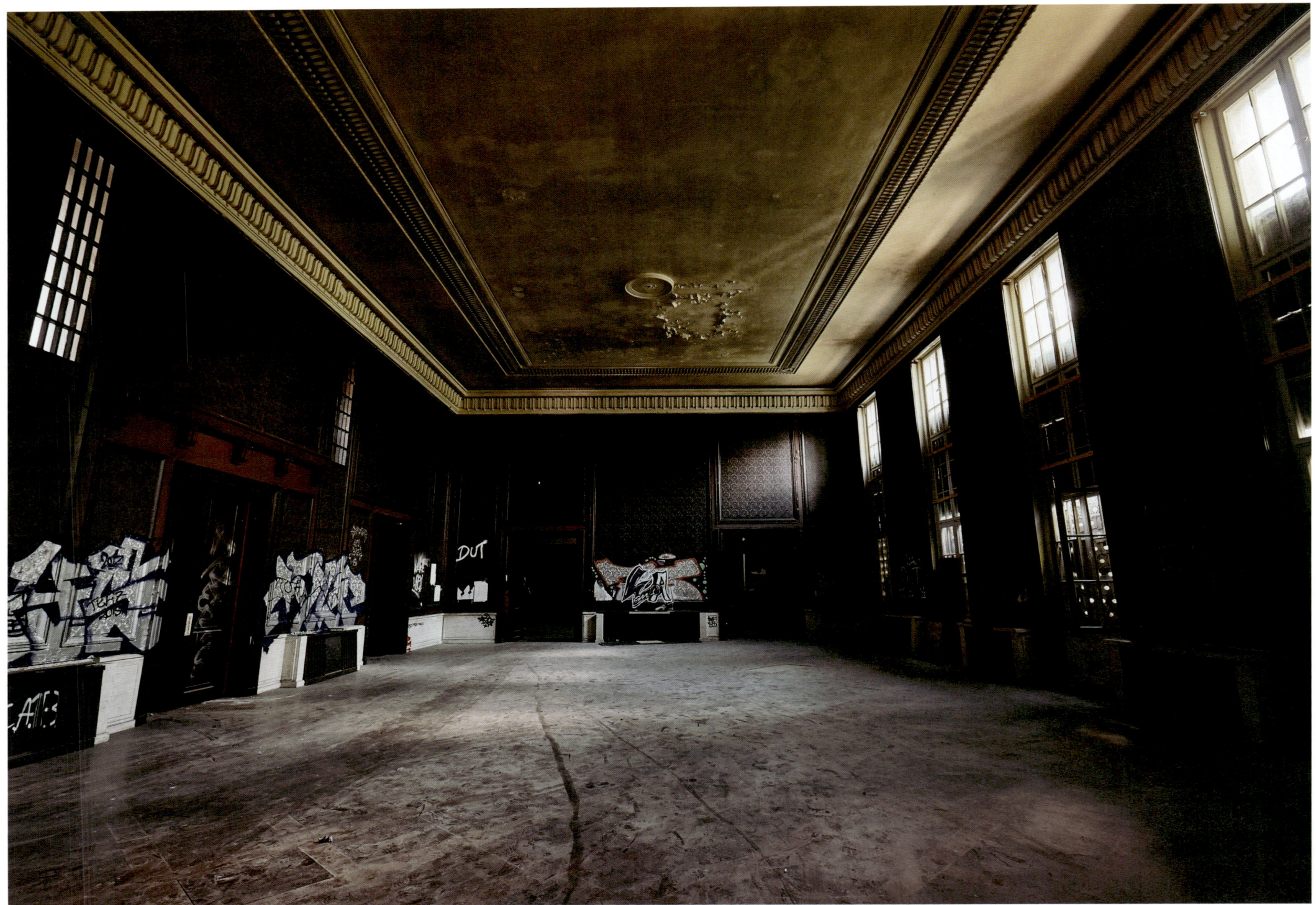

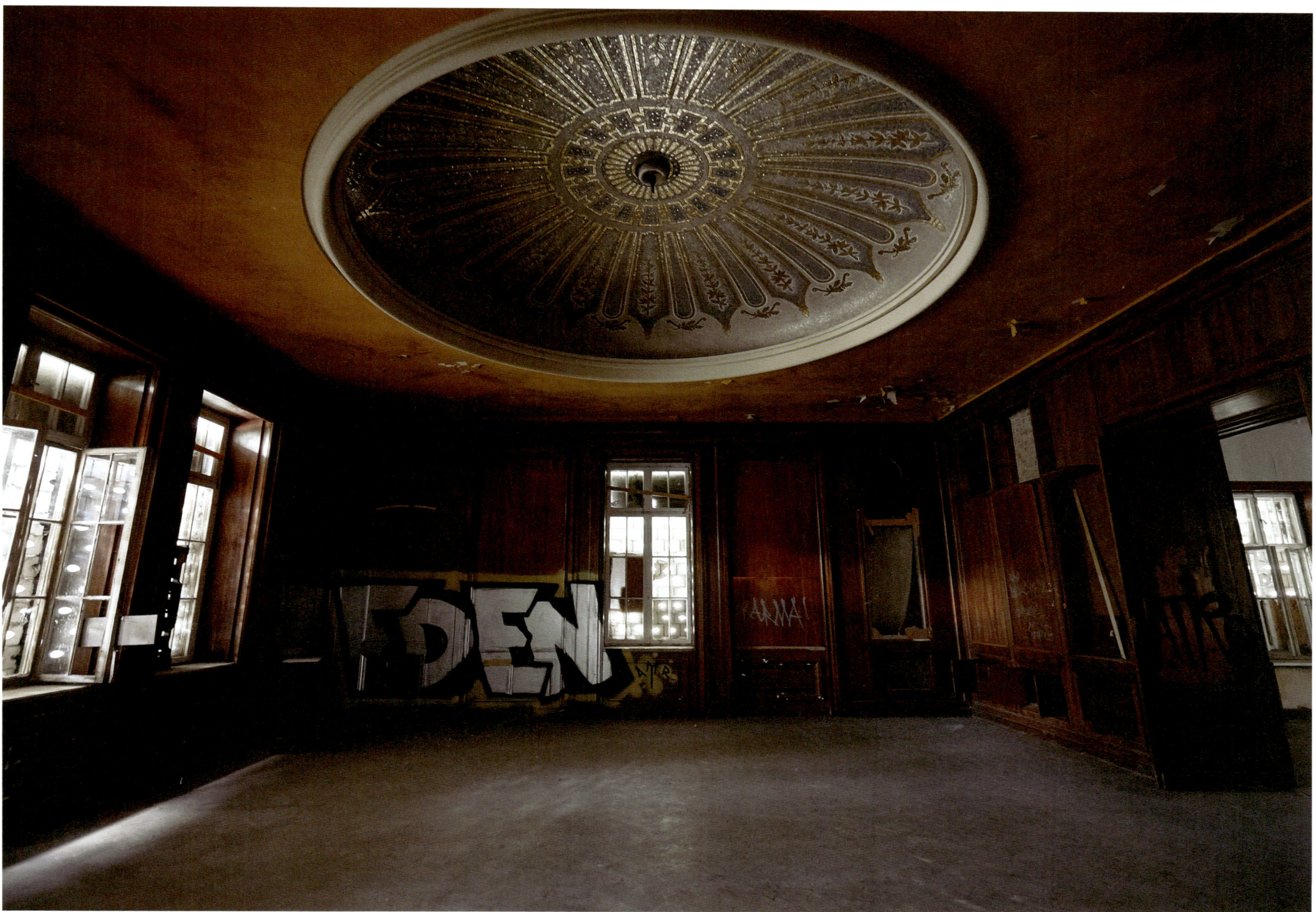

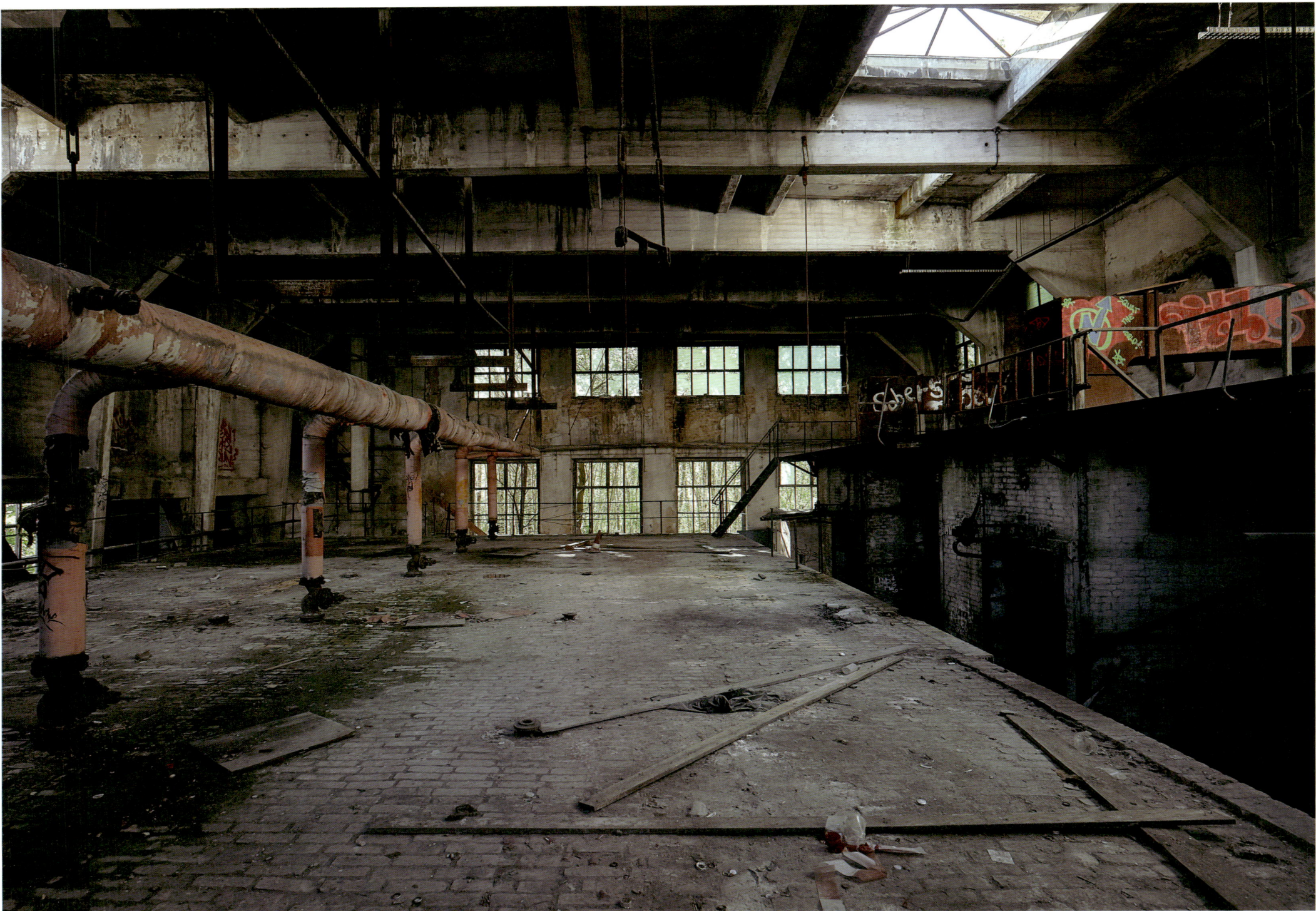

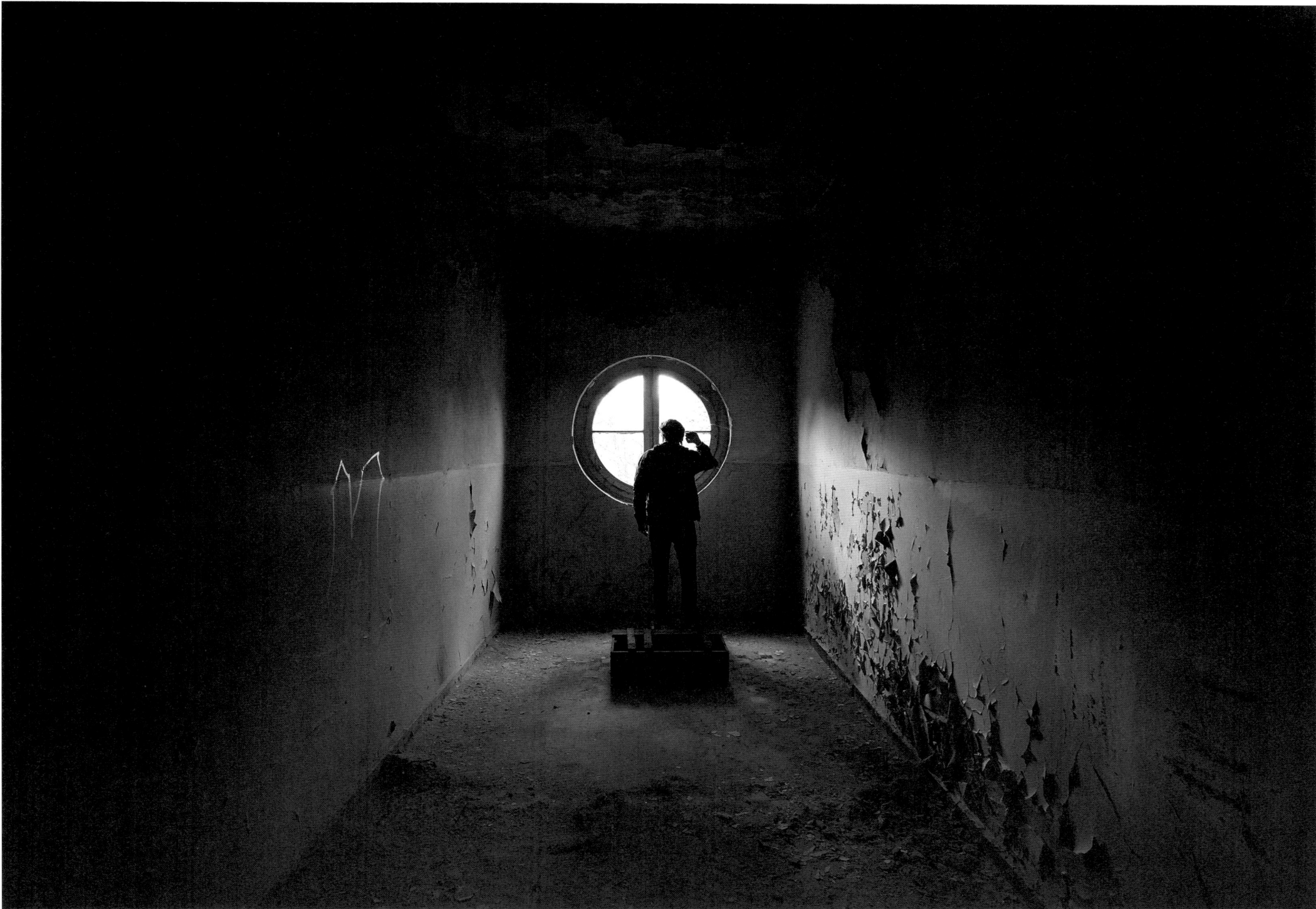

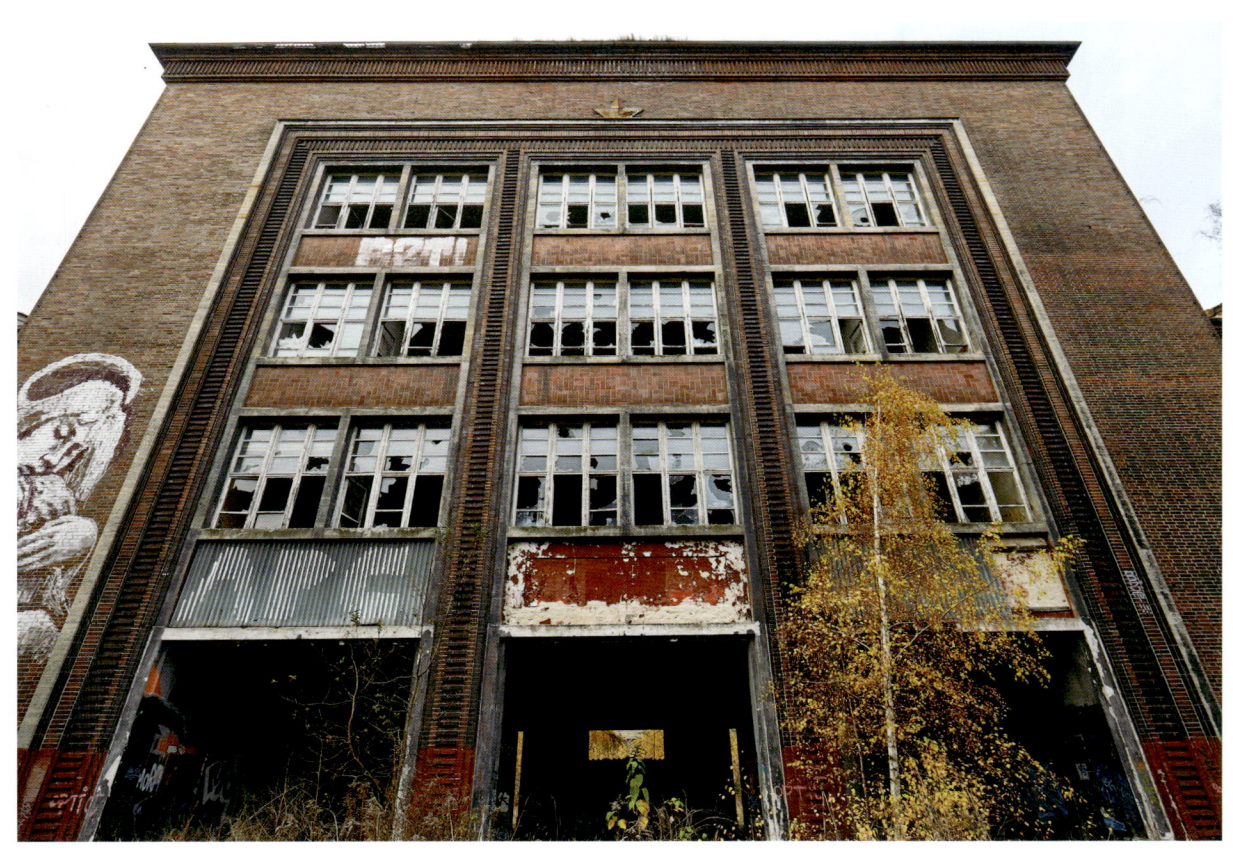

scene 3

ナチス・ドイツ陸軍制服施設
ソビエト連邦軍補充供給拠点
Army Clothing Agency in Bernau

［ドイツ・ブランデンブルグ州］
ナチス陸軍制服施設（制服工場、修復・清掃施設）
ソビエト軍補充供給拠点・軍用品保管施設

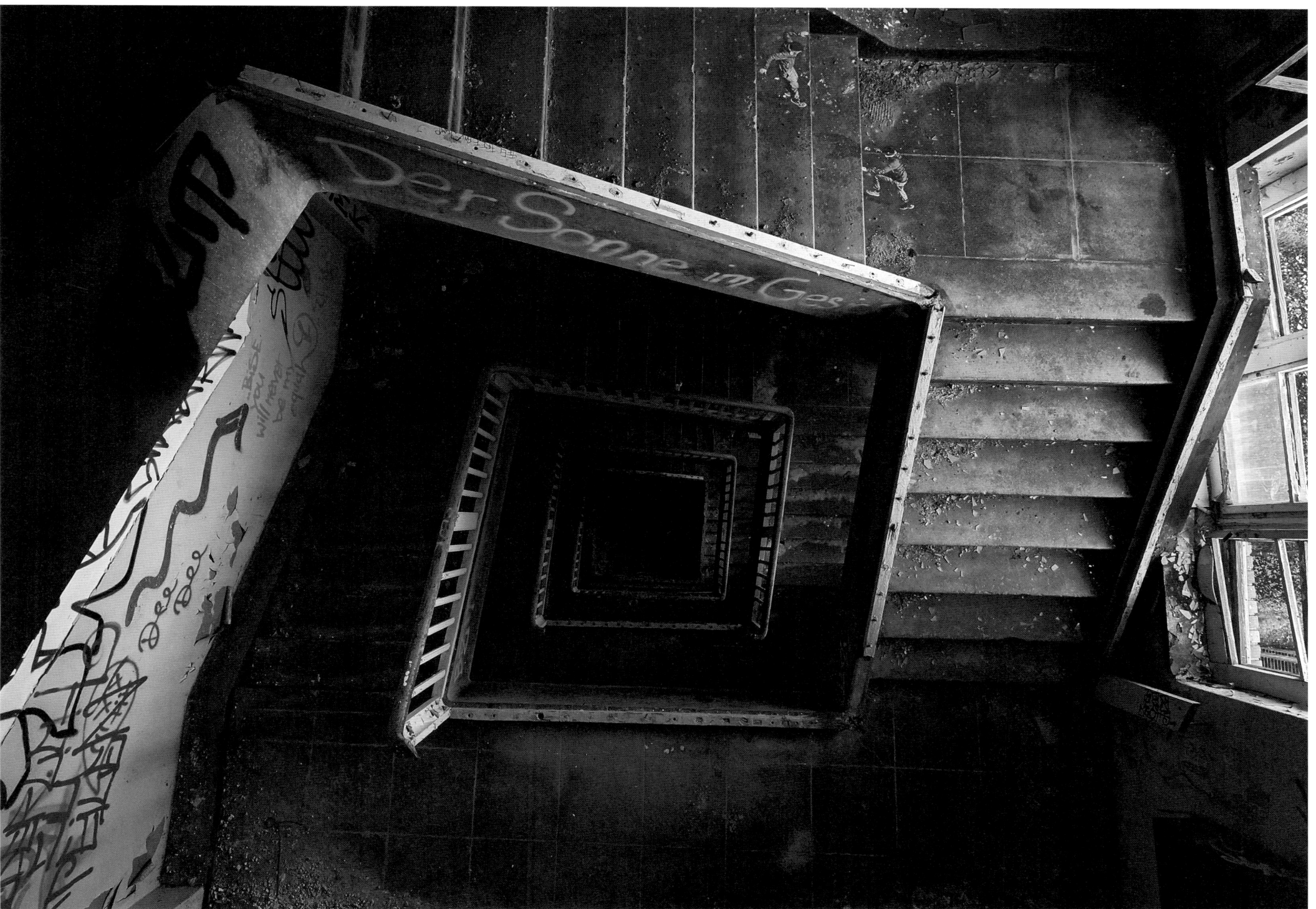

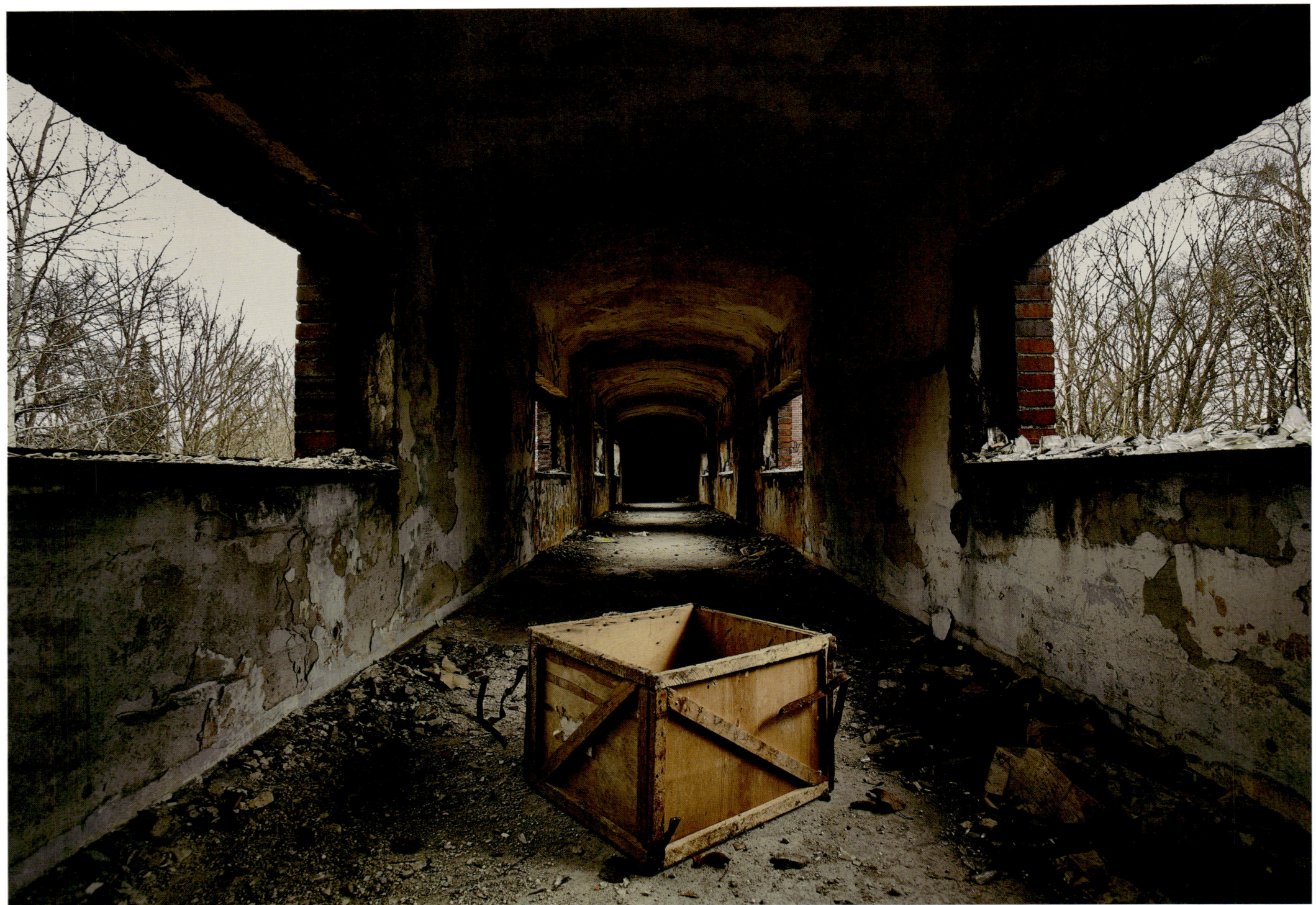

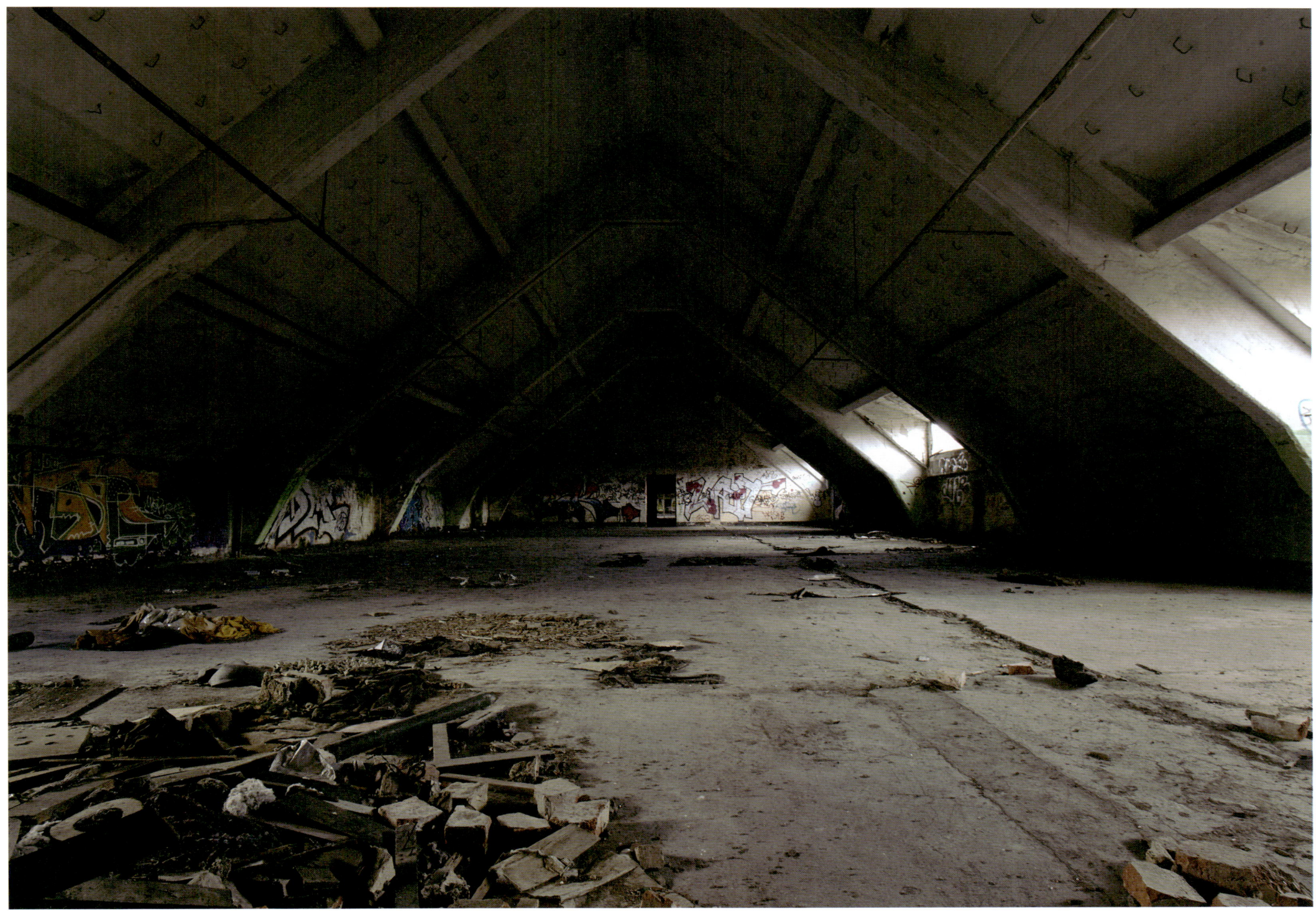

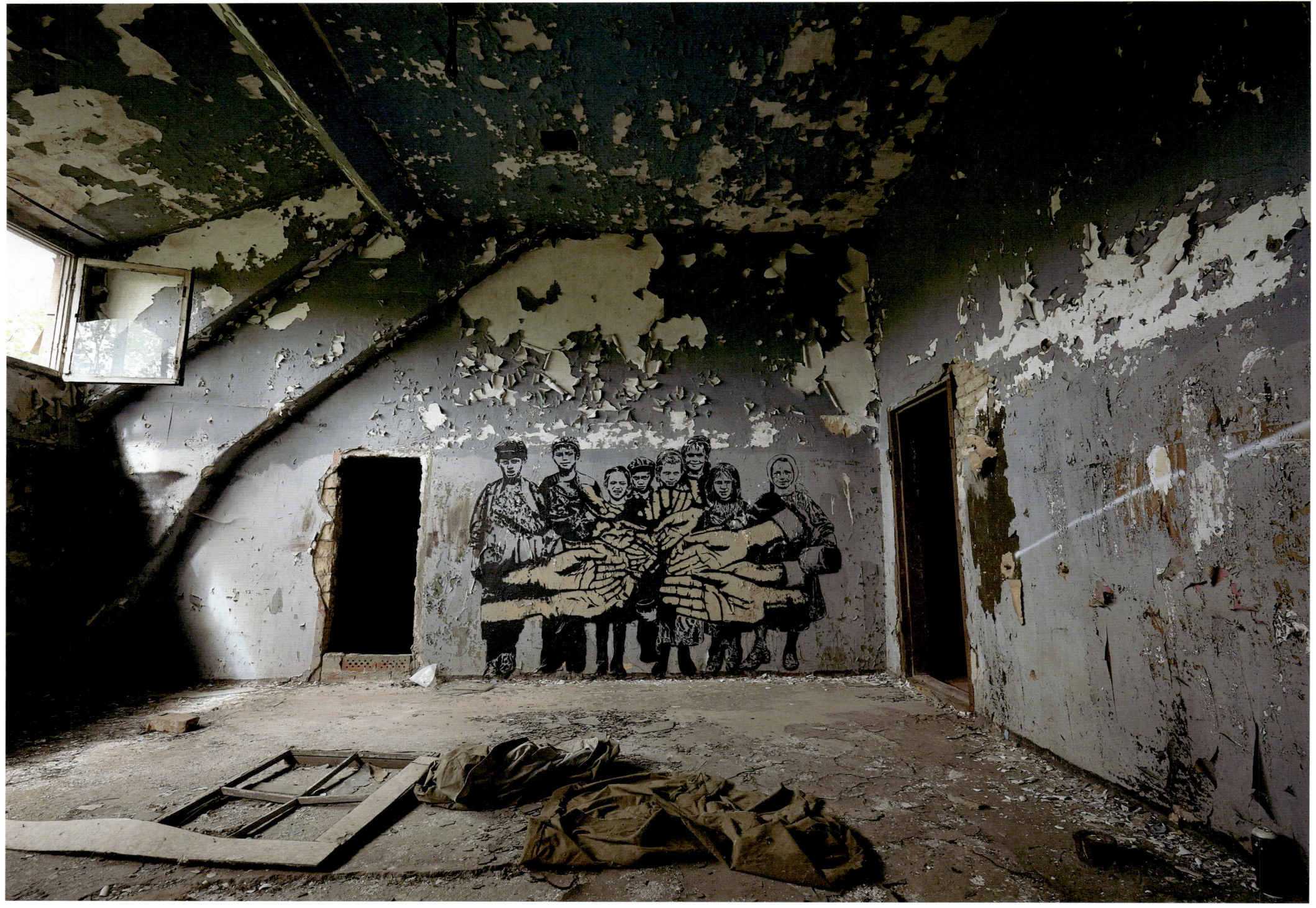

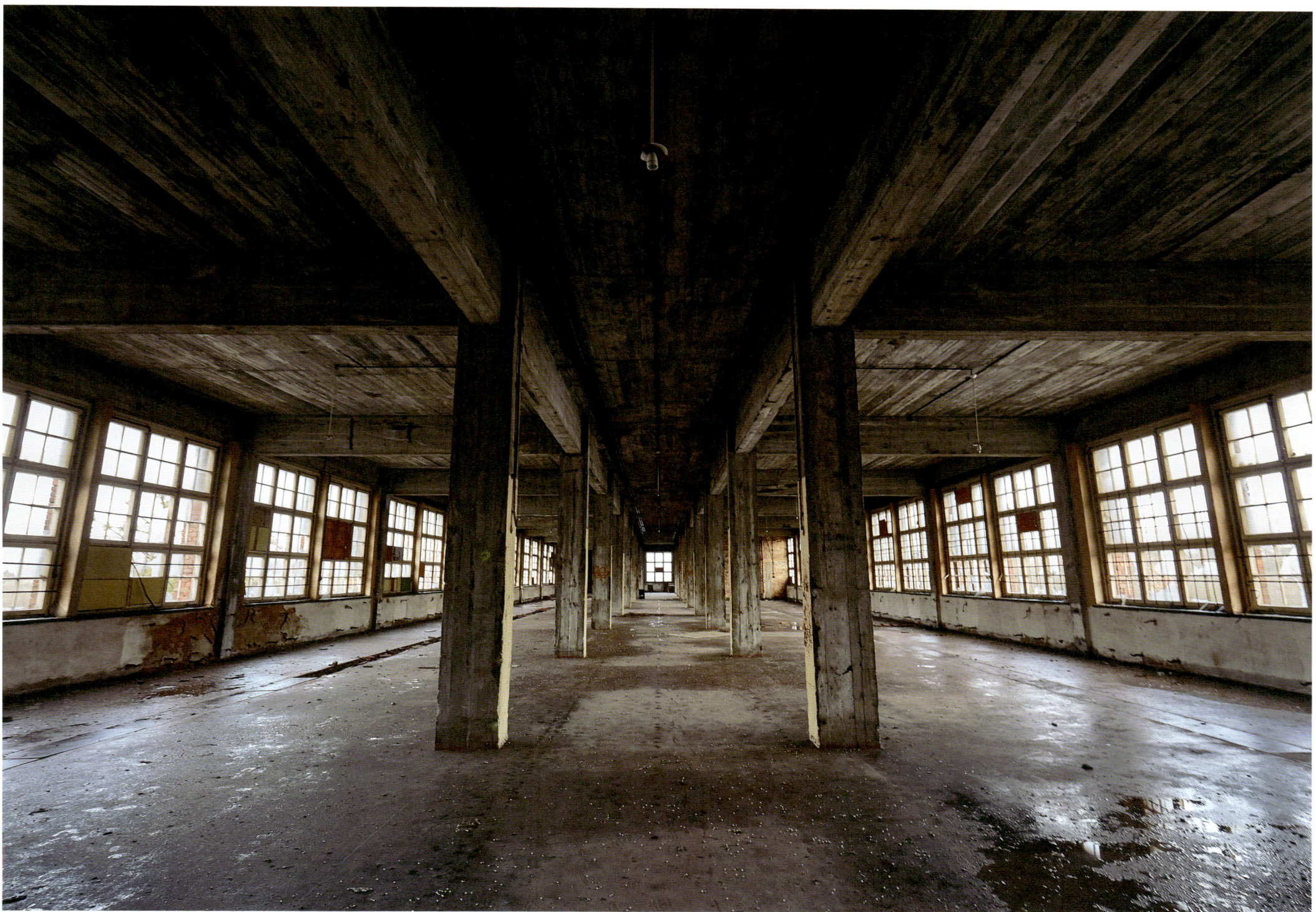

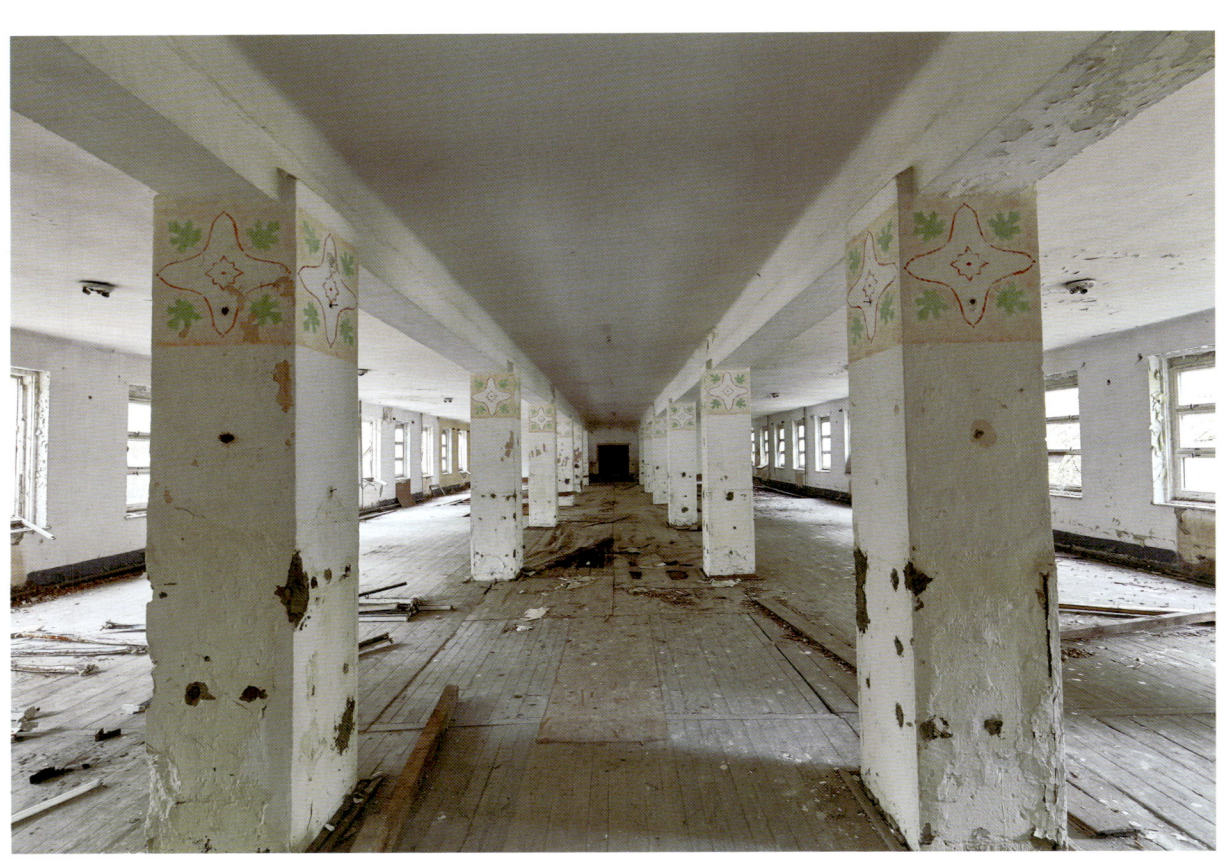

scene 4

フォーゲルザング基地
Soviet Military Barracks in Vogelsang

［ドイツ・ブランデンブルグ州］
ソビエト連邦軍の兵舎・秘密核ミサイル貯蔵施設と発射基地

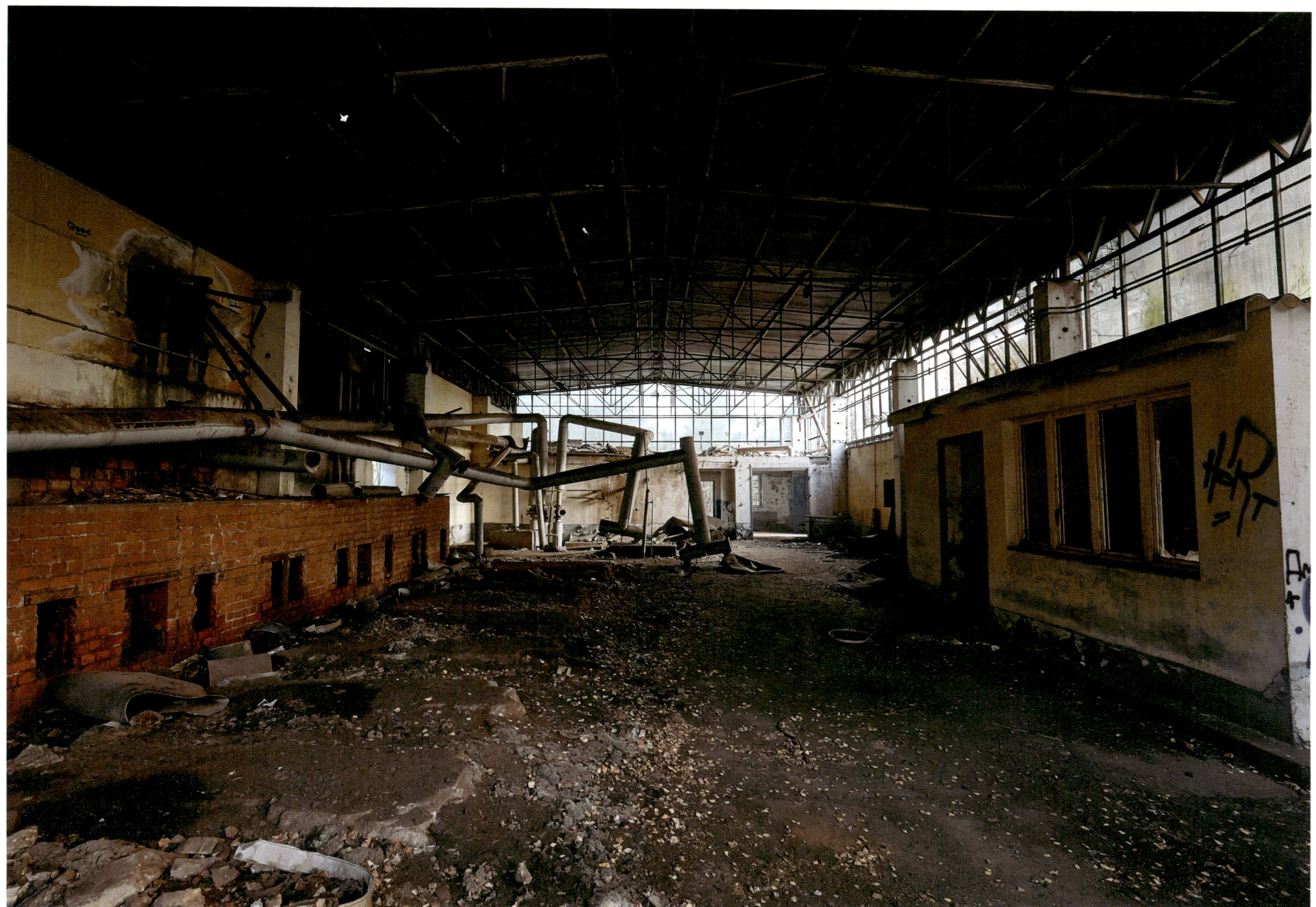

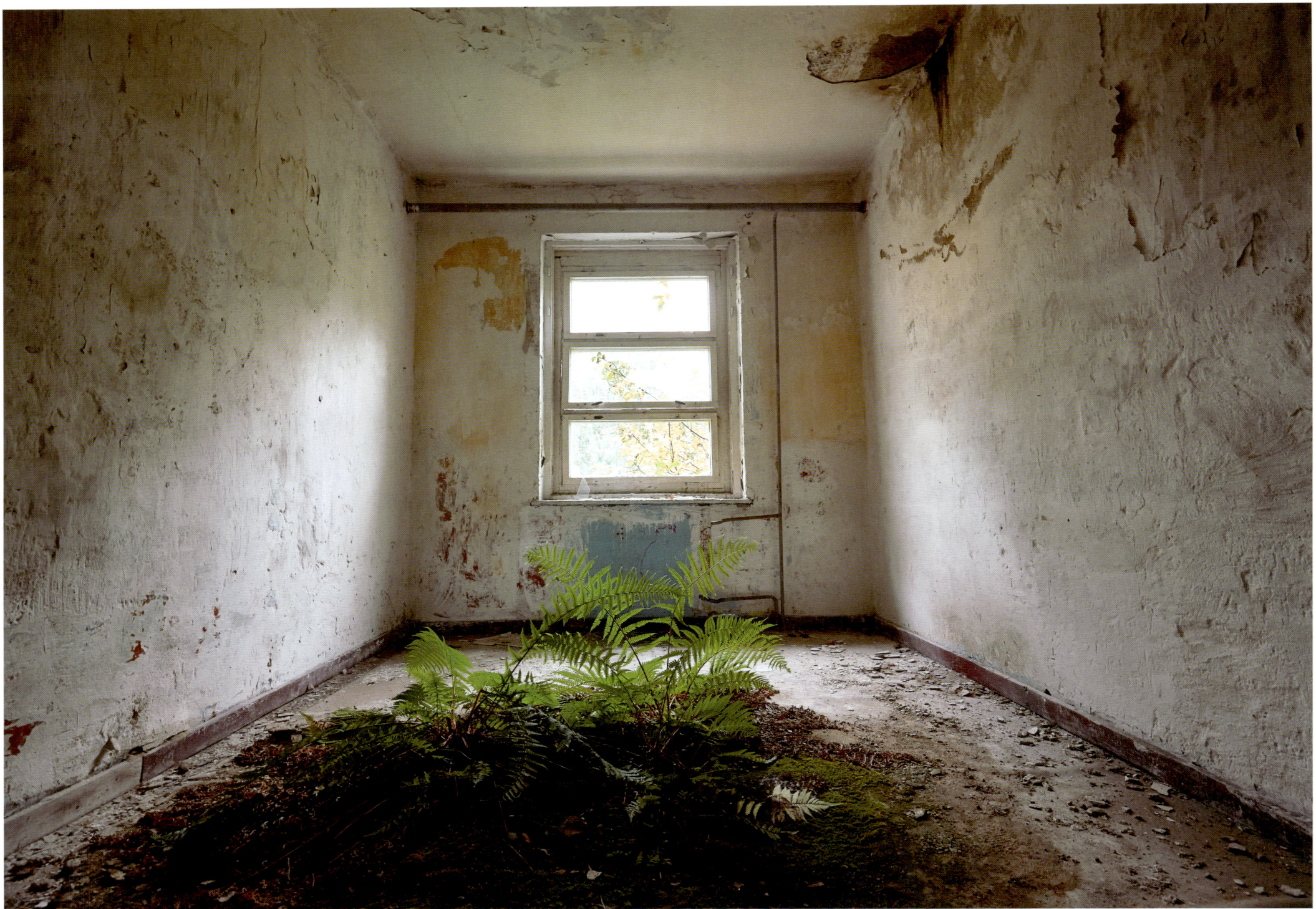

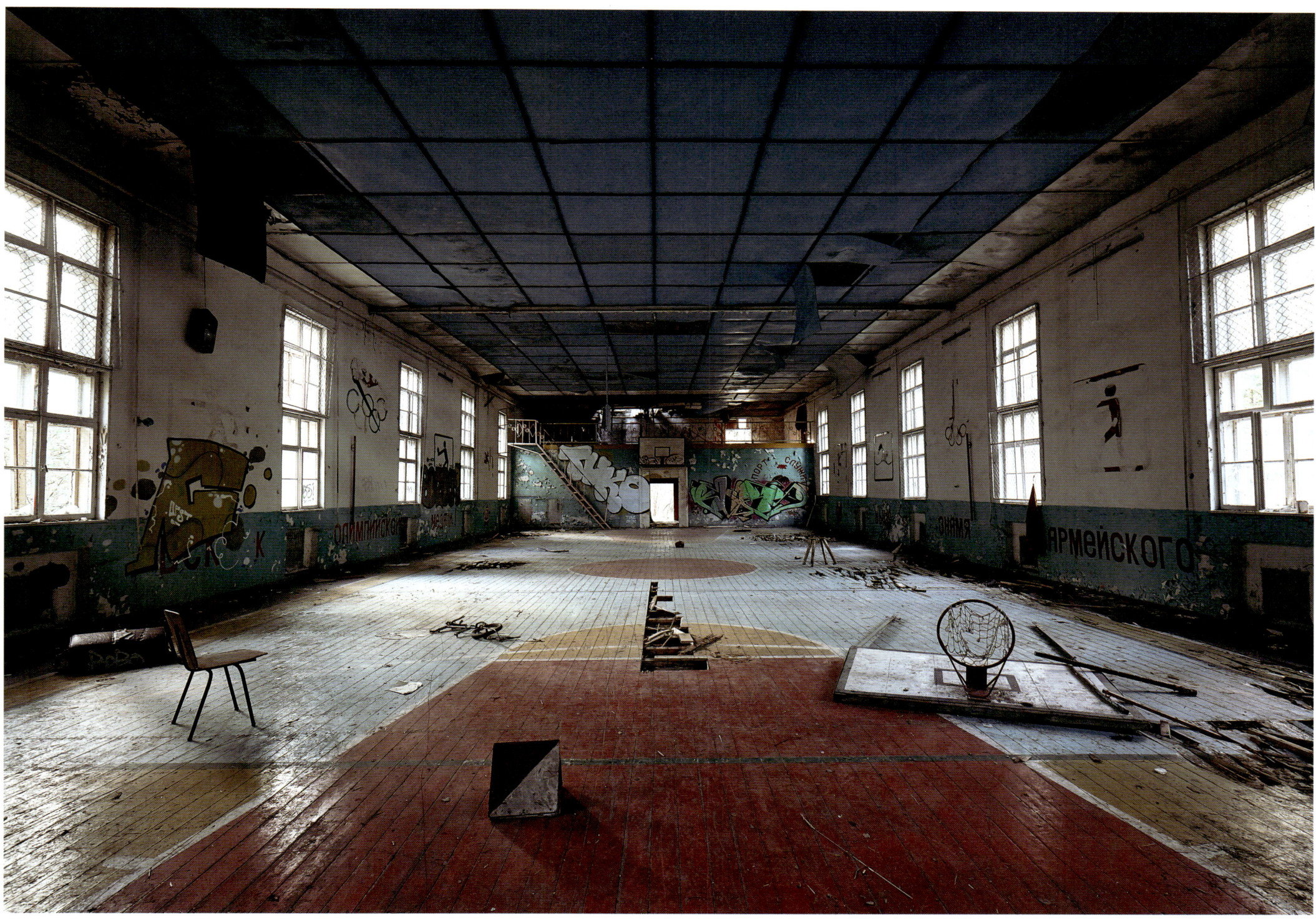

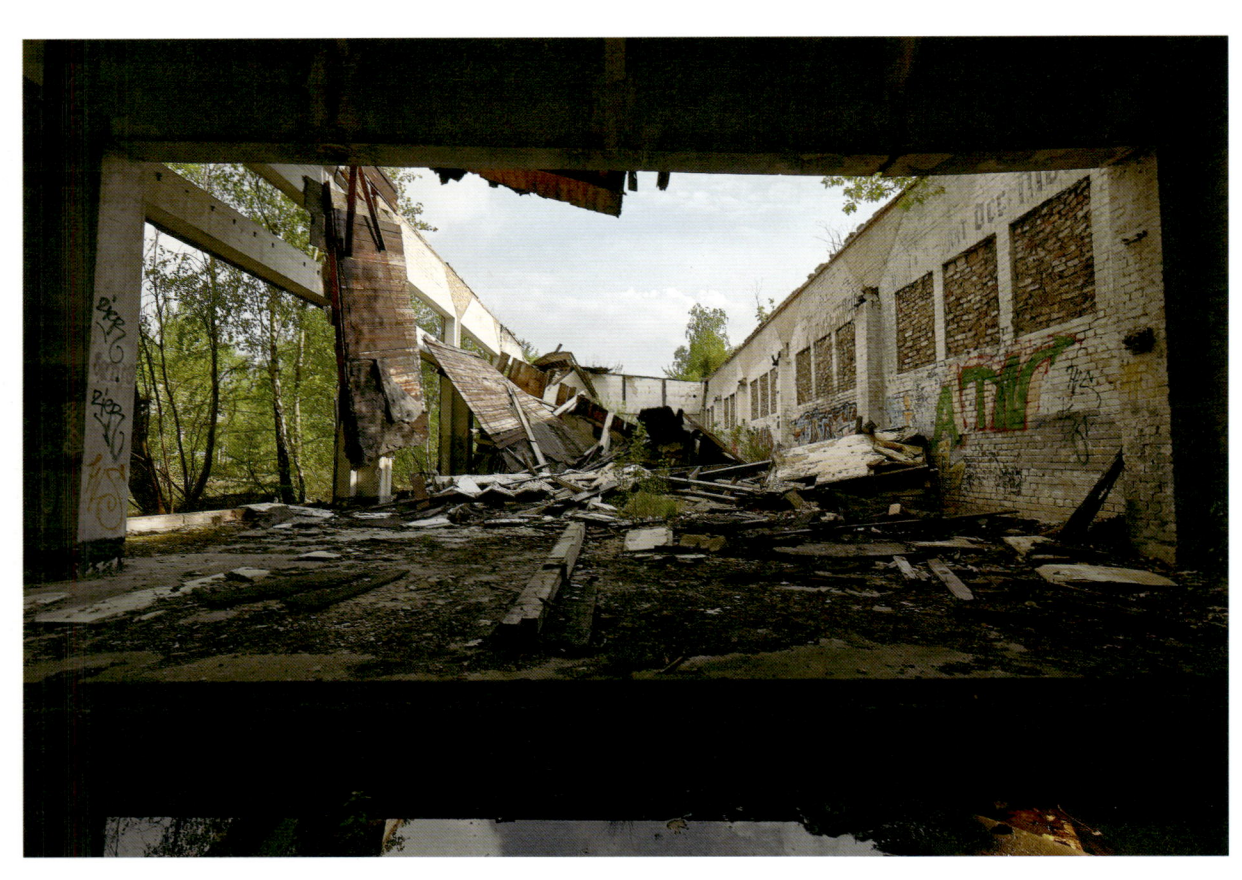

scene 5

ライオン兵舎
Lion Barracks

［ドイツ・ブランデンブルグ州］
兵舎・パンサー戦車練習場

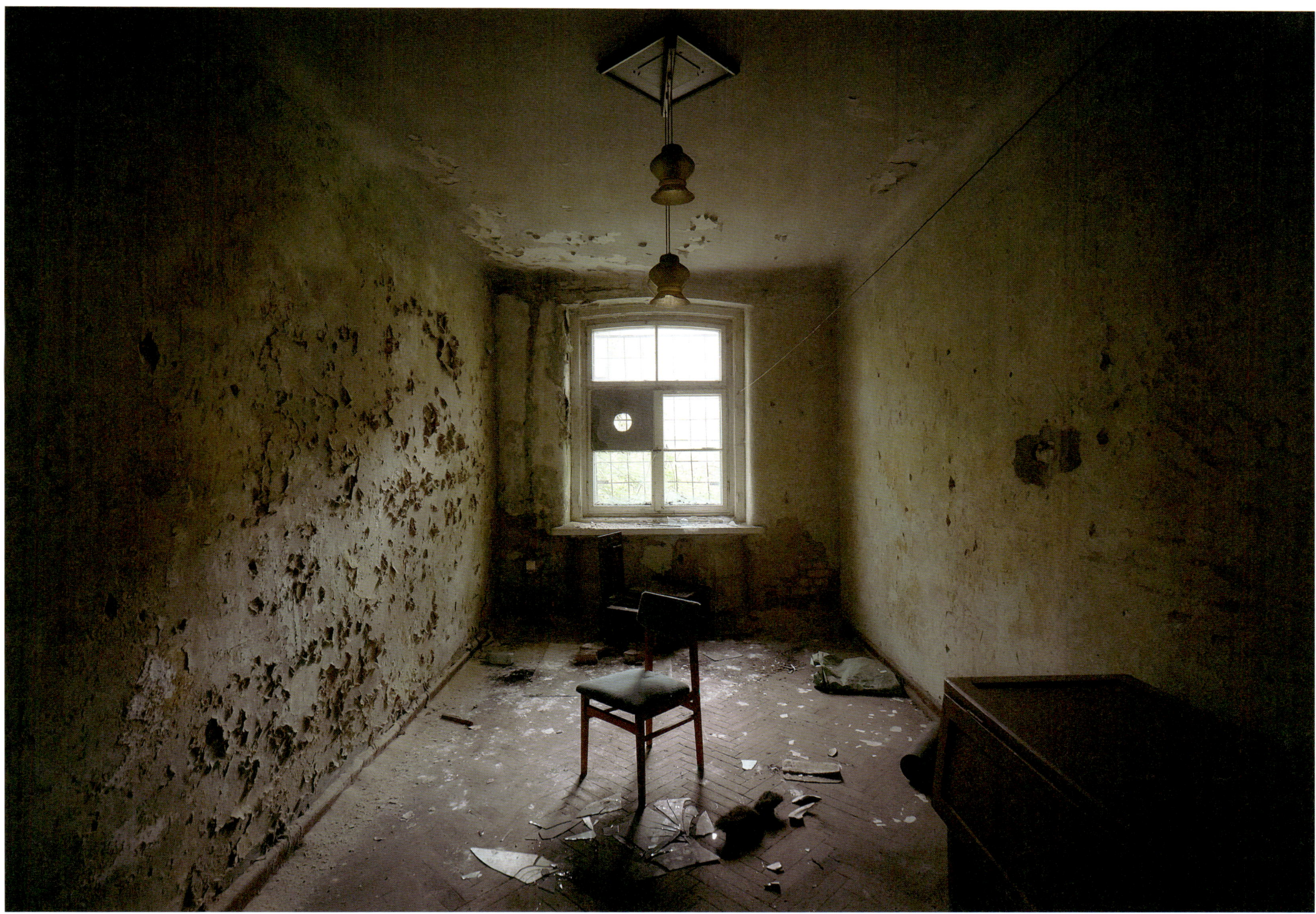

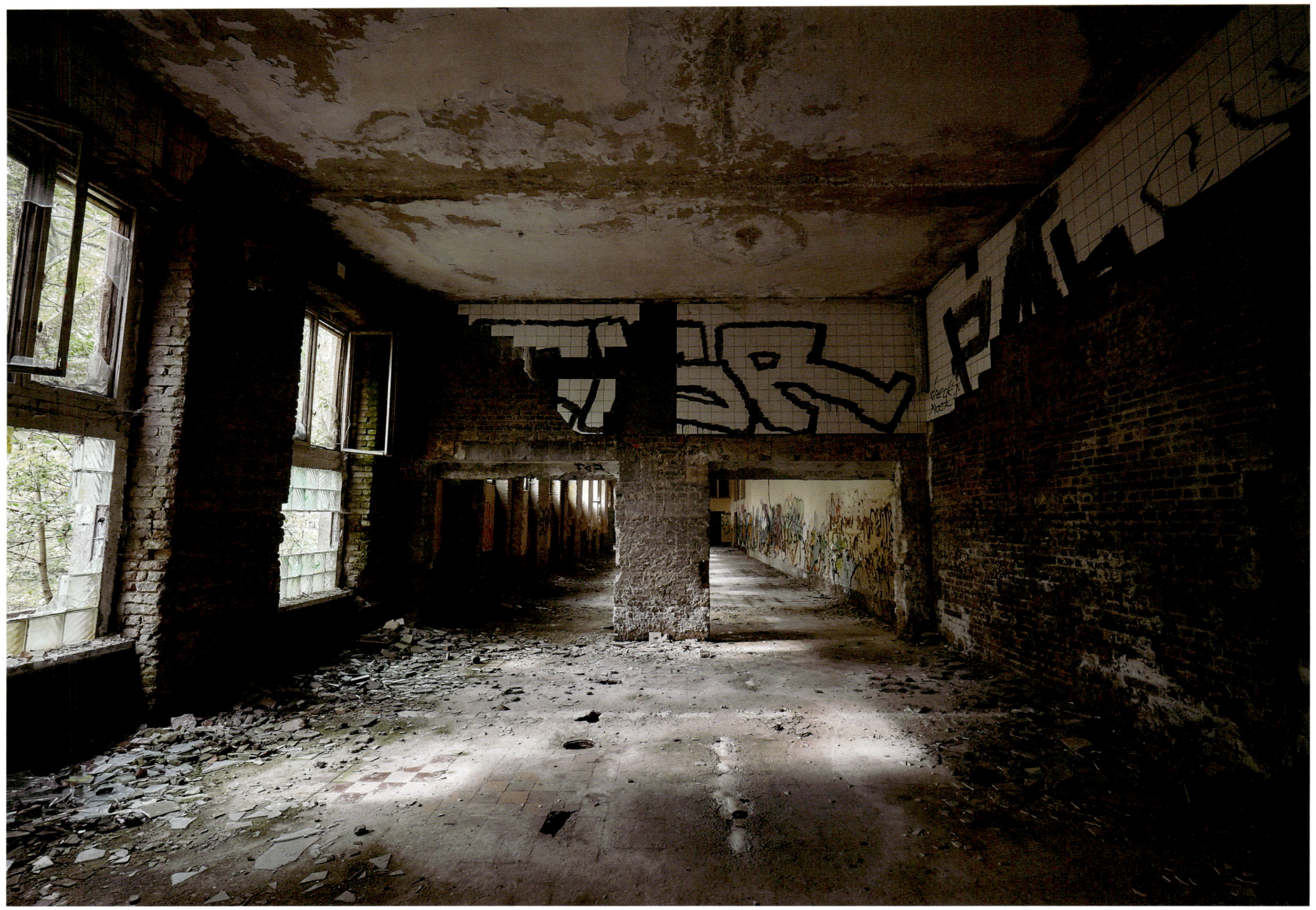

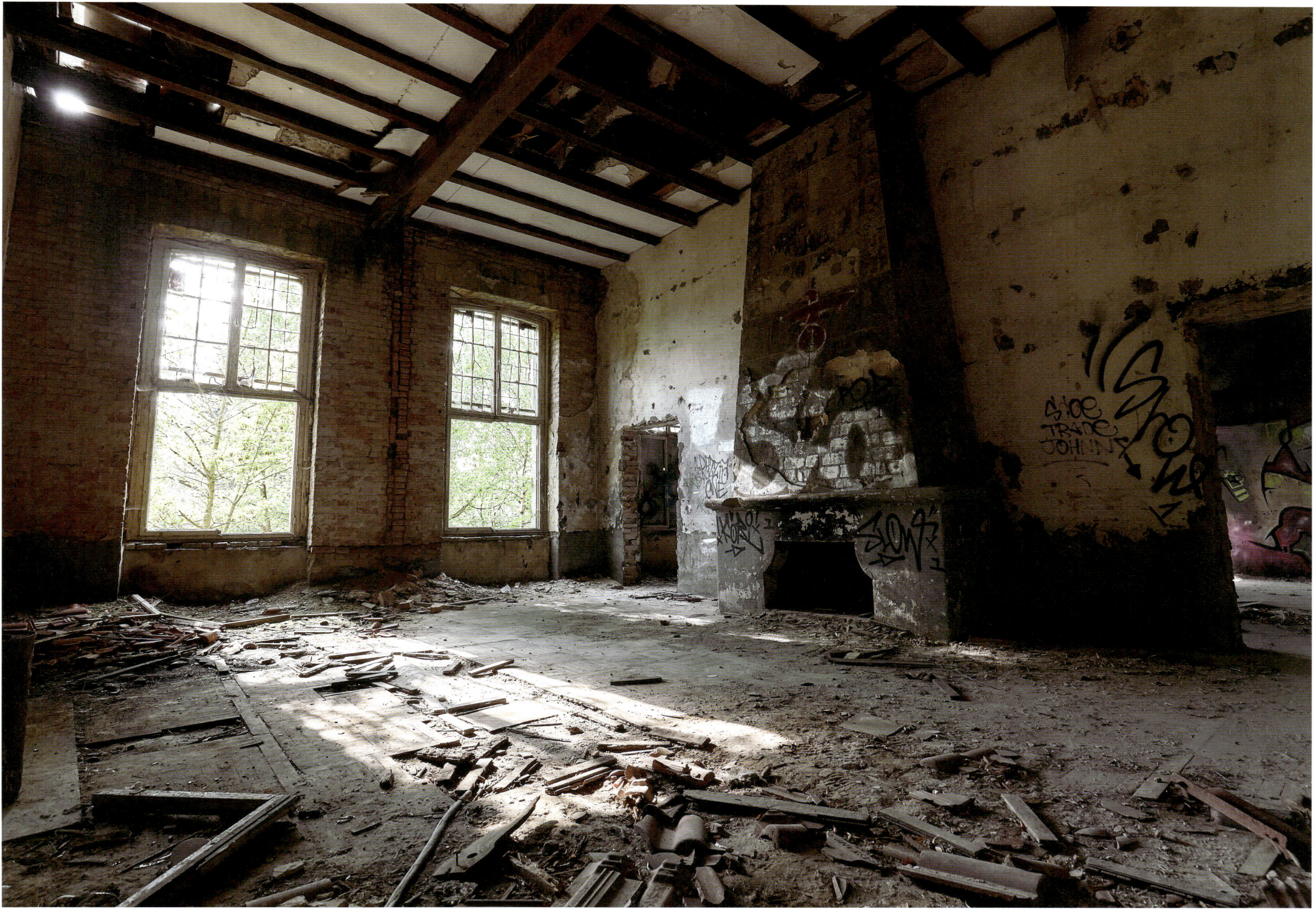

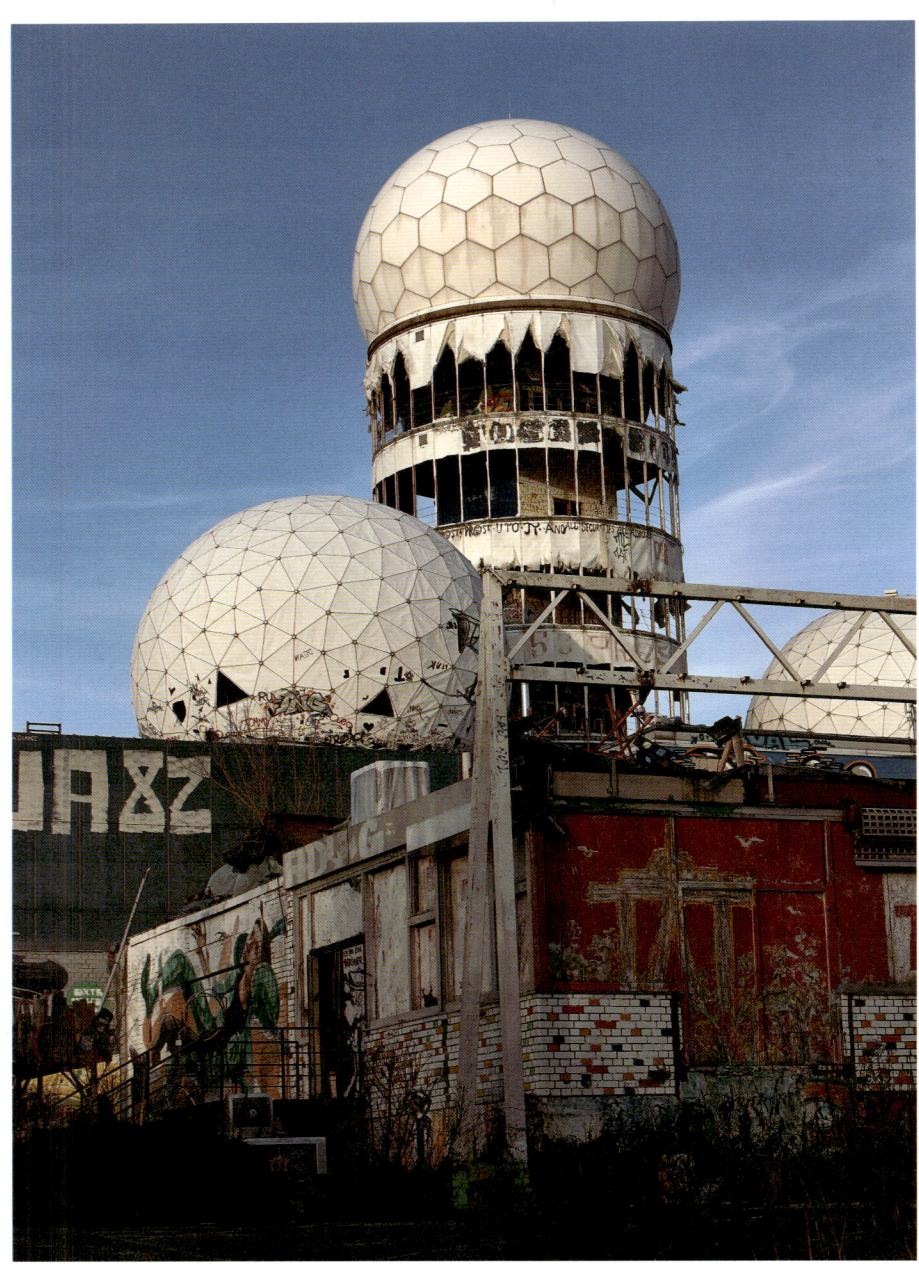

scene 6

トイフェルスベルグ傍受基地

Spy Station in Teufelsberg

［ドイツ・ベルリン］

アメリカン・スパイタワー

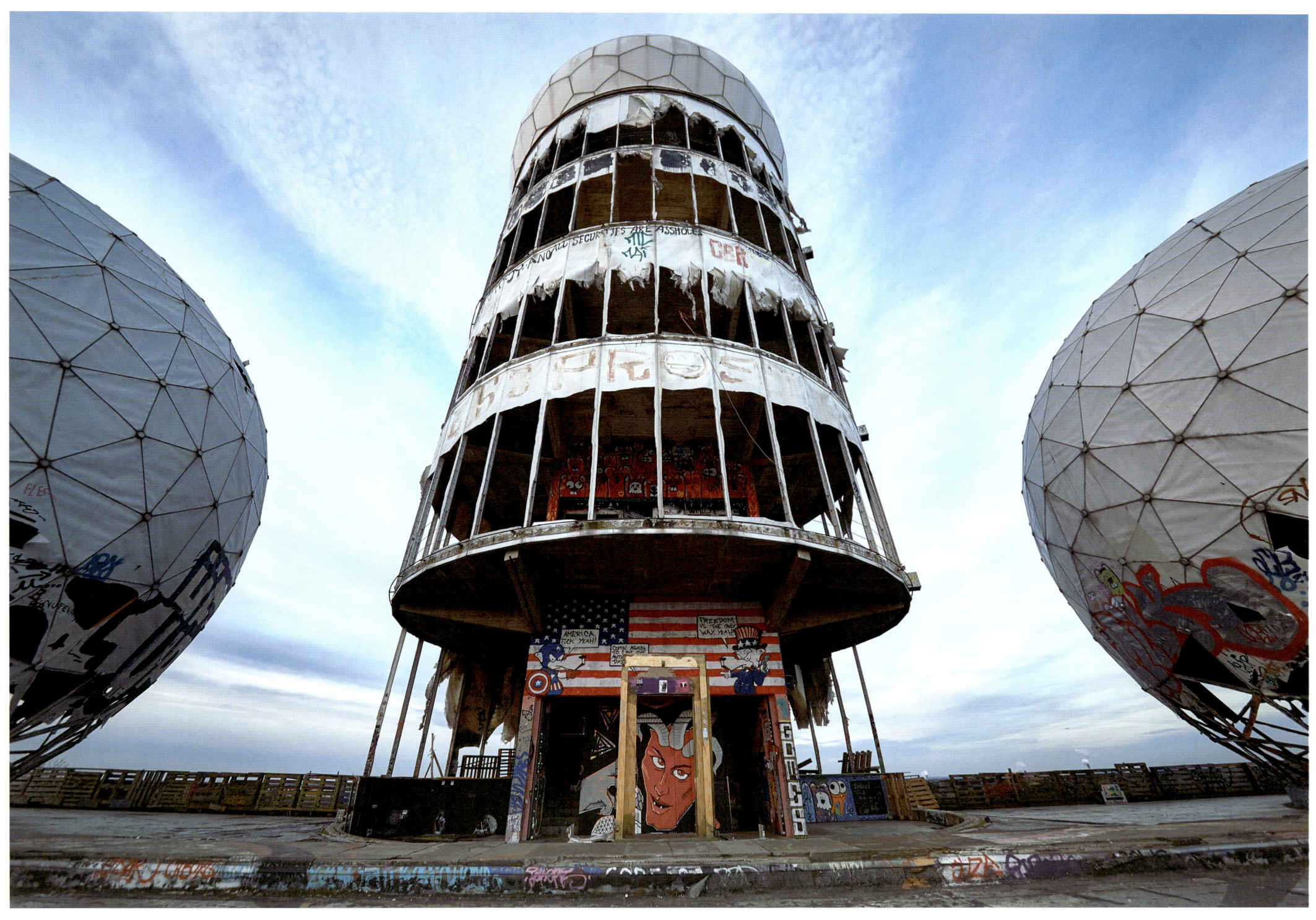

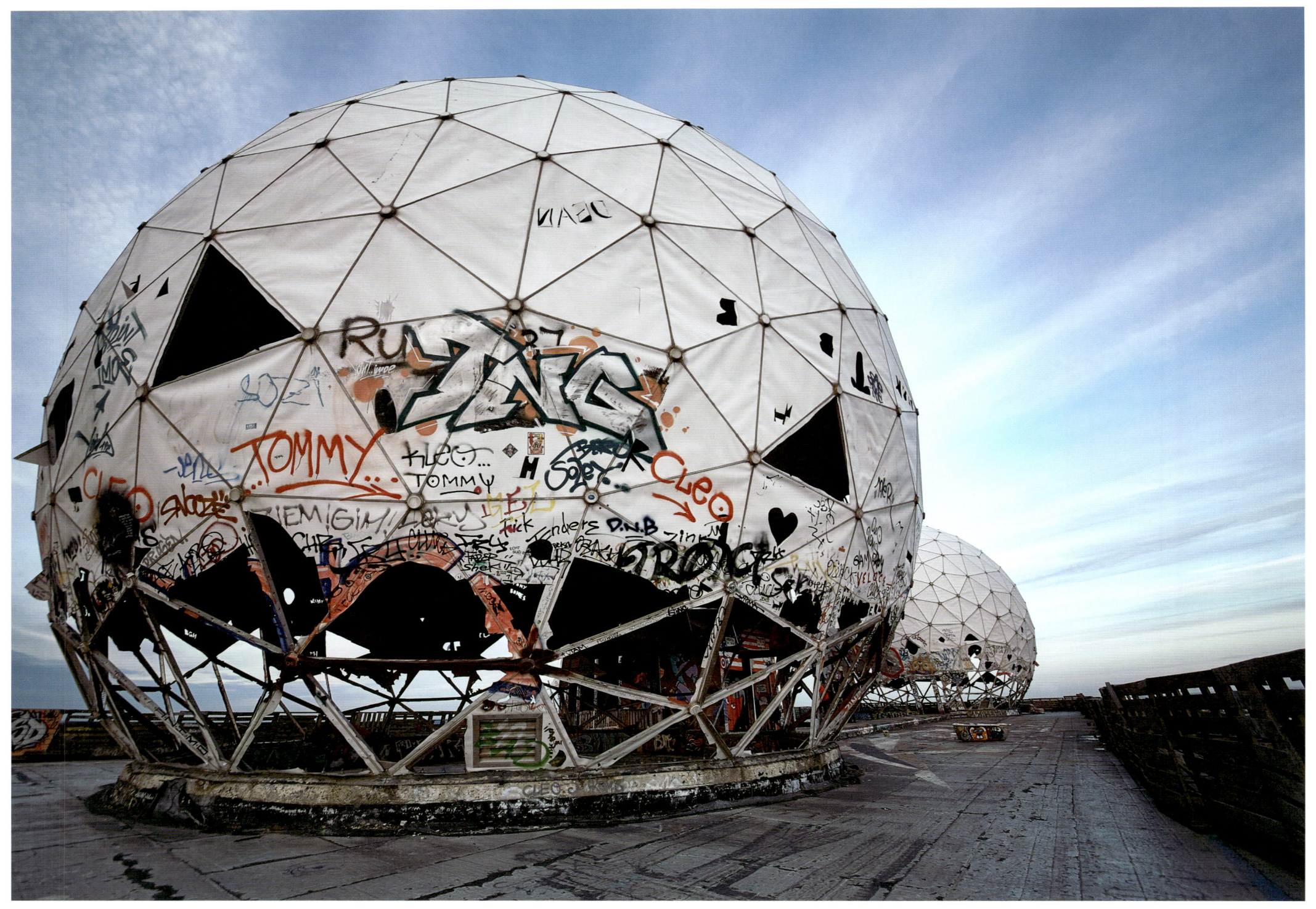

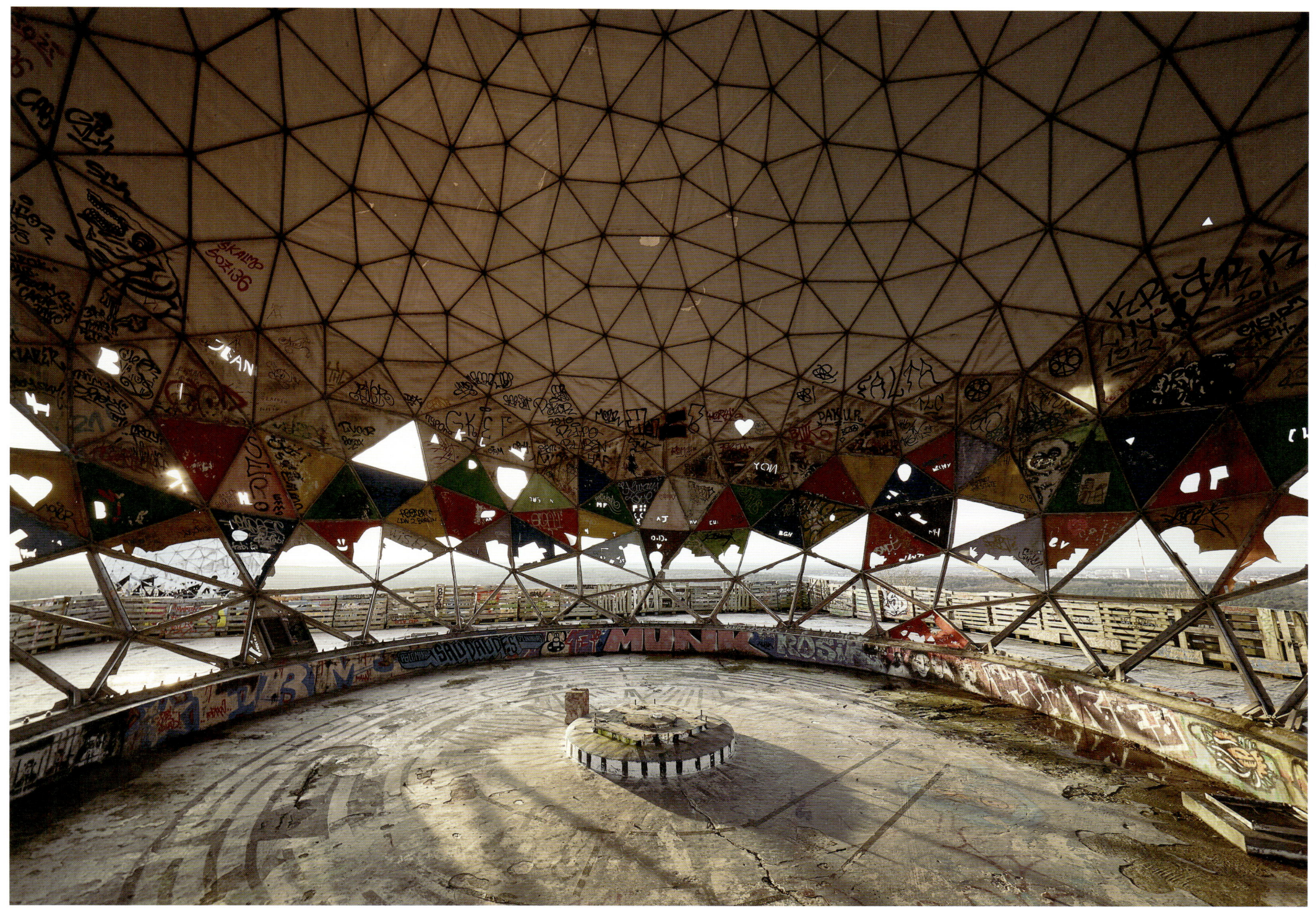

chapter 3

娯楽施設──Amusement

家族や友人、恋人たちとの楽しい想い出が作られた場所も、
時代の潮流には逆らえず、廃業に追い込まれた。
そのままの姿で忘れ去られ、荒れ果てていく。
だが、そこで過ごした楽しい時間は、
特別な記憶として、人々の心にいつまでも生き続ける

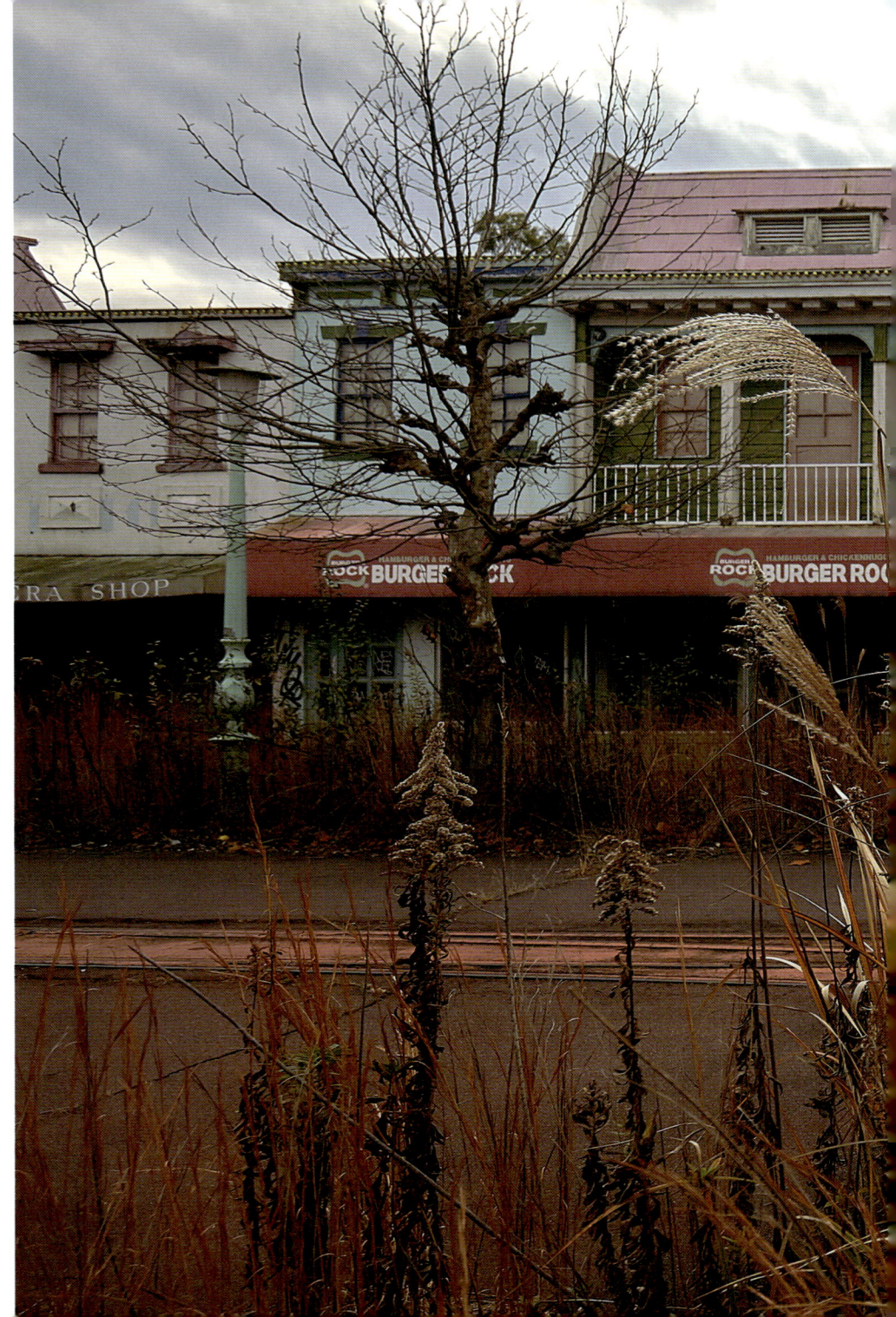

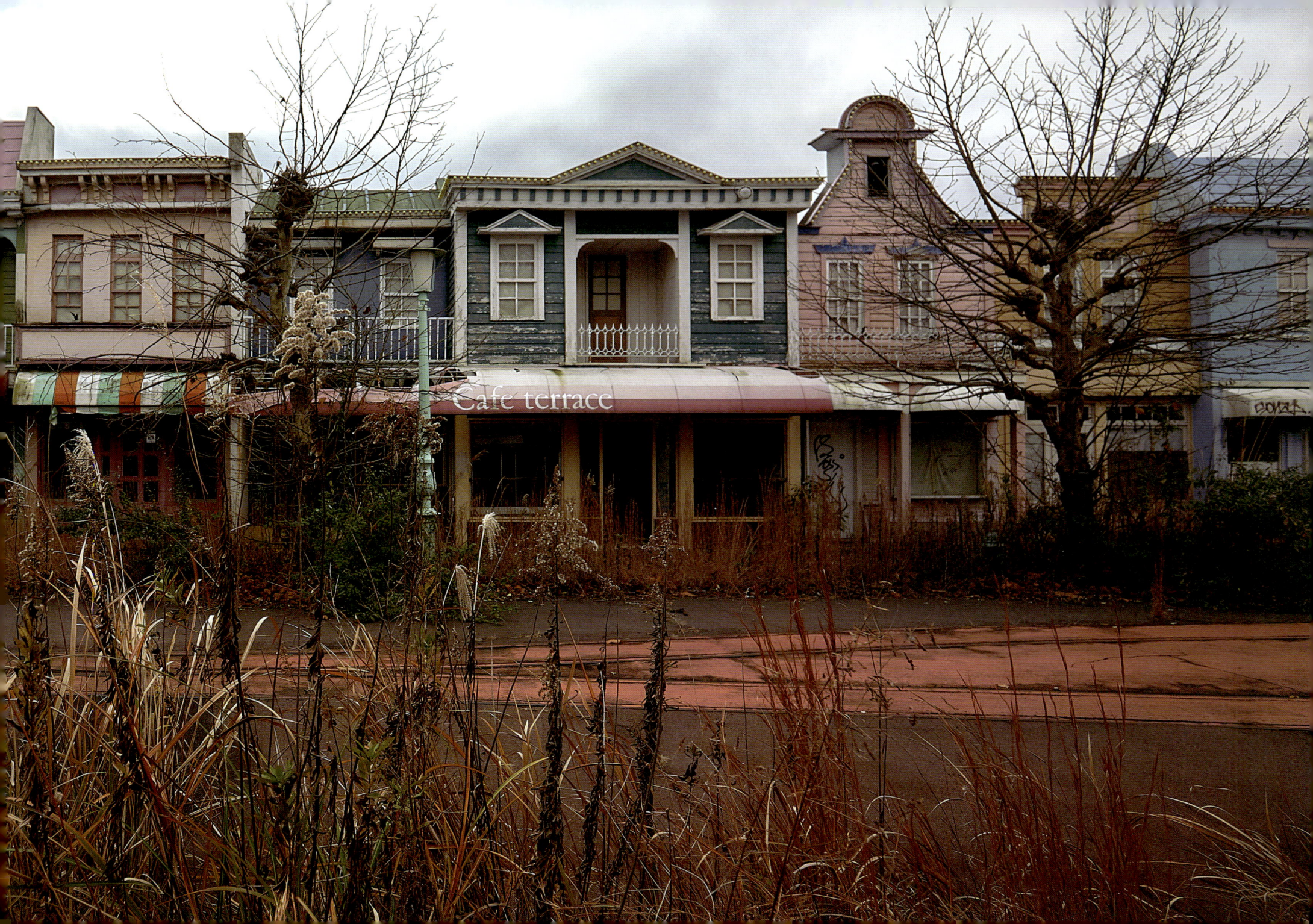

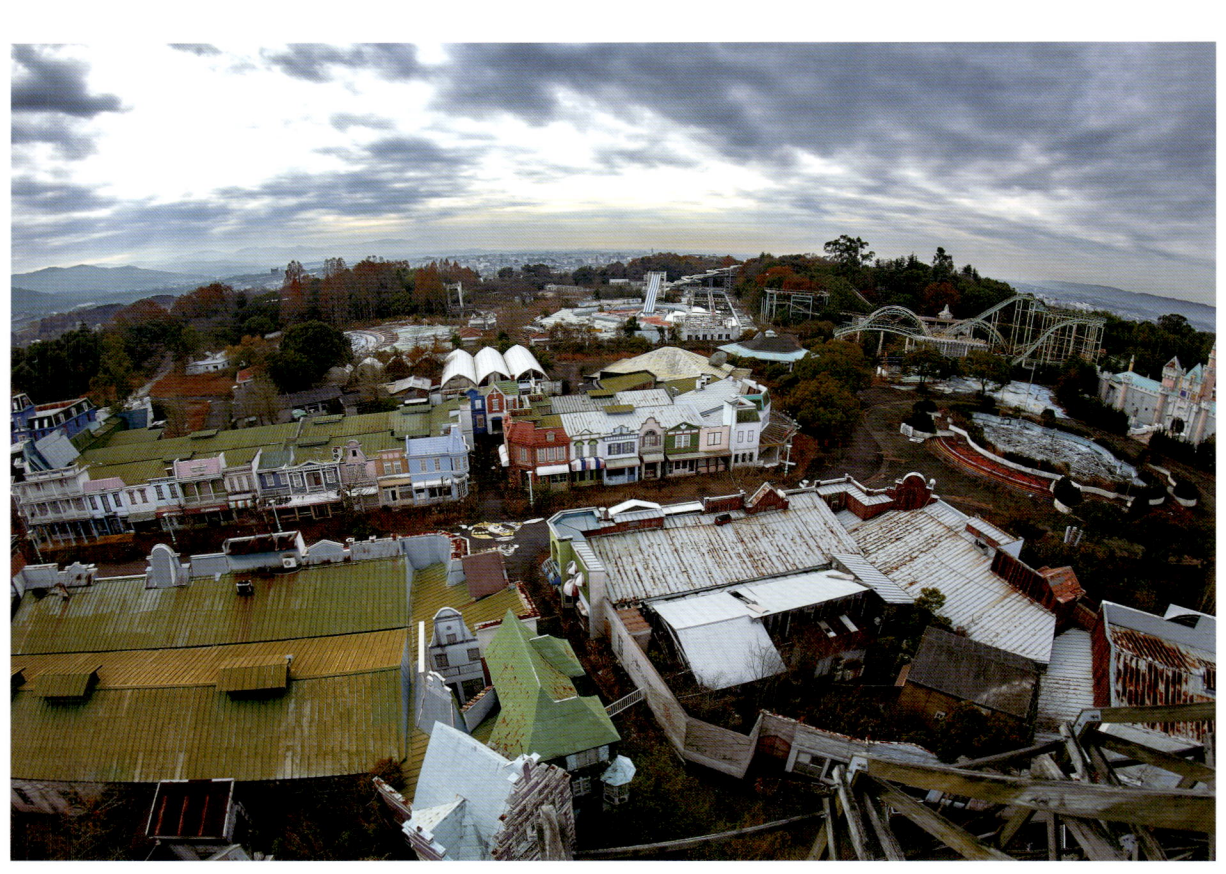

scene 1

奈良ドリームランド
Nara Dream Land

［日本・奈良］
遊園地

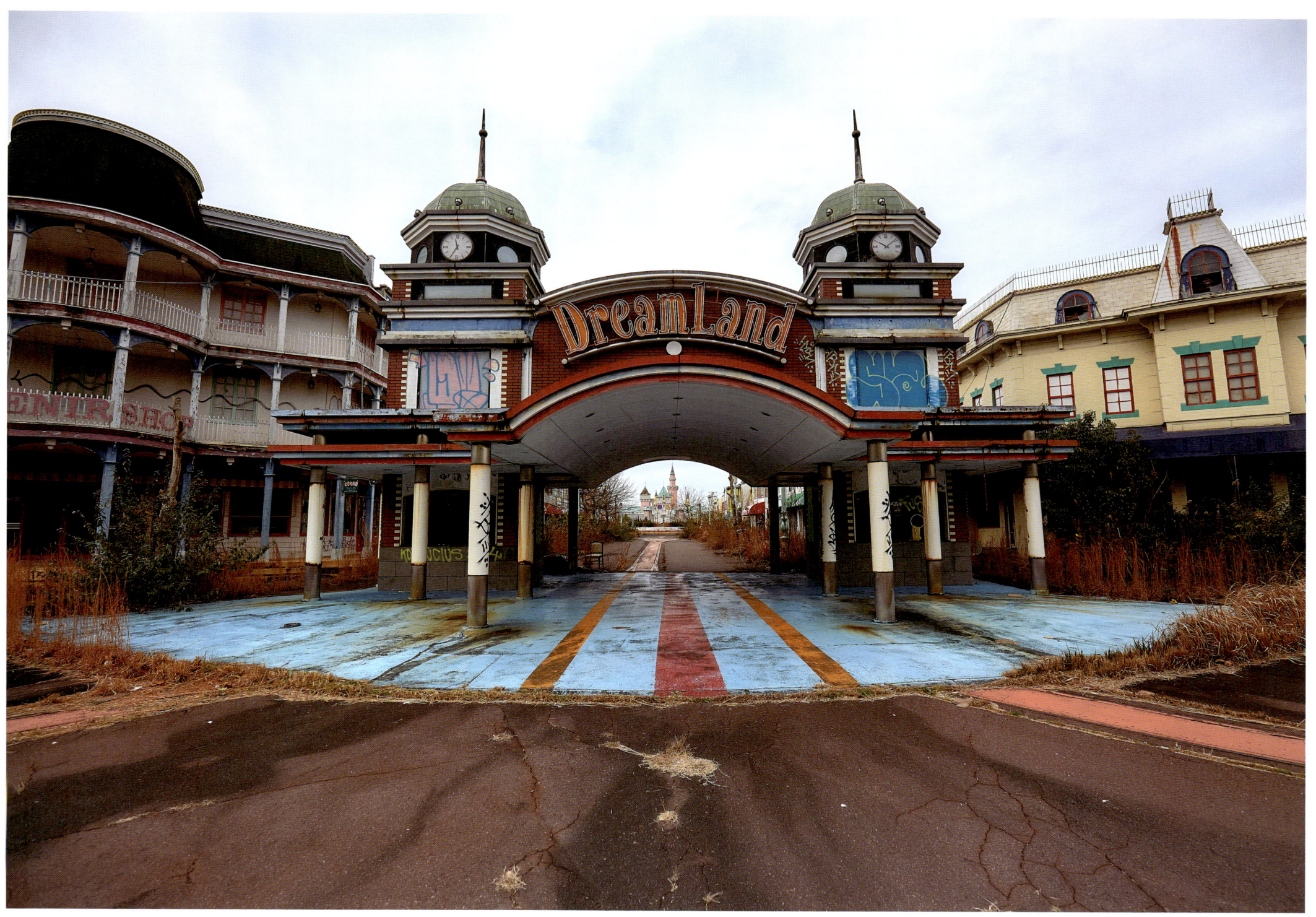

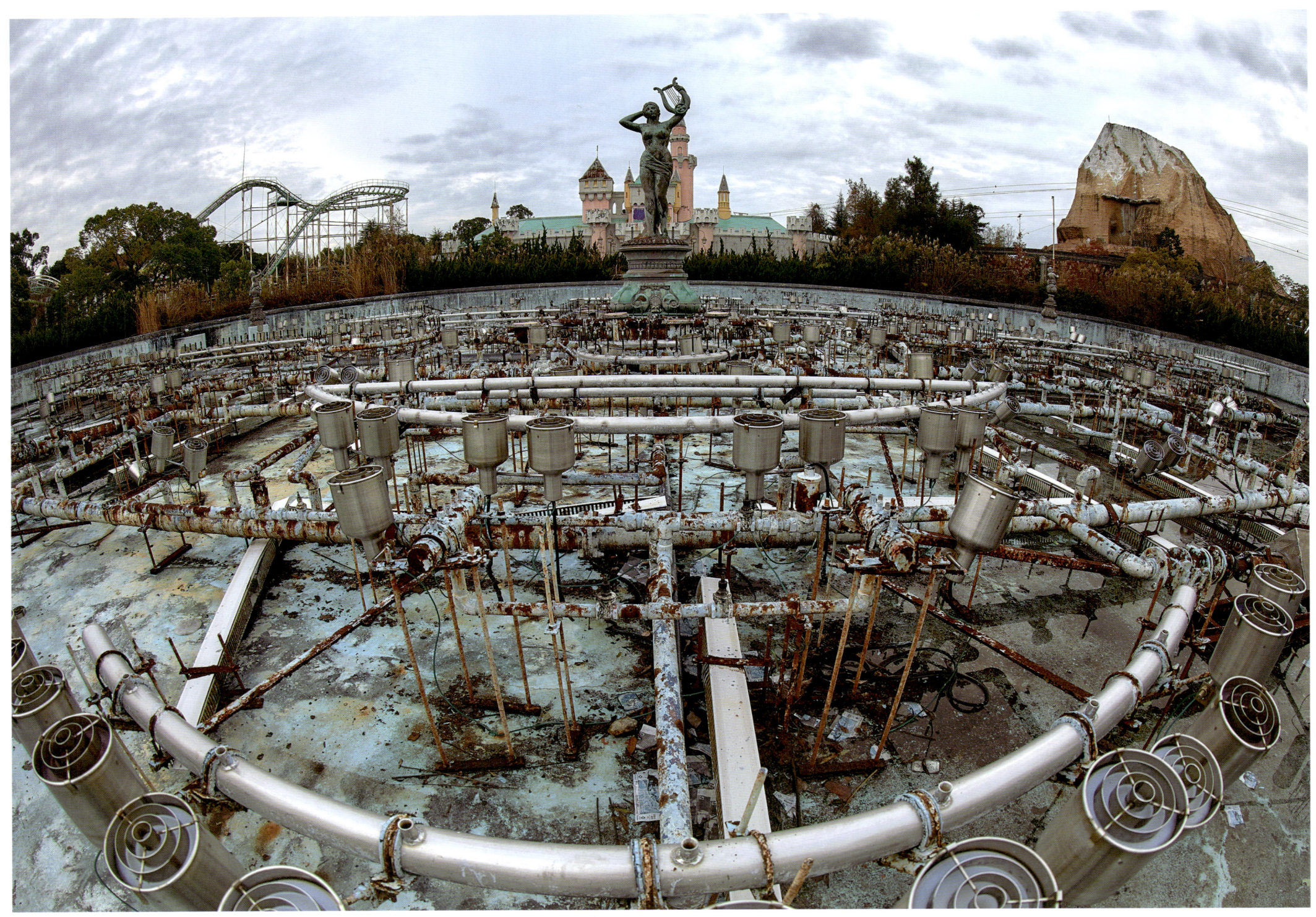

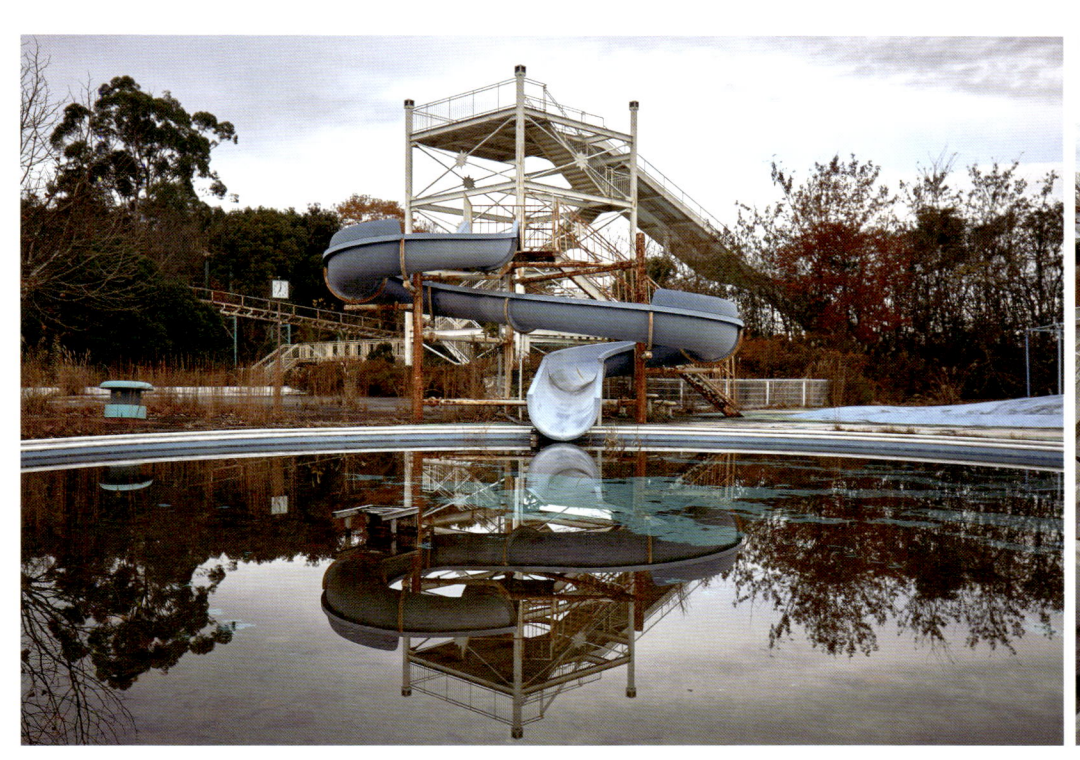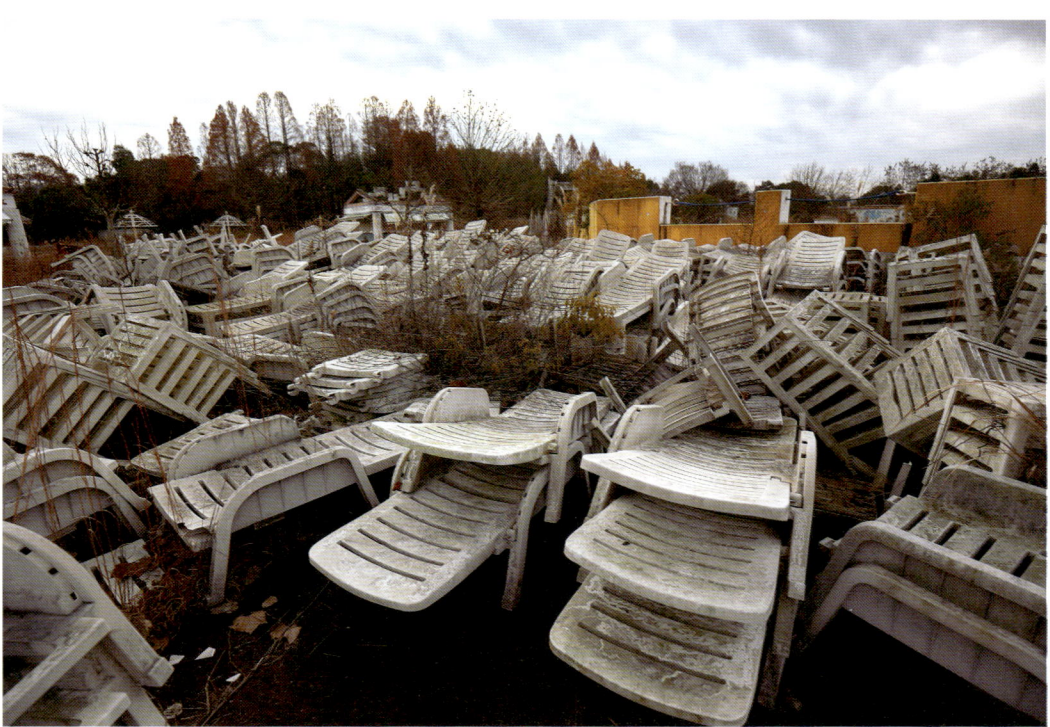

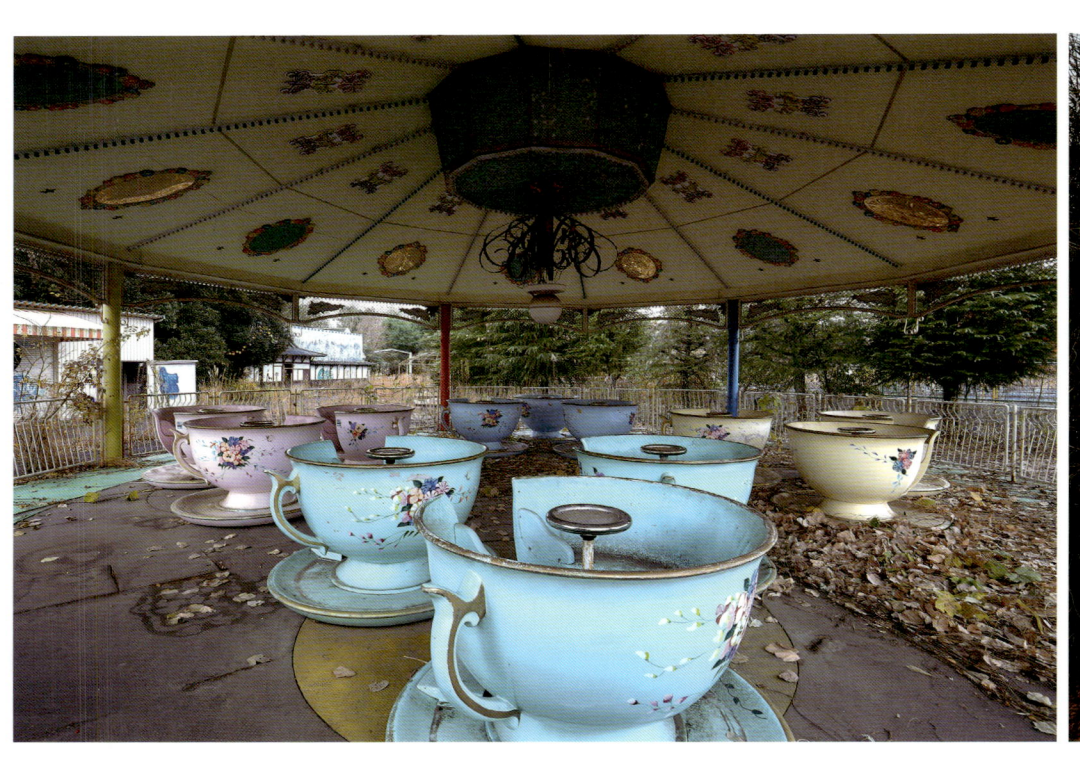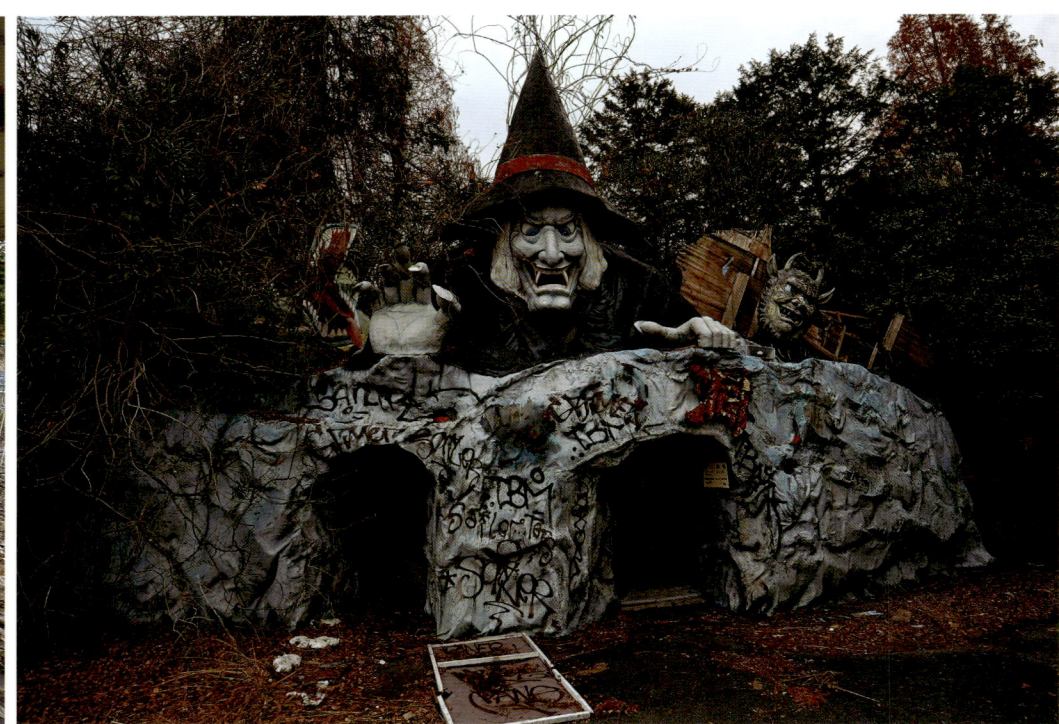

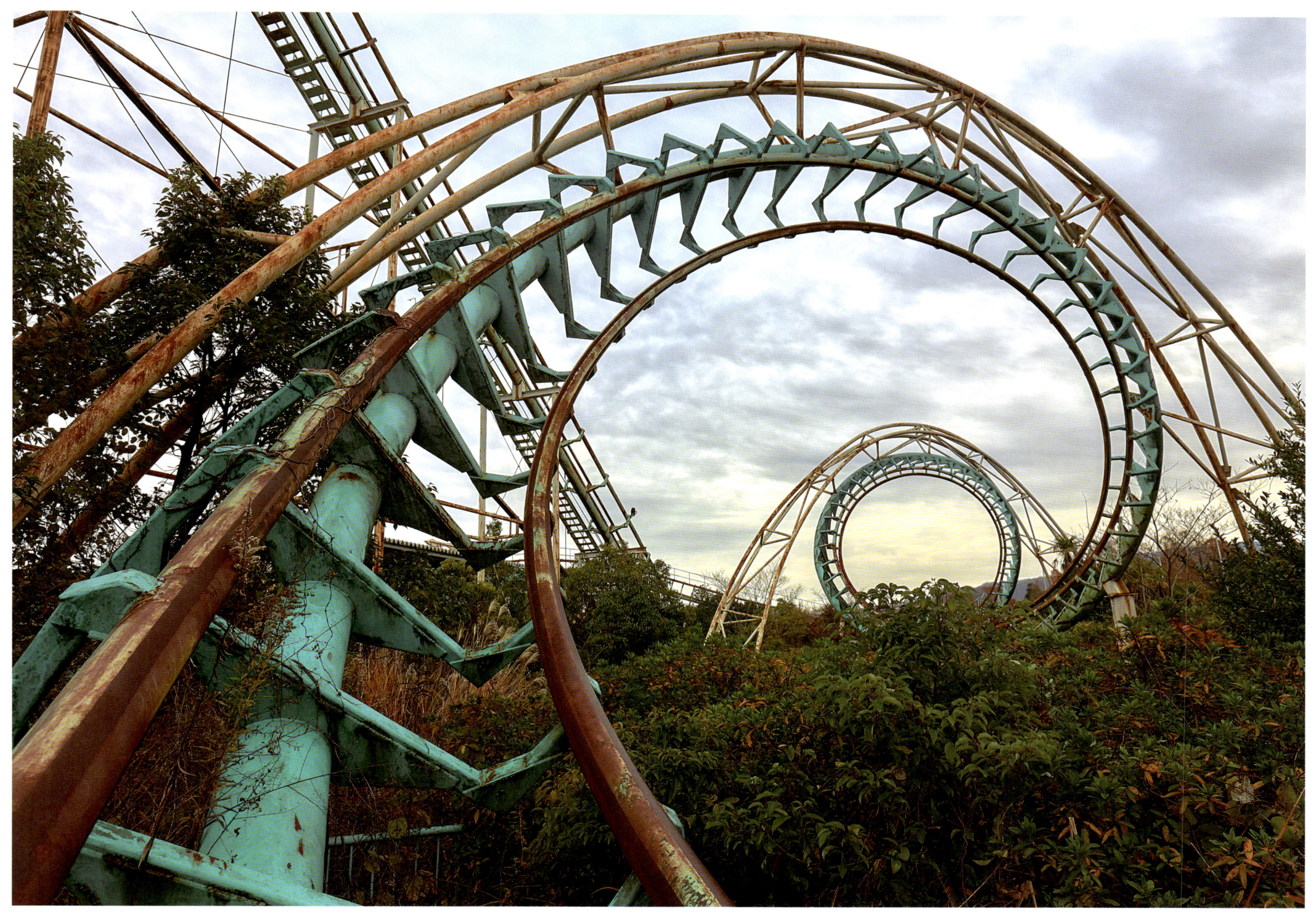

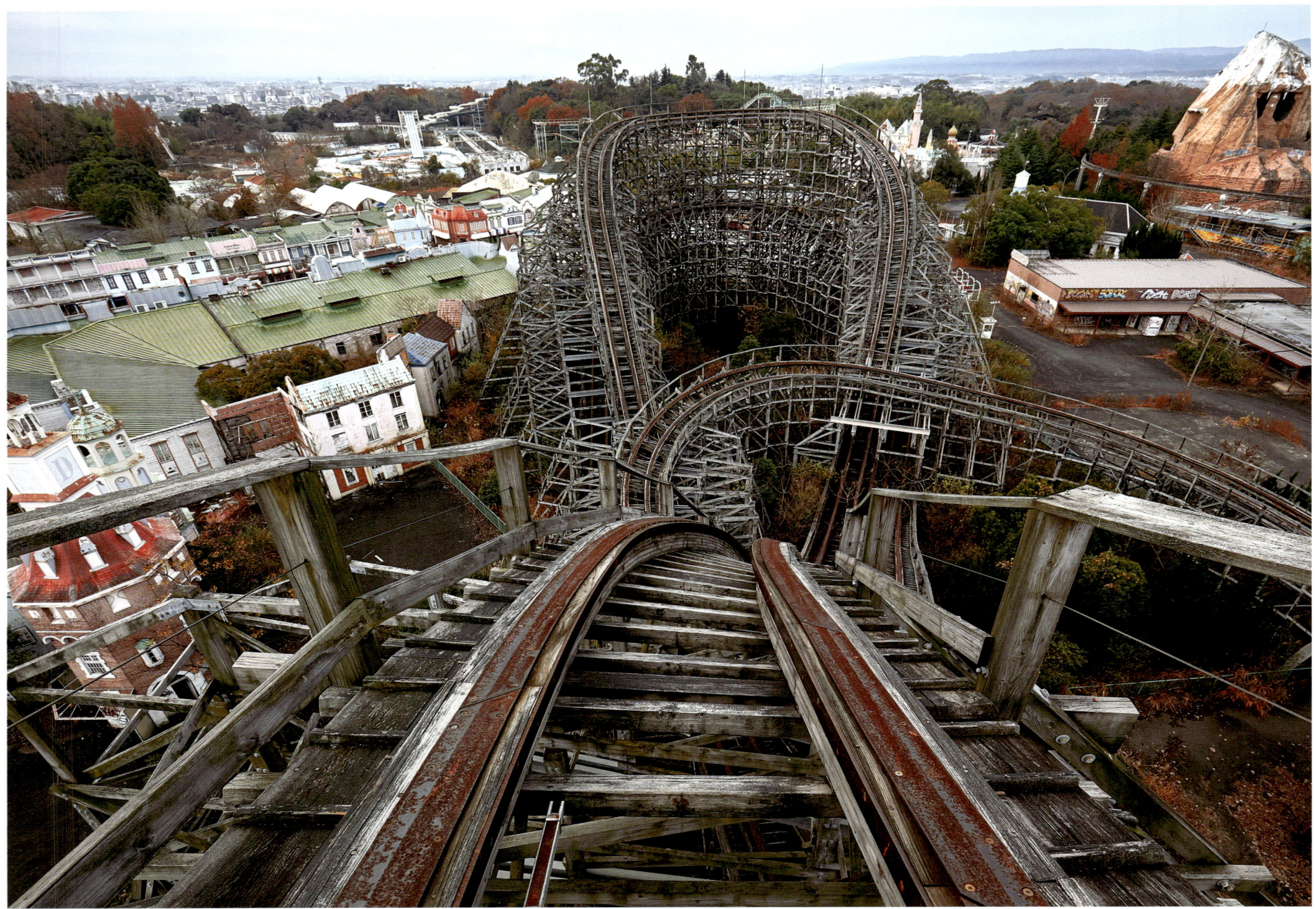

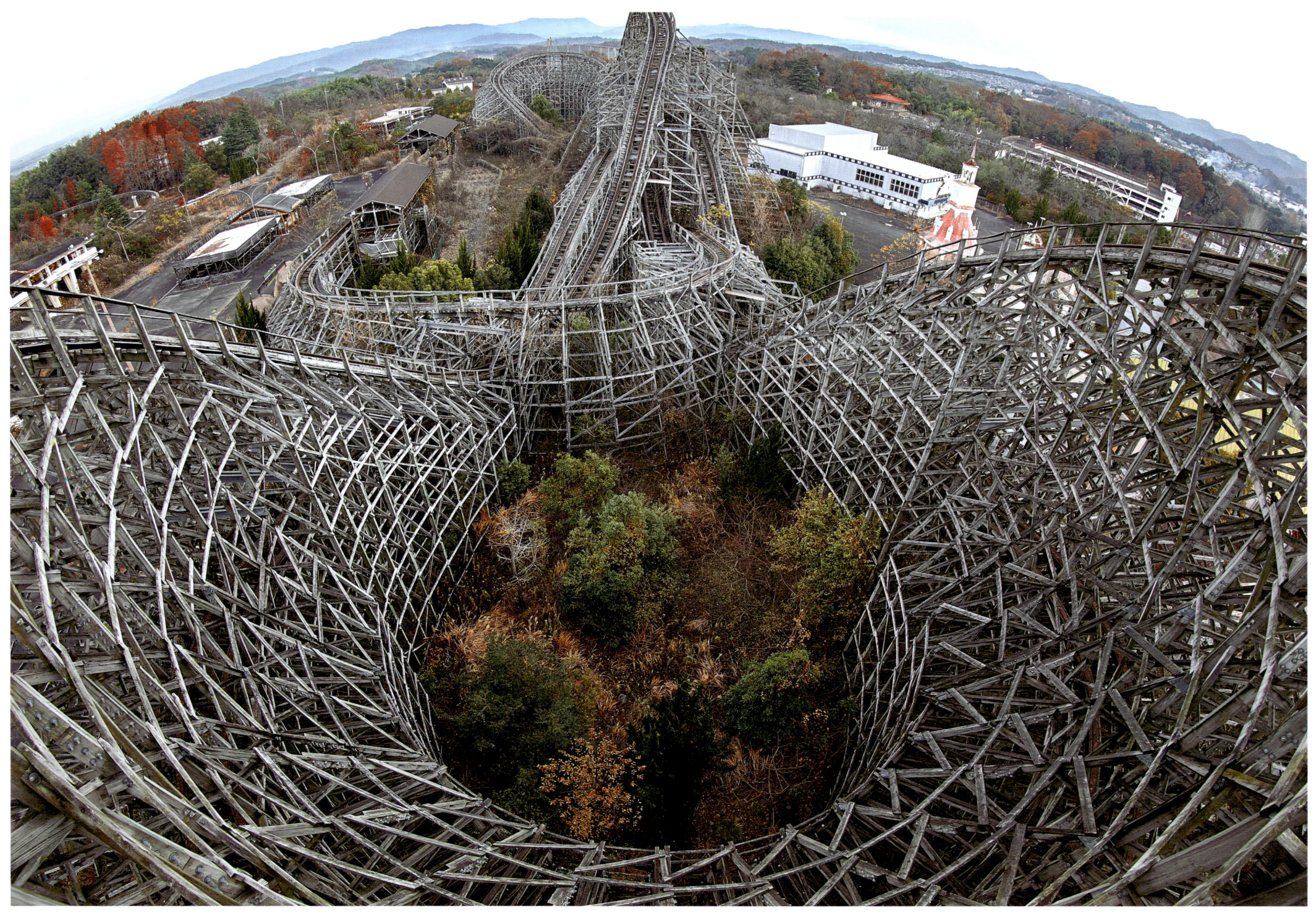

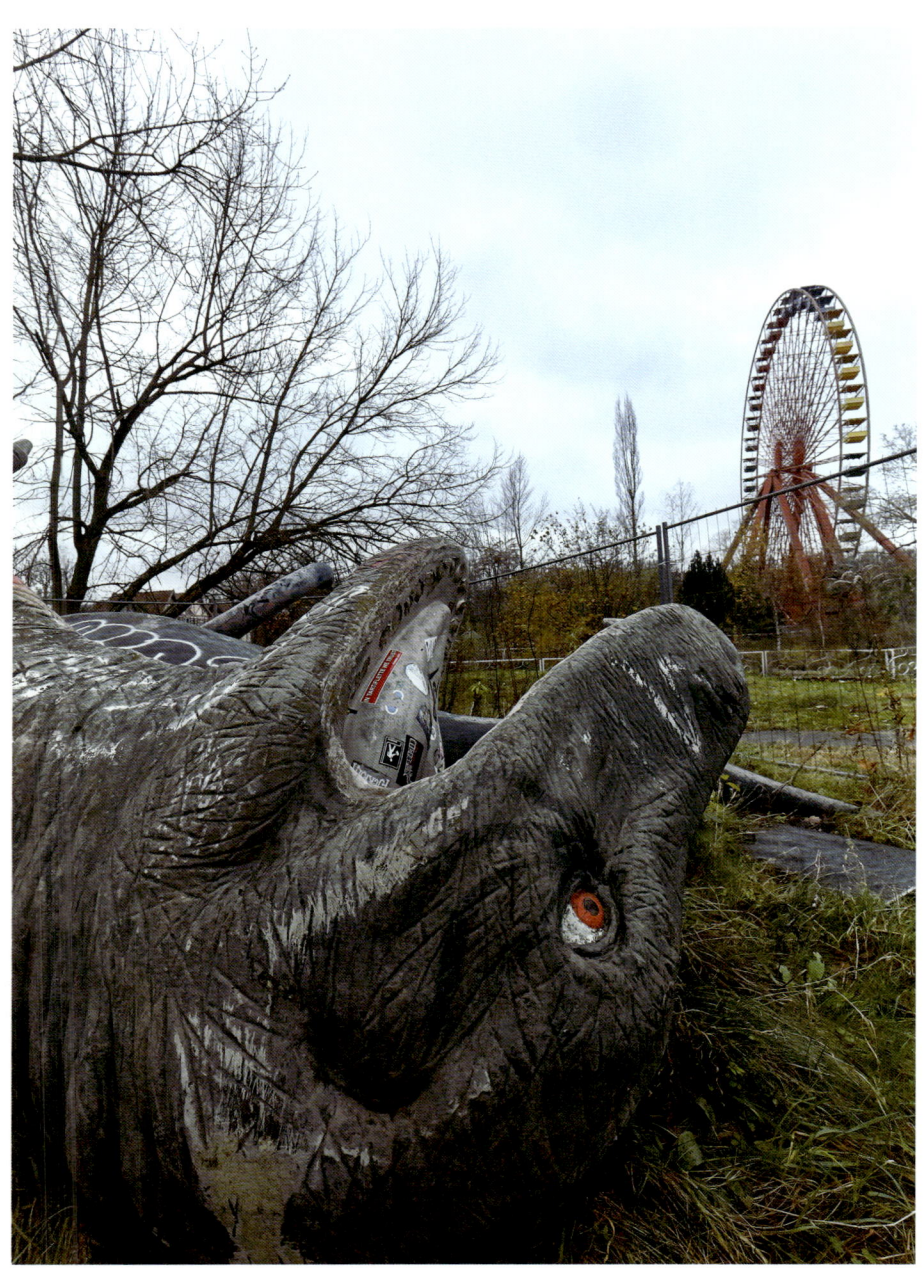

chapter 3

scene 2

シュプレーパーク
Spreepark

［ドイツ・ベルリン］
遊園地

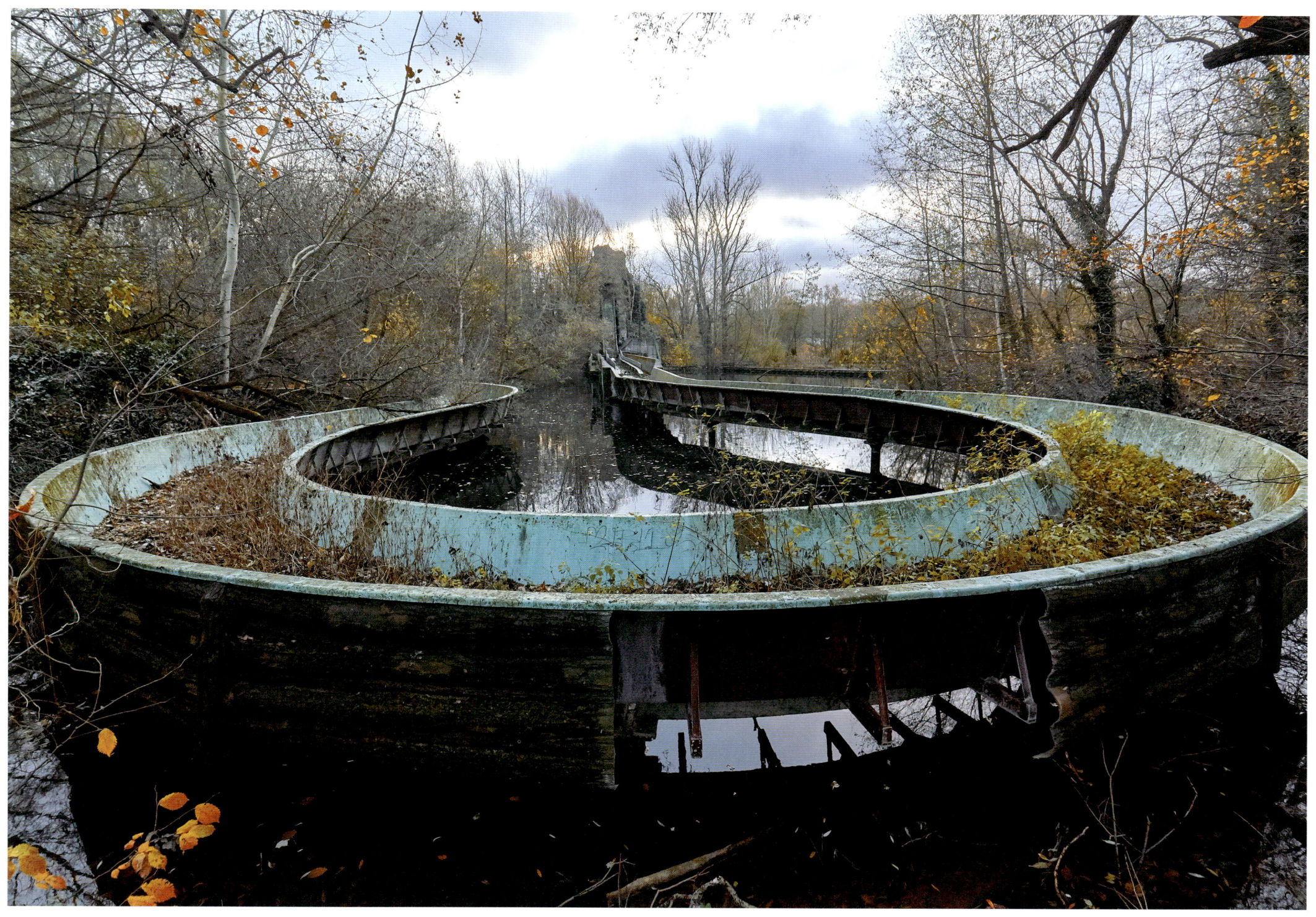

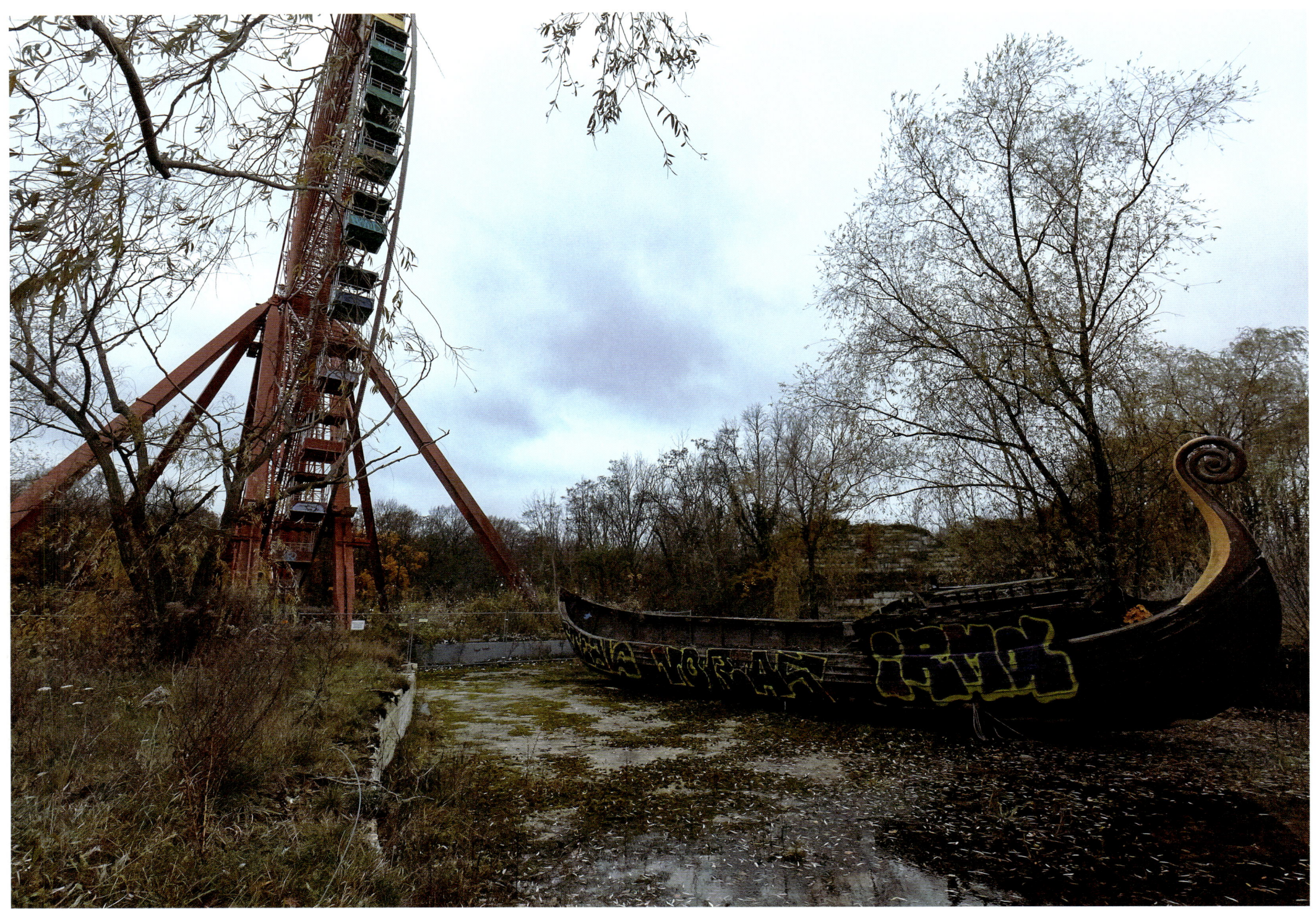

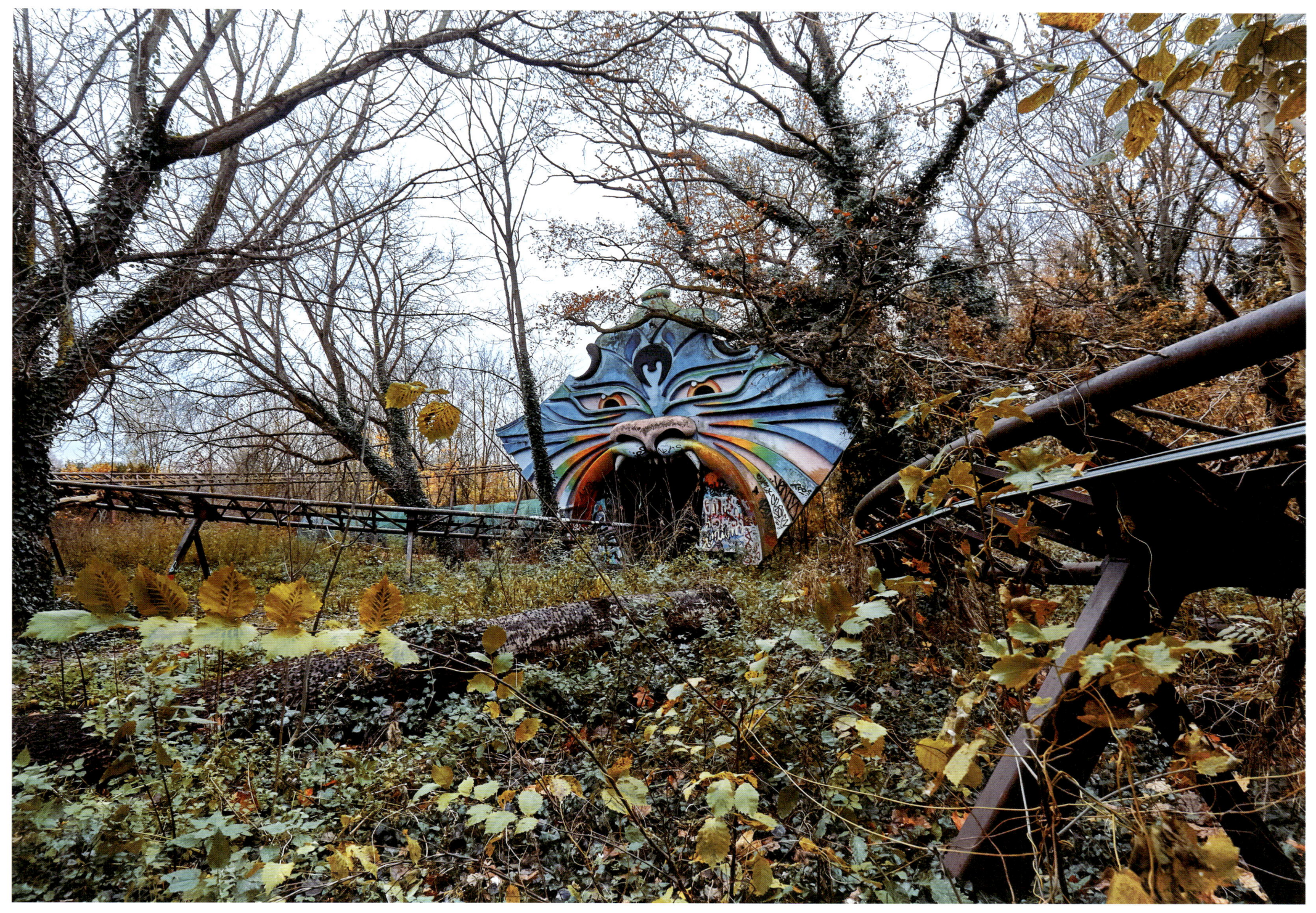

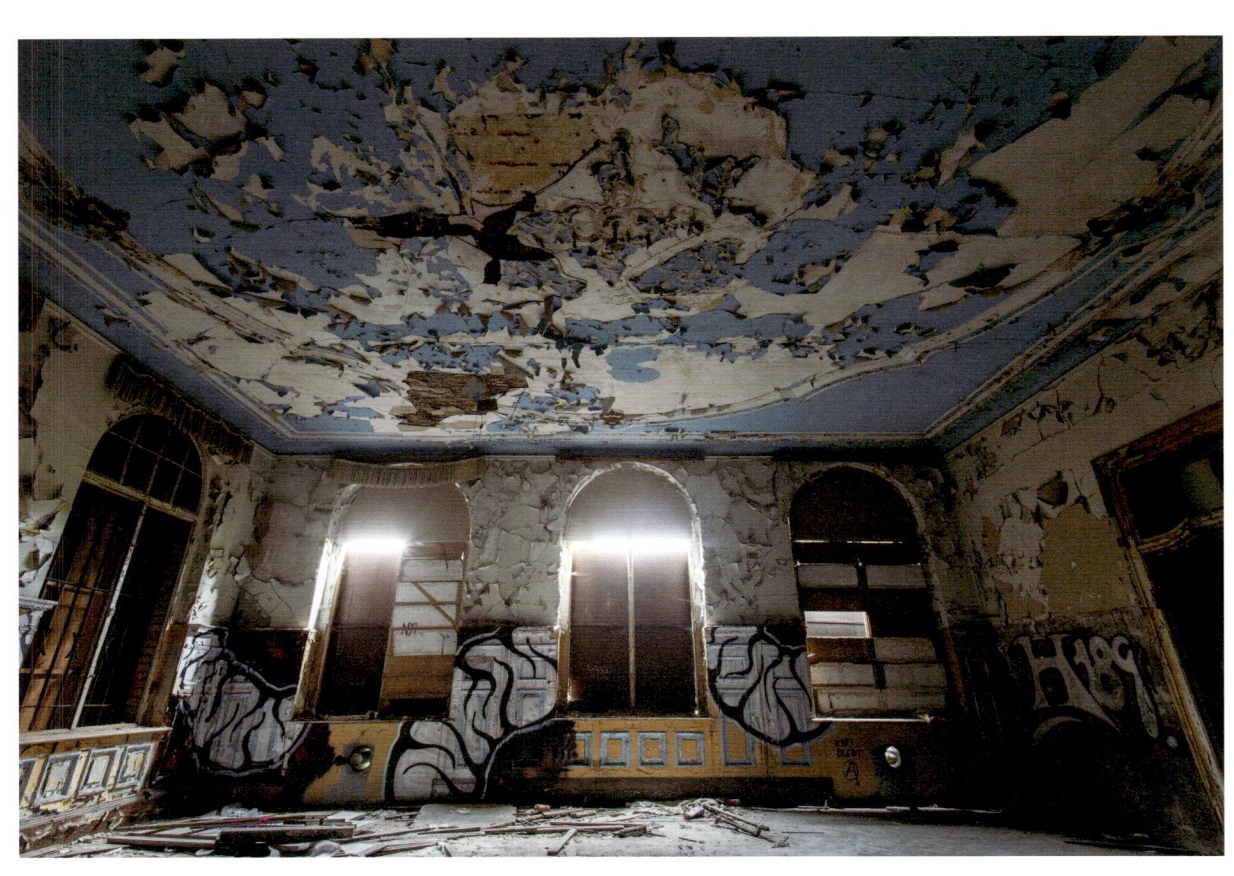

scene 3

リビエラ ダンスホール

Ballhaus Riviera

[ドイツ・ベルリン]

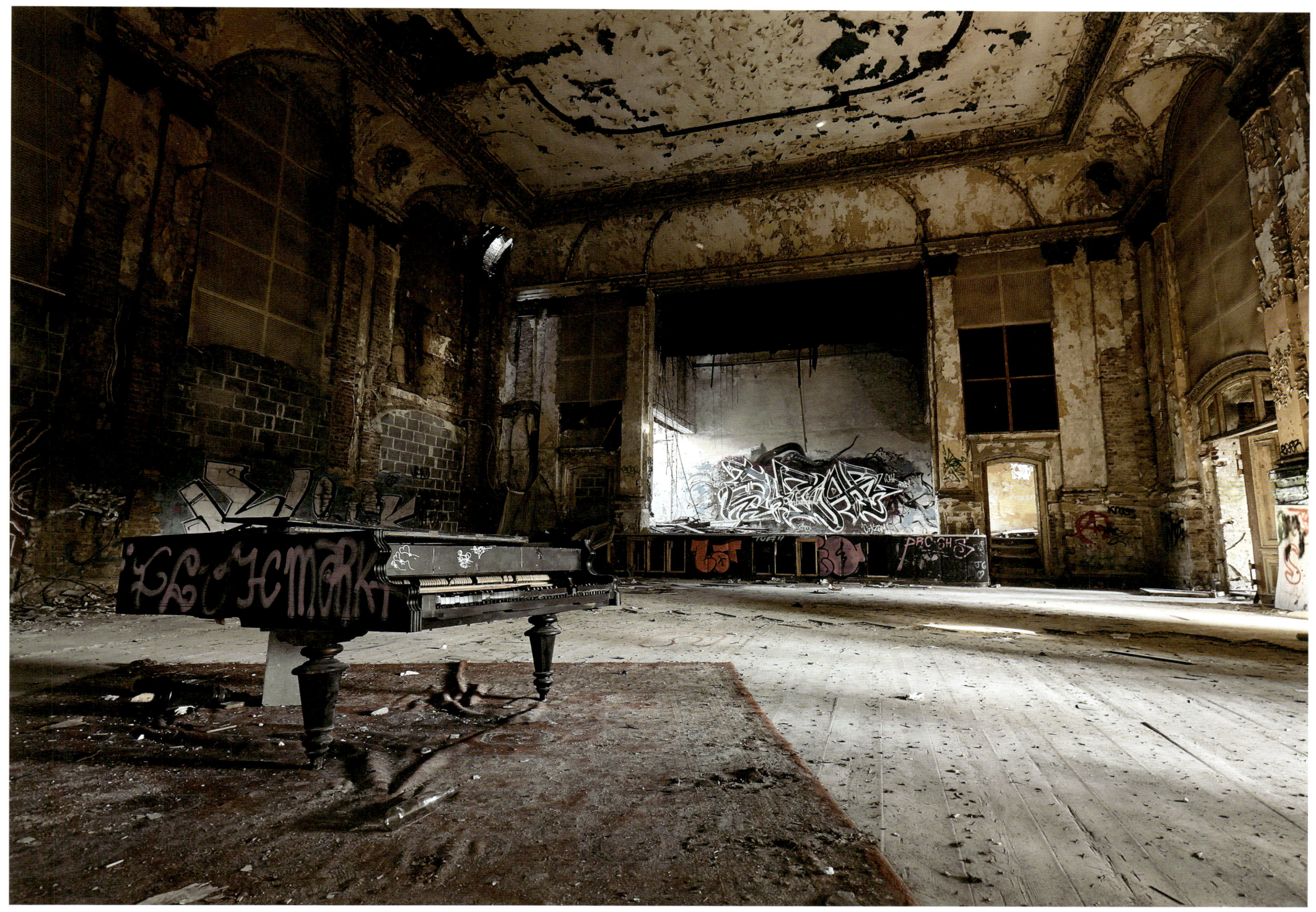

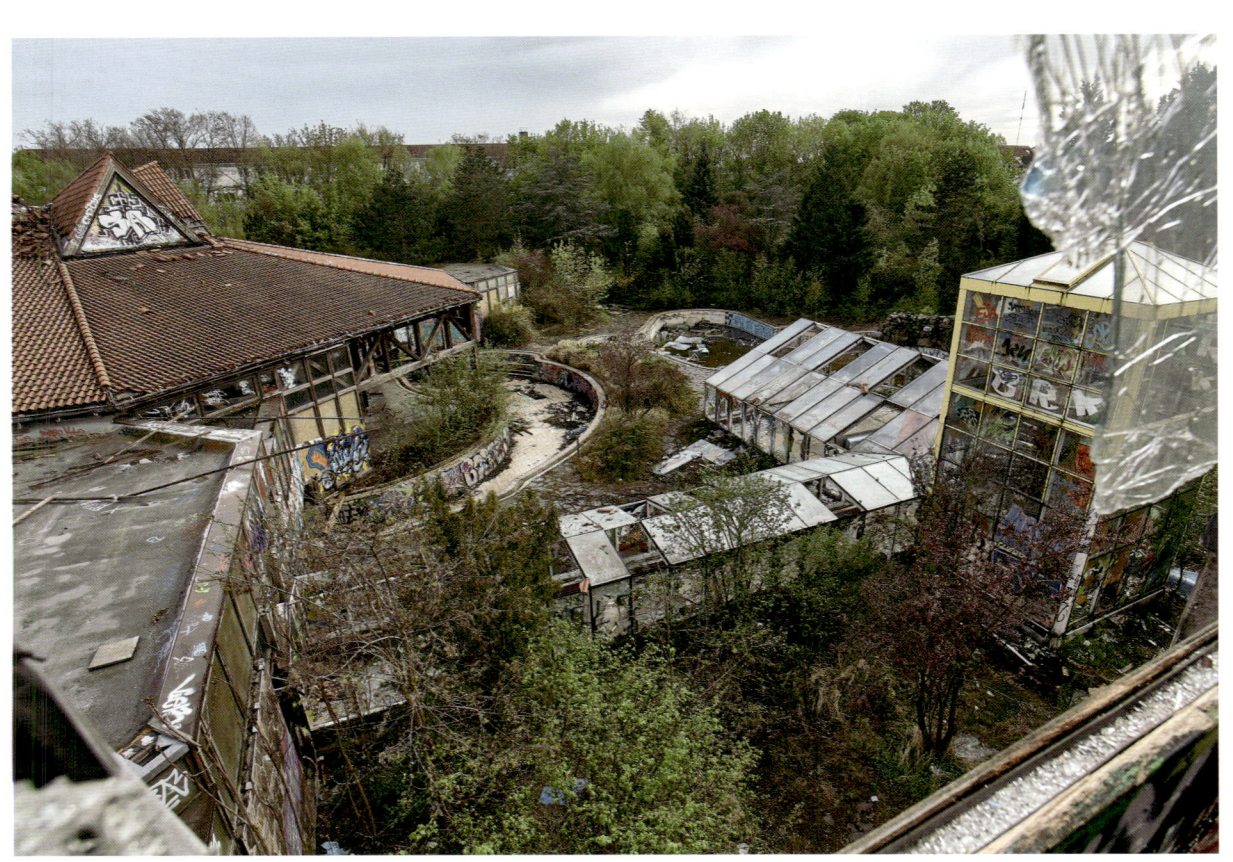

scene 4

ブルブ・スイミング パーク

Blub Berliner Luft- Und Badeparadies

［ドイツ・ベルリン］
レジャーセンター

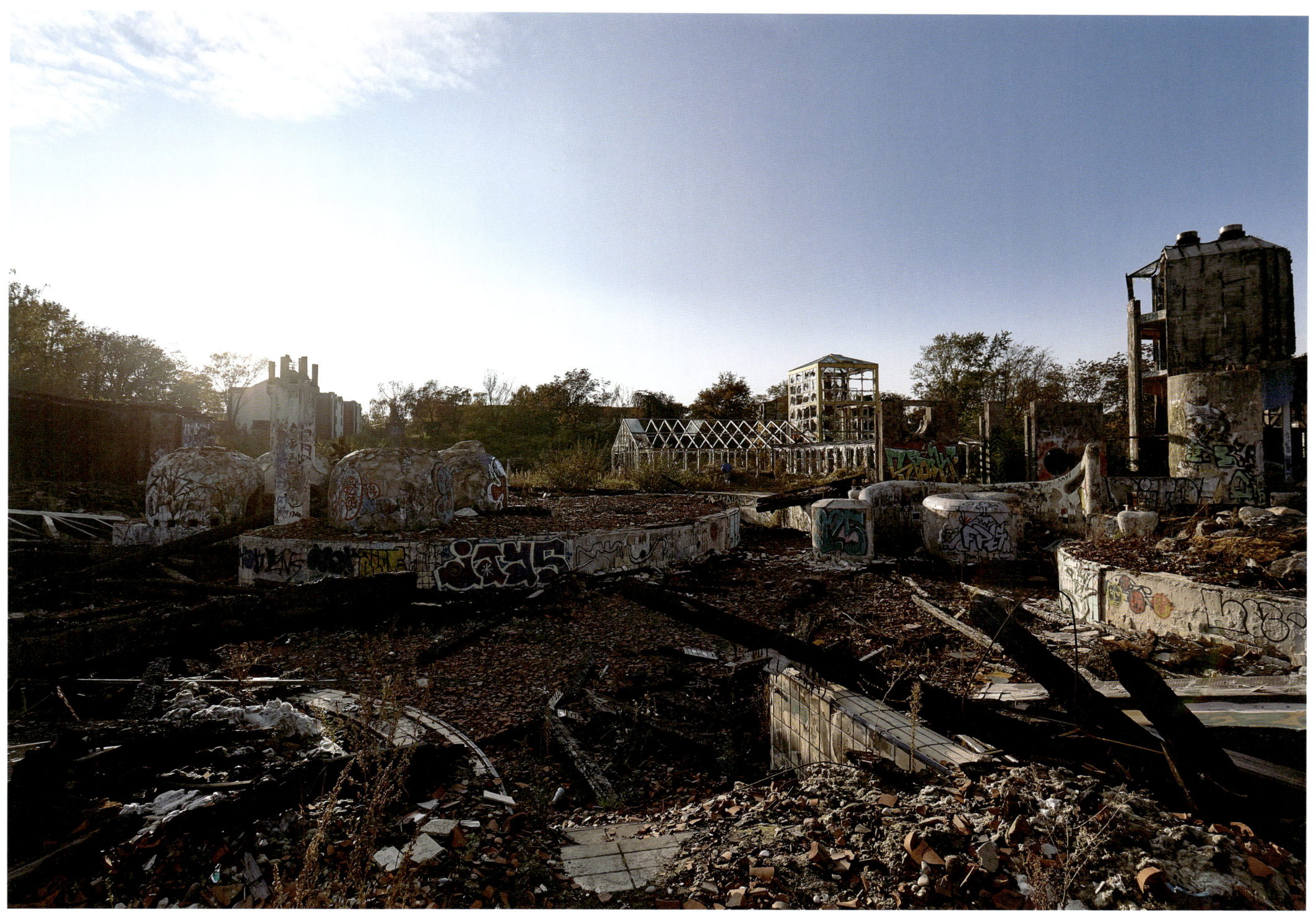

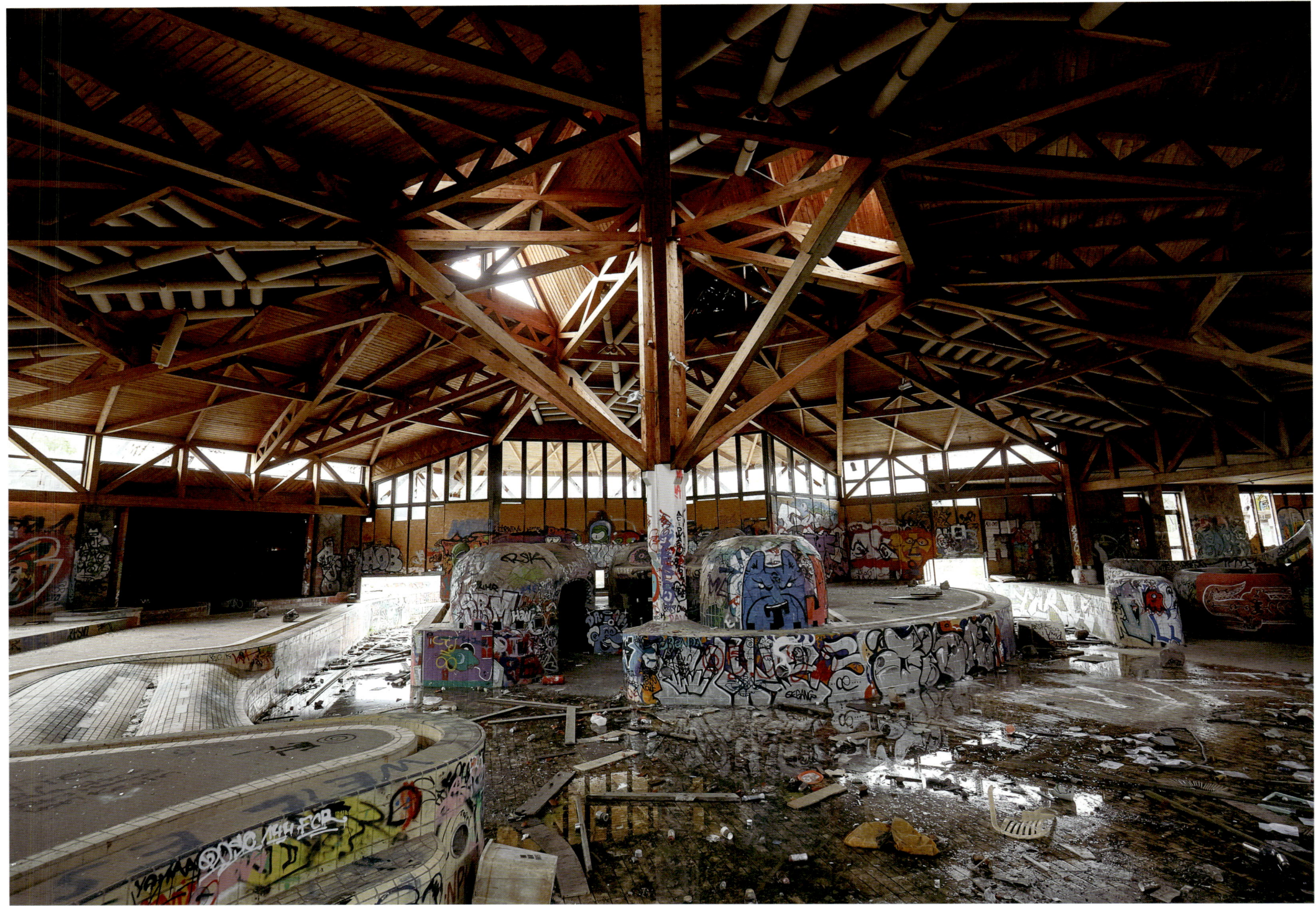

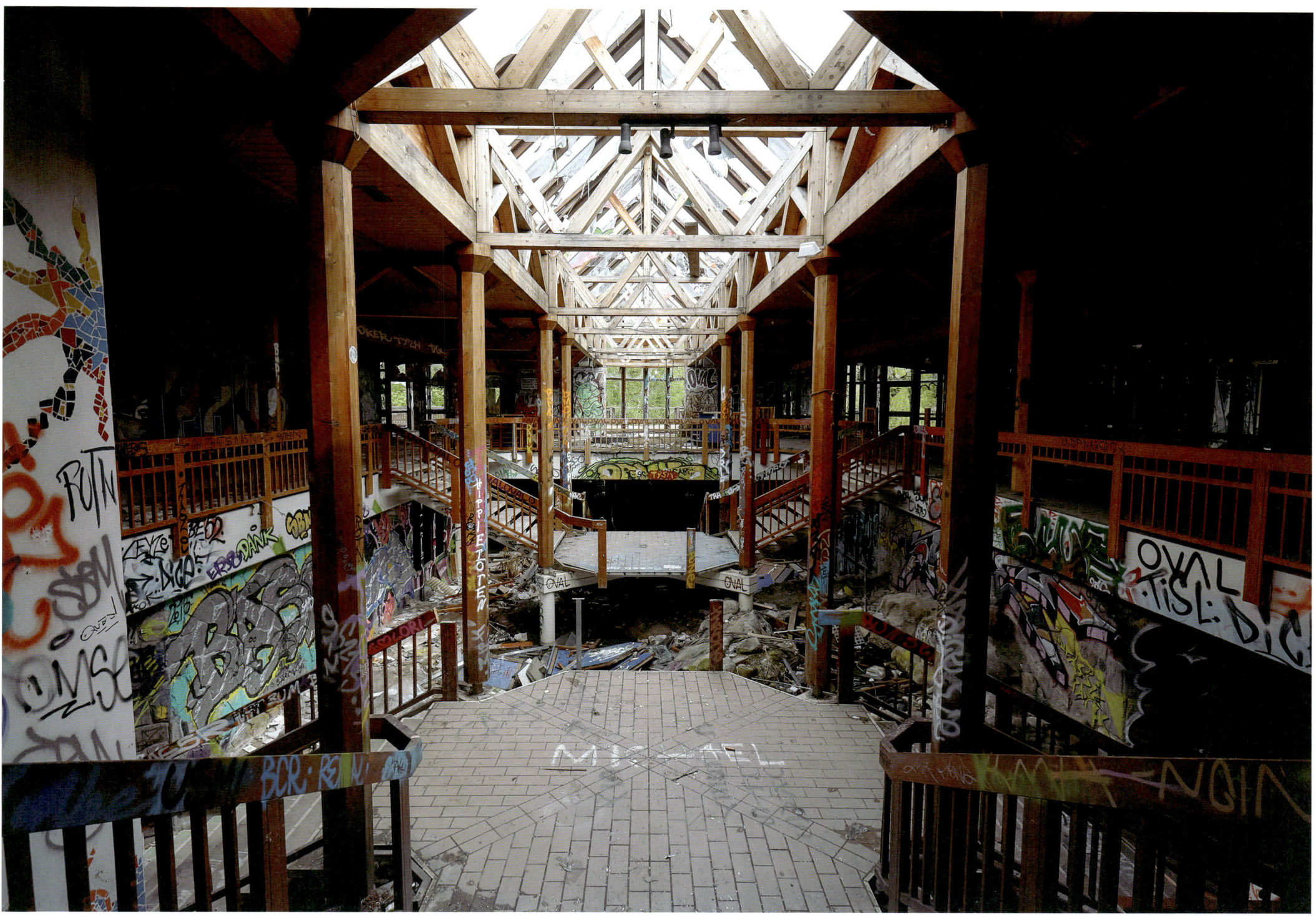

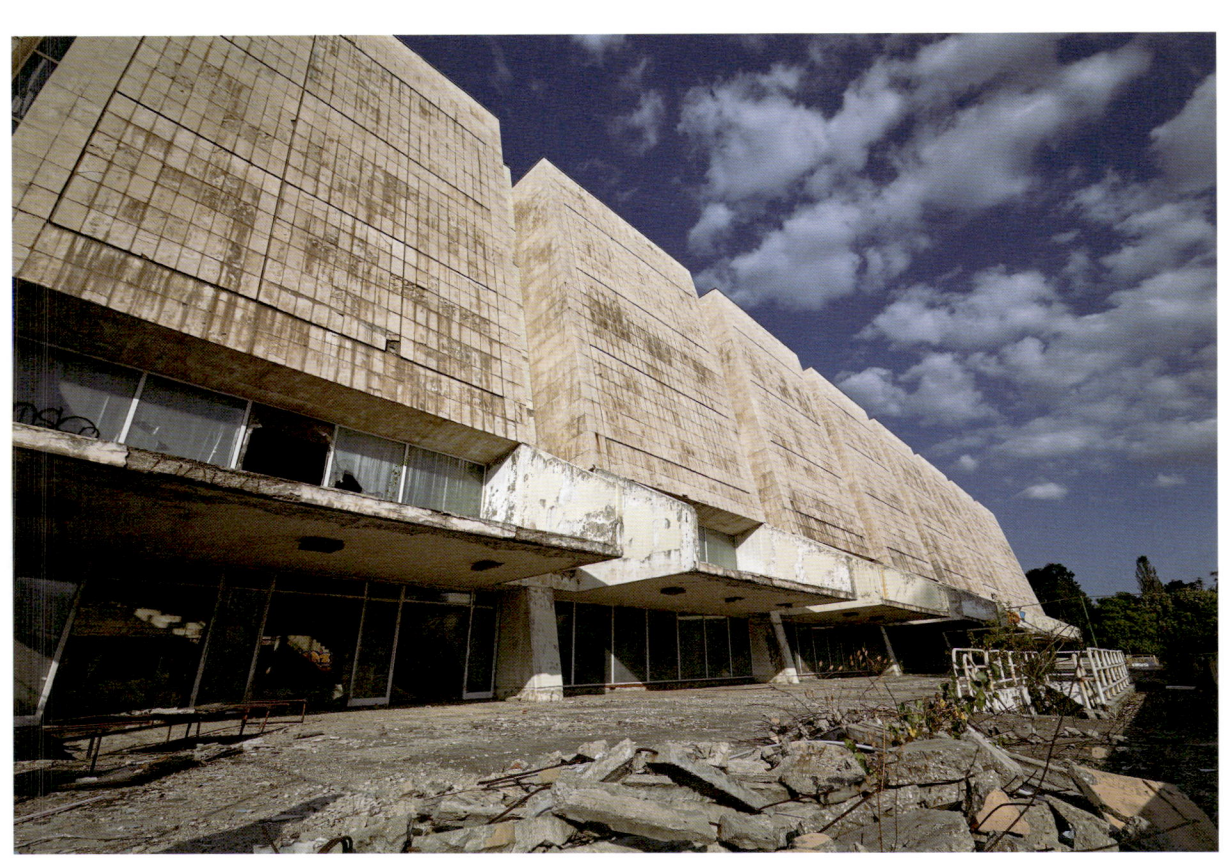

scene 5

競泳用プール

Olympic-Size Swimming Pool

［ブルガリア共和国・ソフィア］

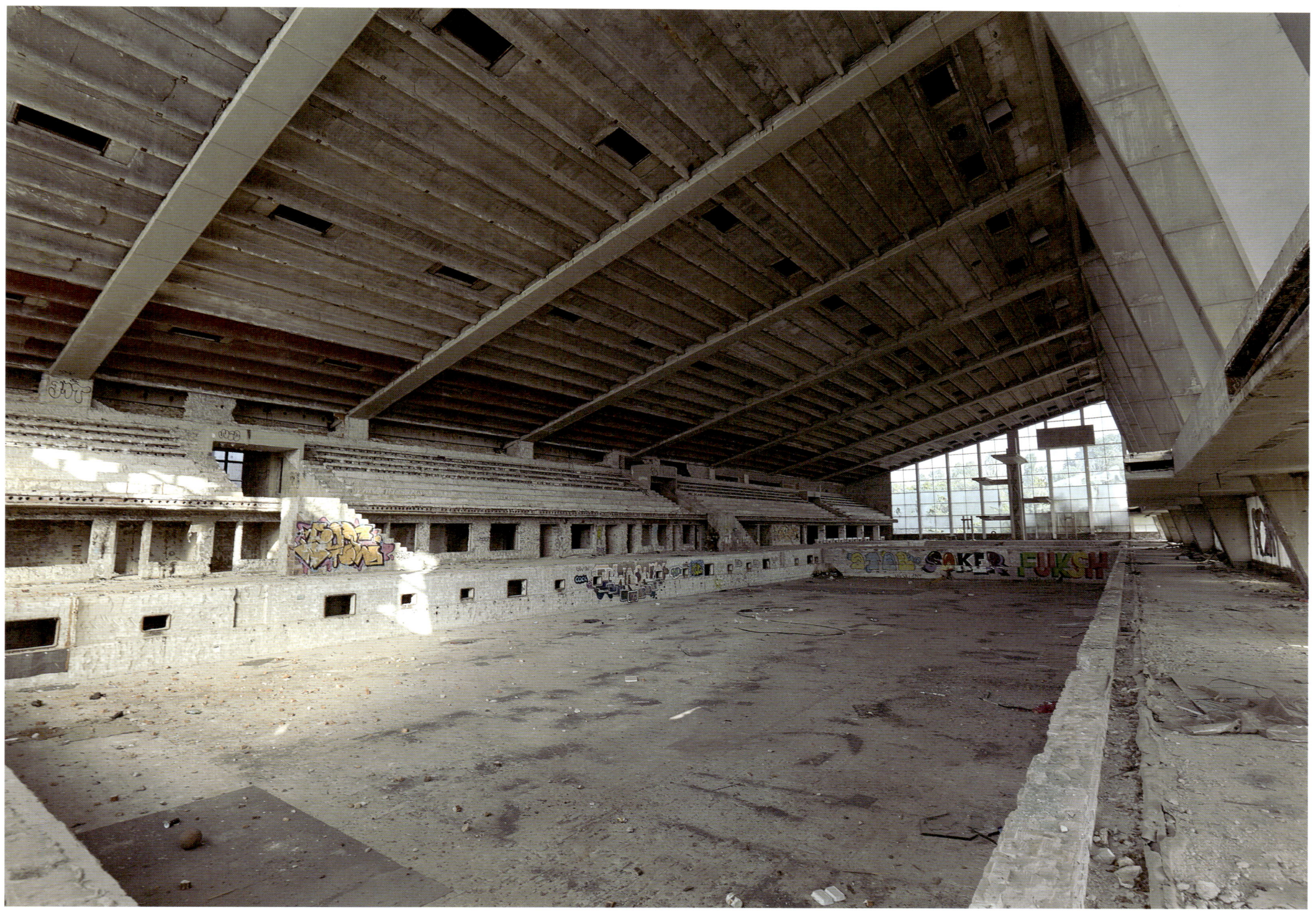

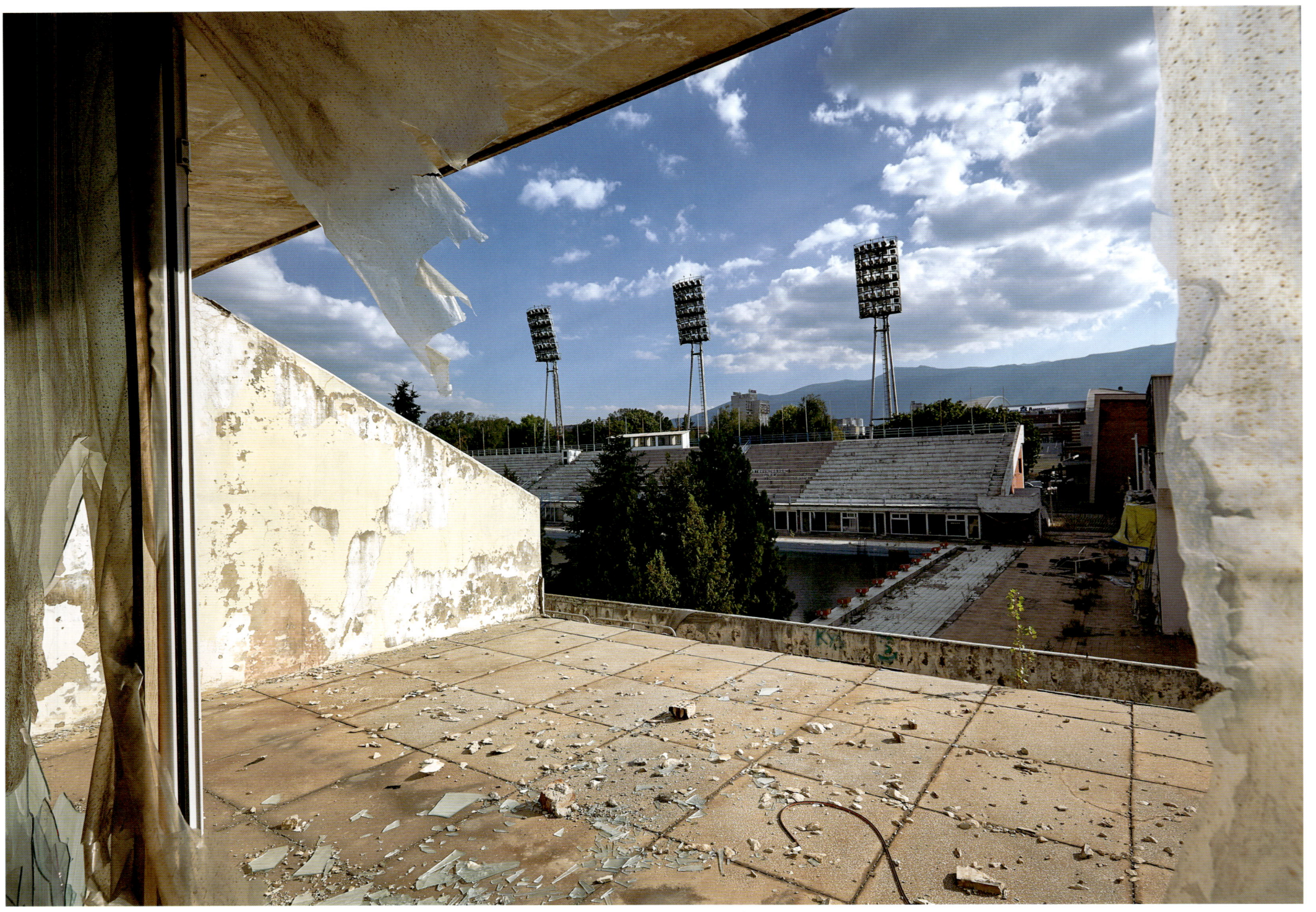

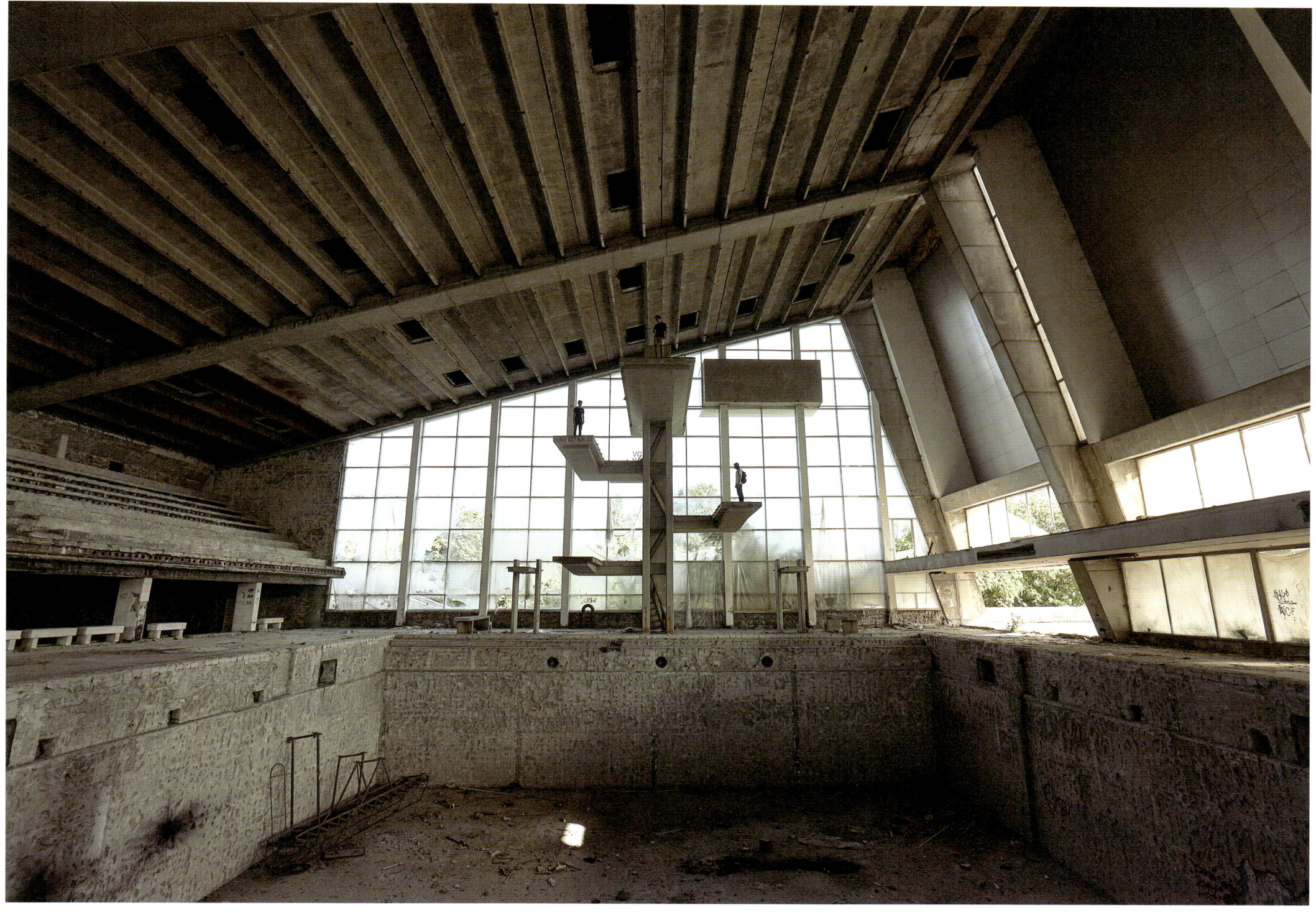

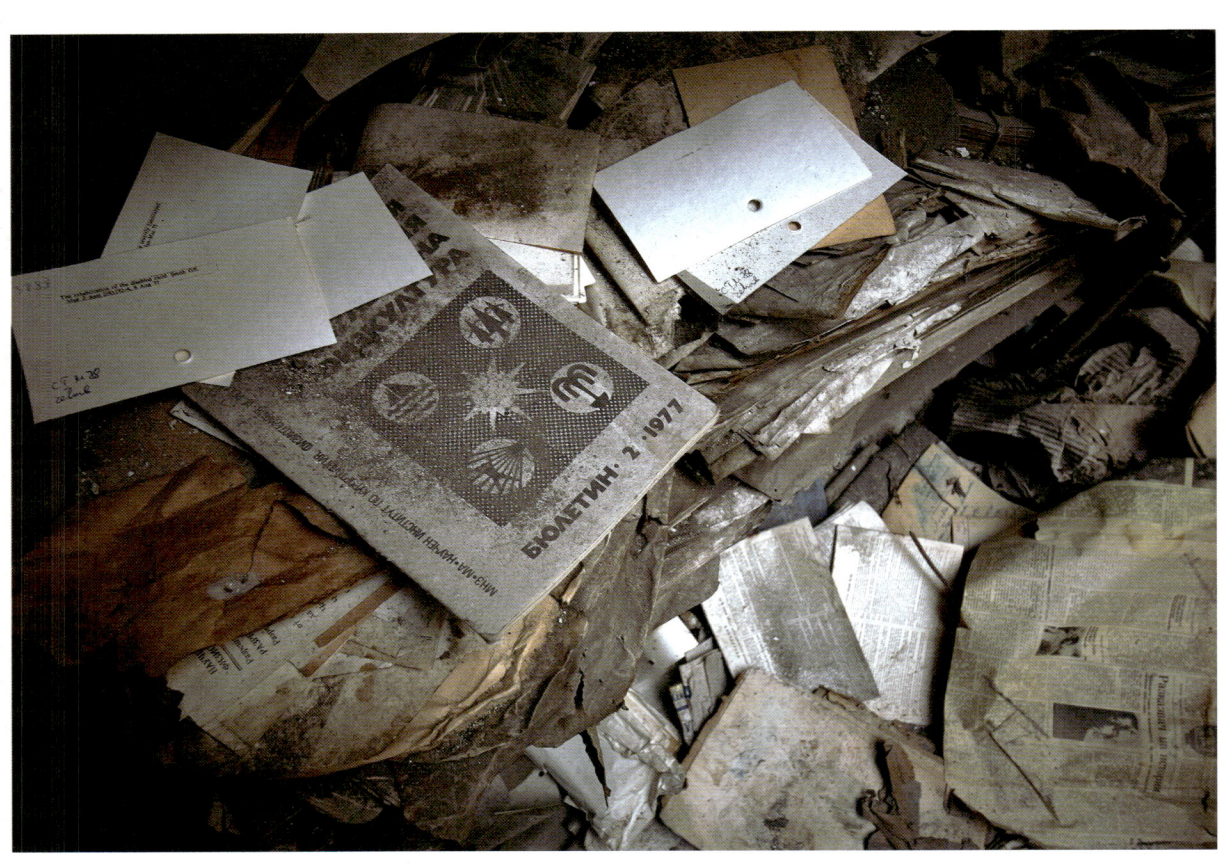

scene 6

オブチャ・クペル浴場

Mineral Spa in Ovcha Kupel

［ブルガリア共和国・ソフィア］

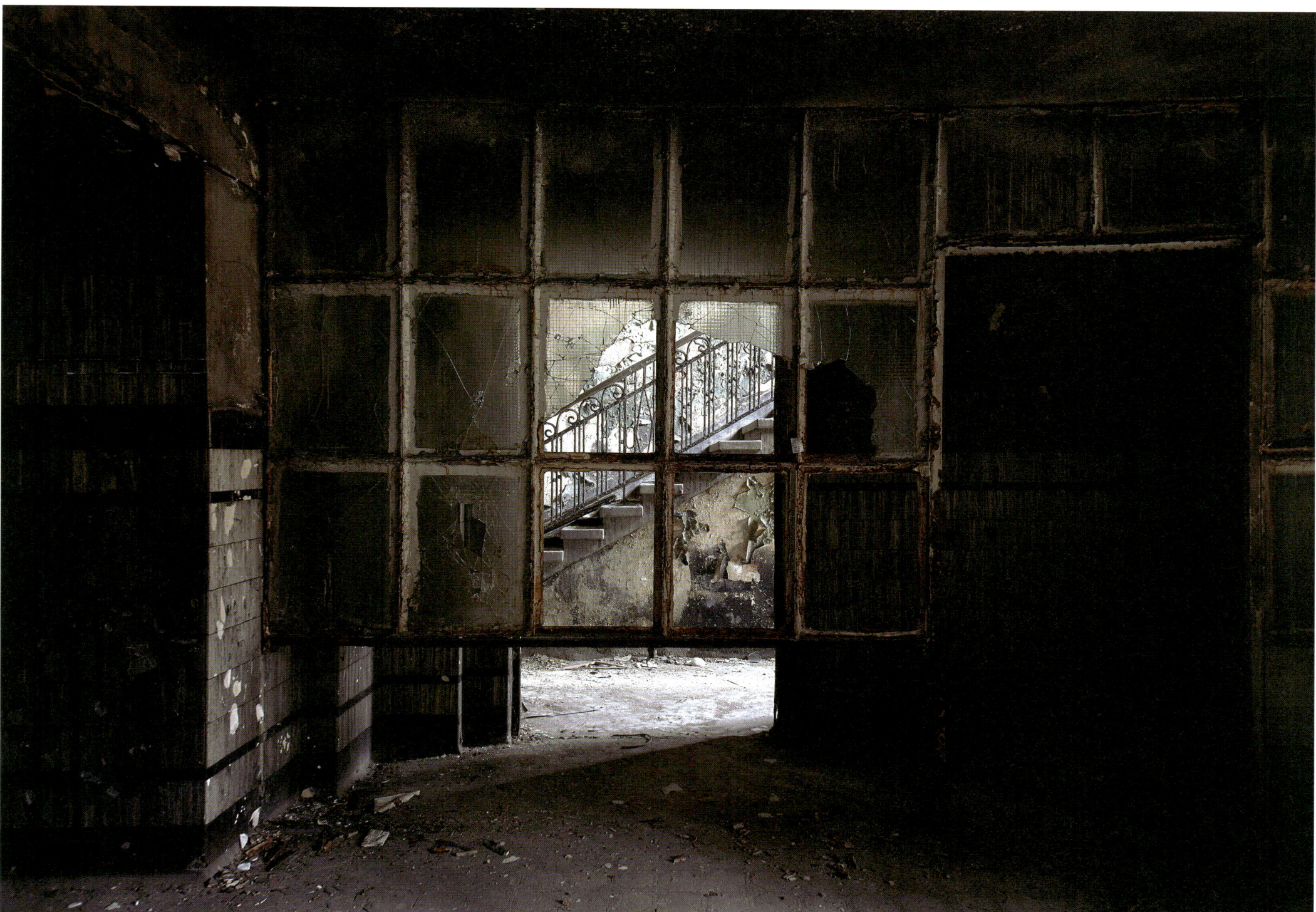

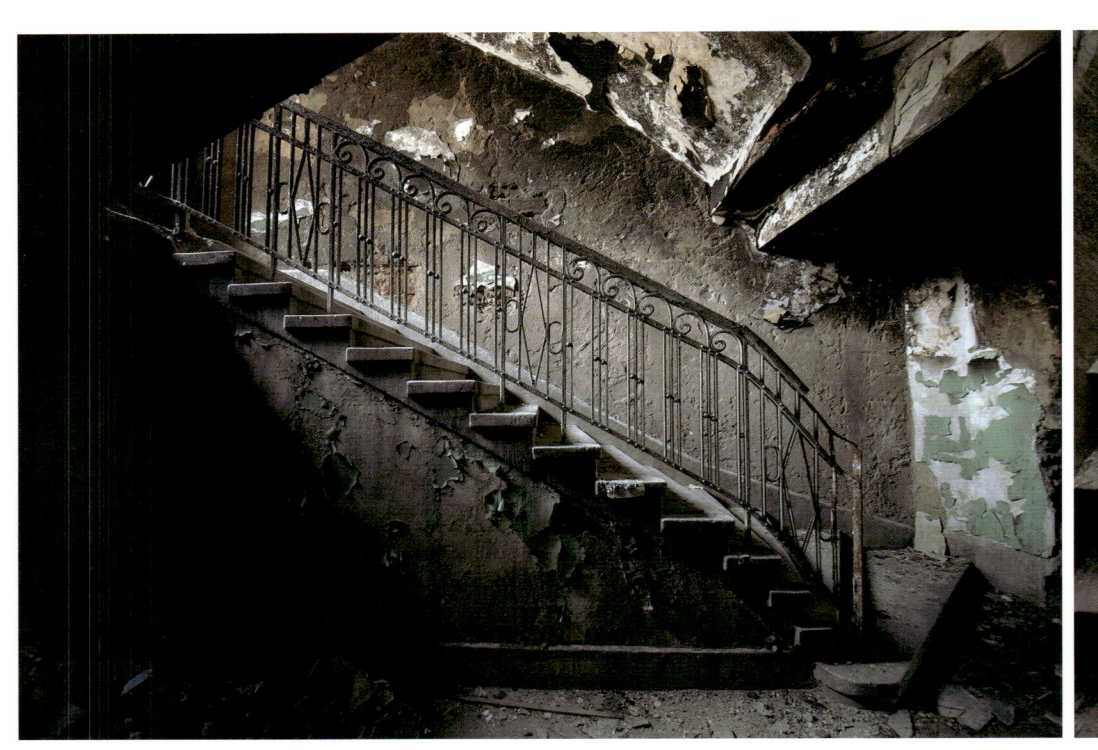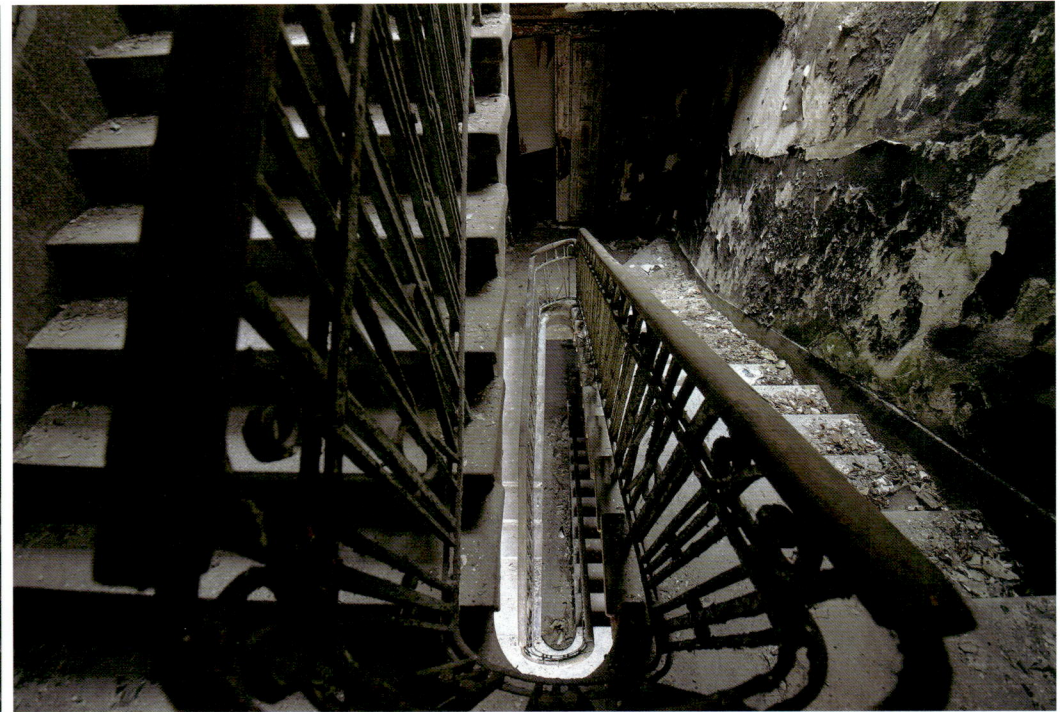

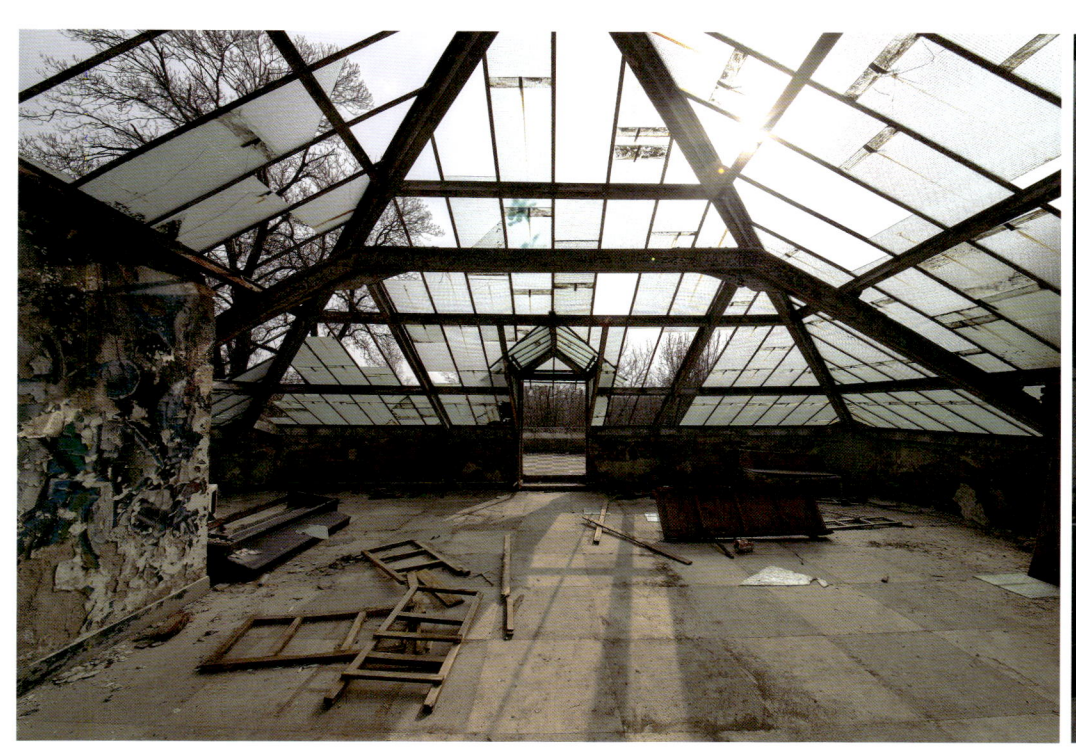
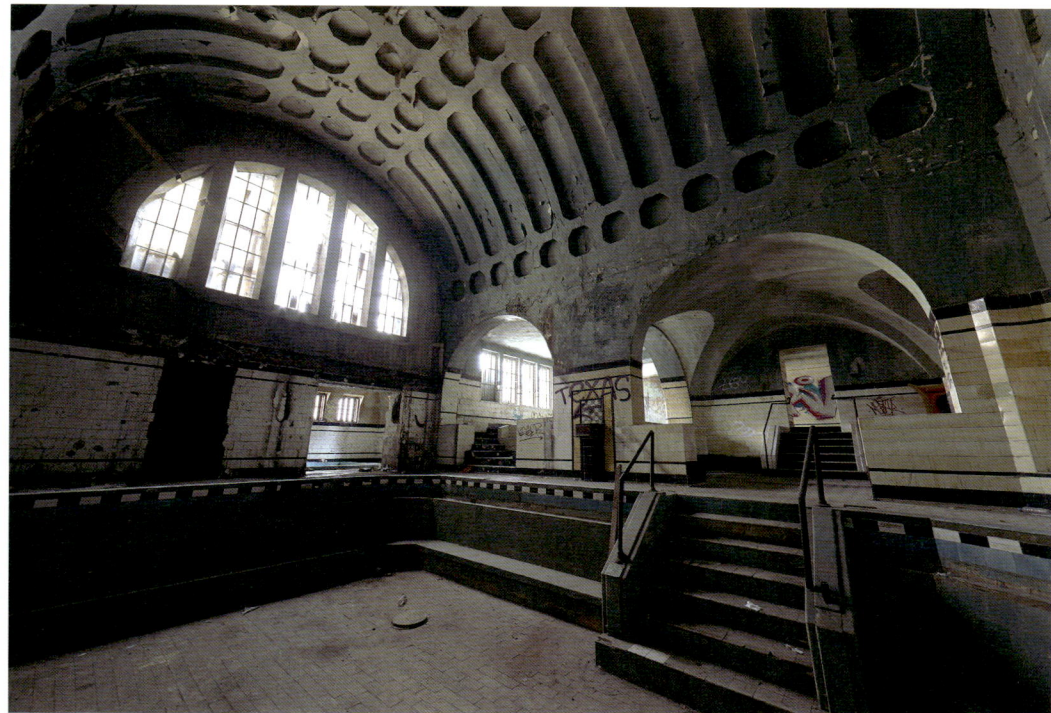

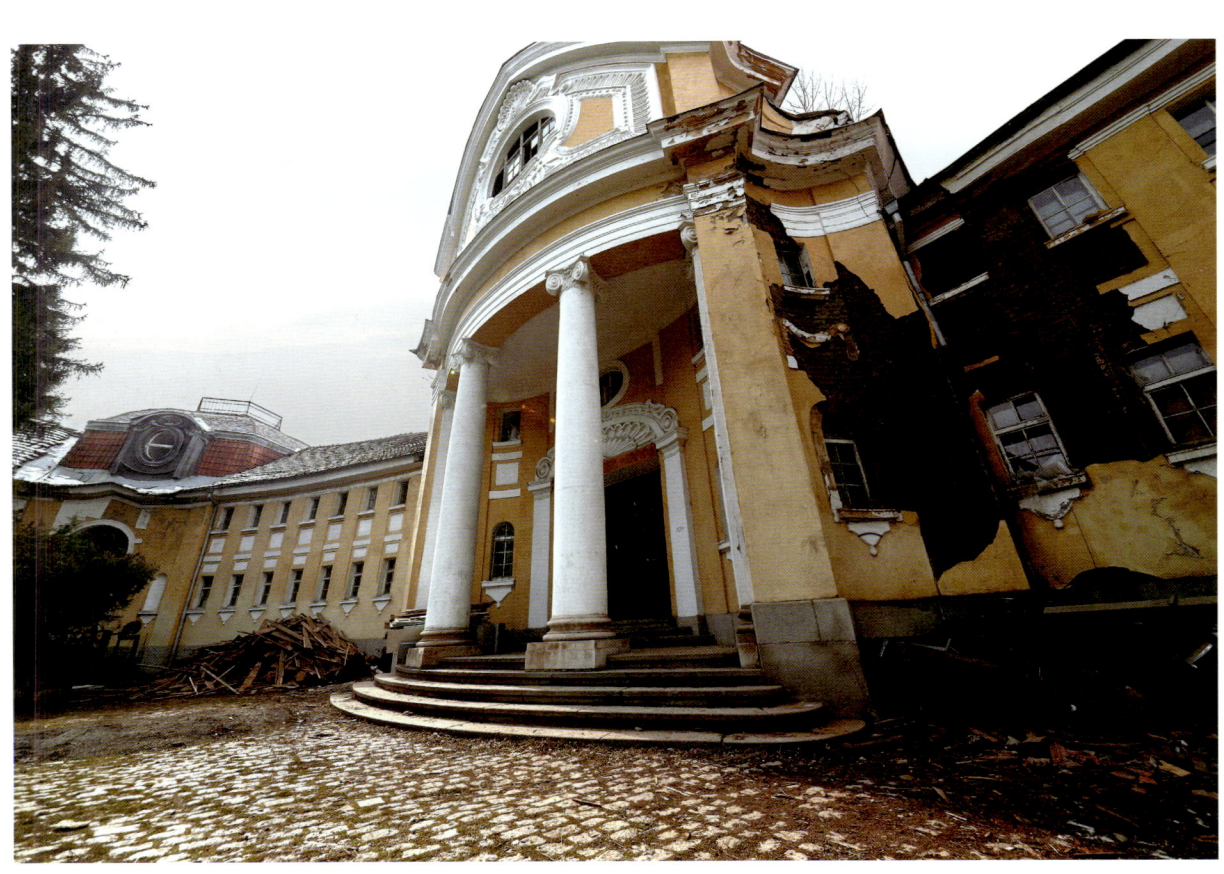

scene 7

バンキャ浴場
Mineral Spa in Bankya

［ブルガリア共和国・ソフィア］

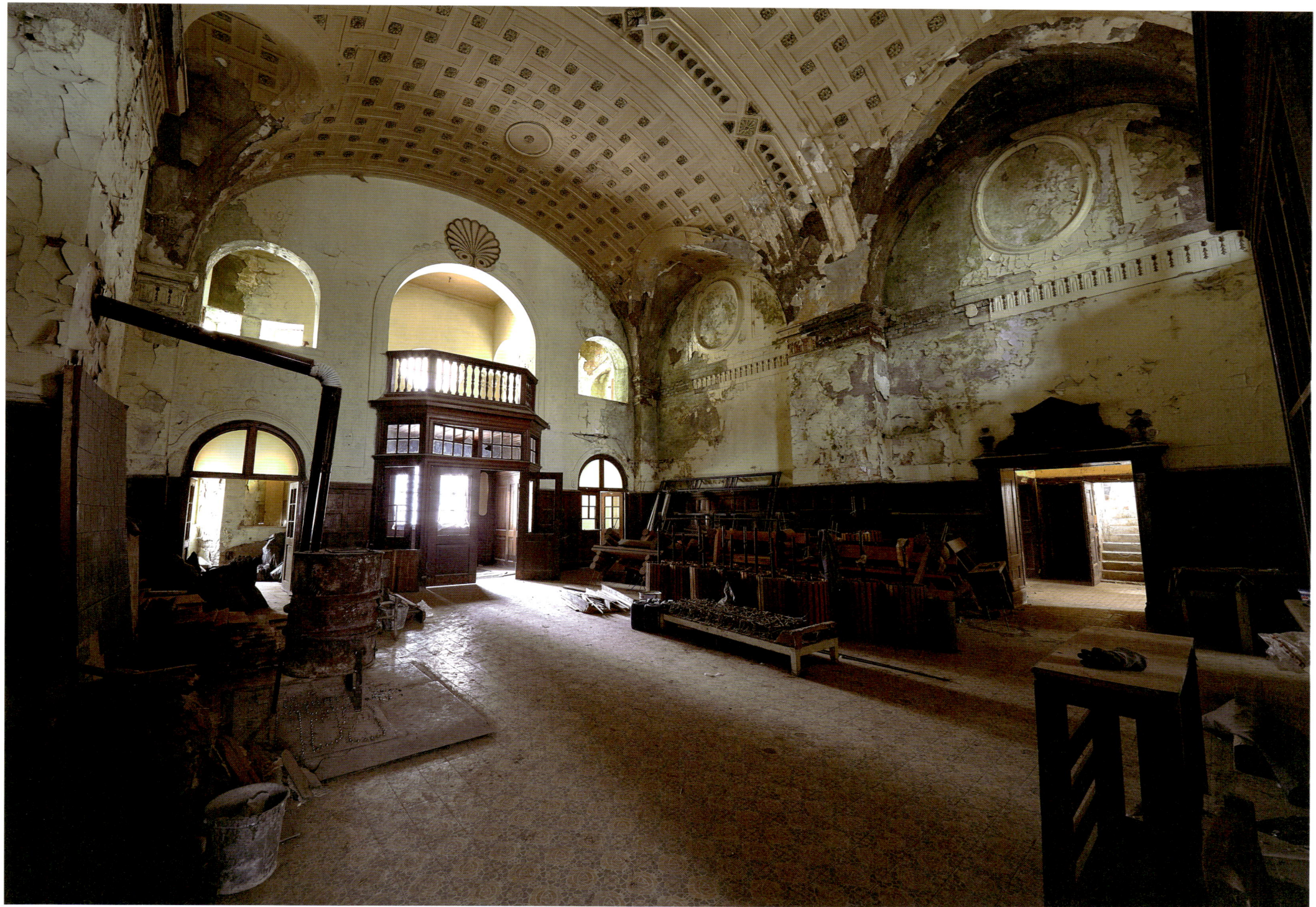

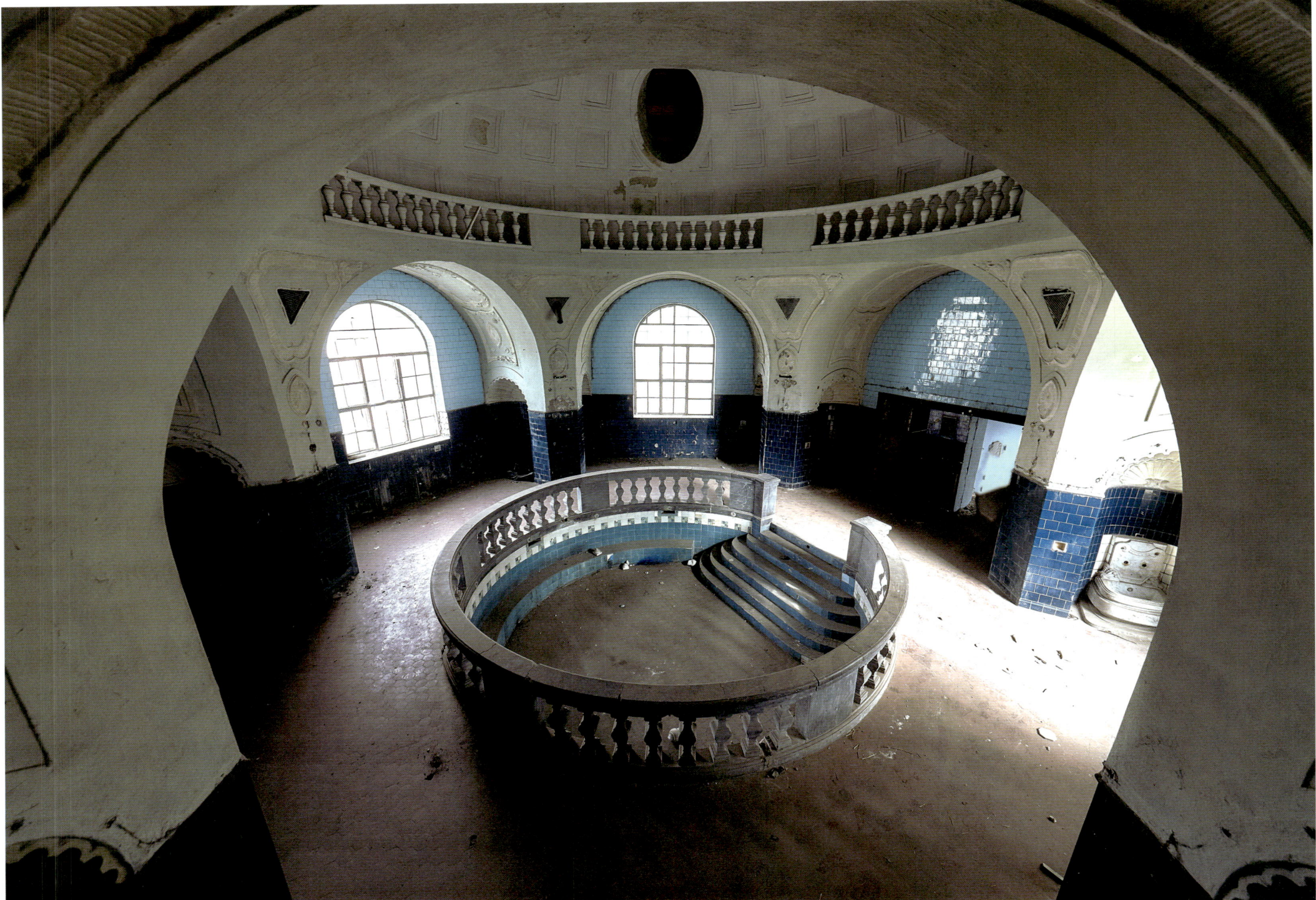

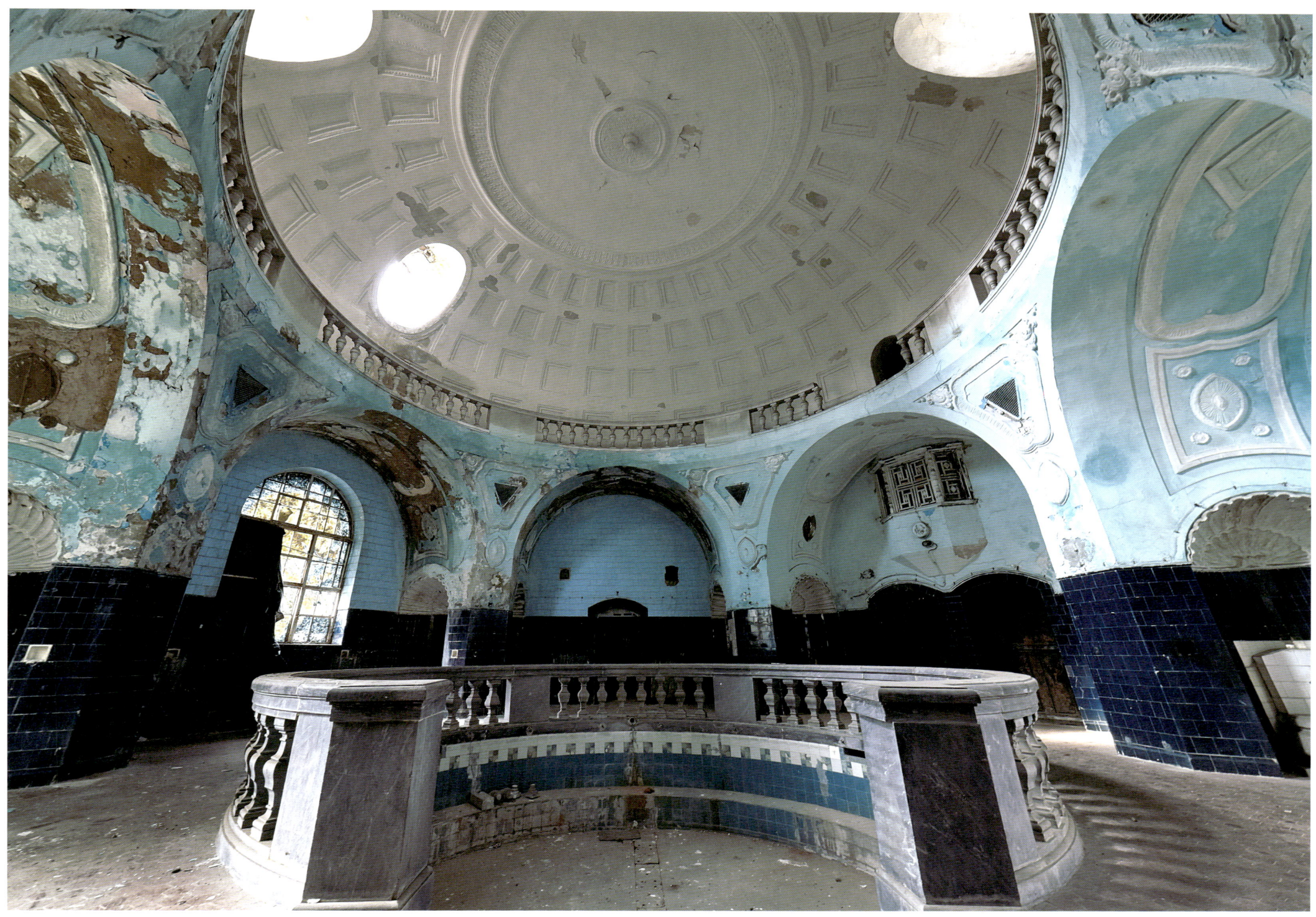

chapter 4

工場──Industry

多くの労働者が汗水を流し、時代の産業を支えた工場。
戦争中もフル稼働で操業され、悲しき歴史も作られたが、
閉鎖されてサビ付き、
解体を待つだけの巨大な廃墟となった。
役目を終え、世の中から捨てられてしまった巨大な施設に、
人々の声が響き合うことはなく、二度と電源が入ることもない

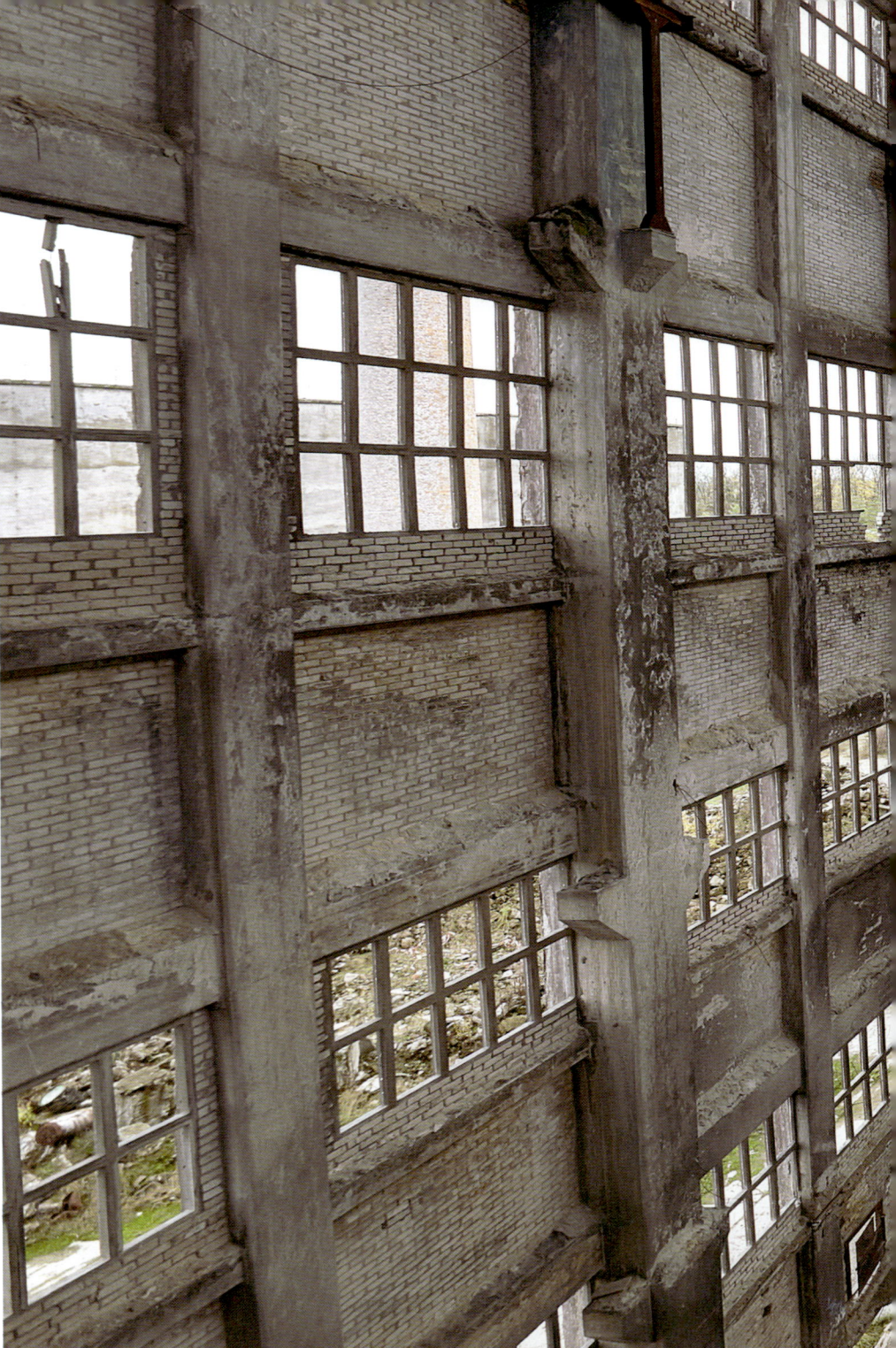

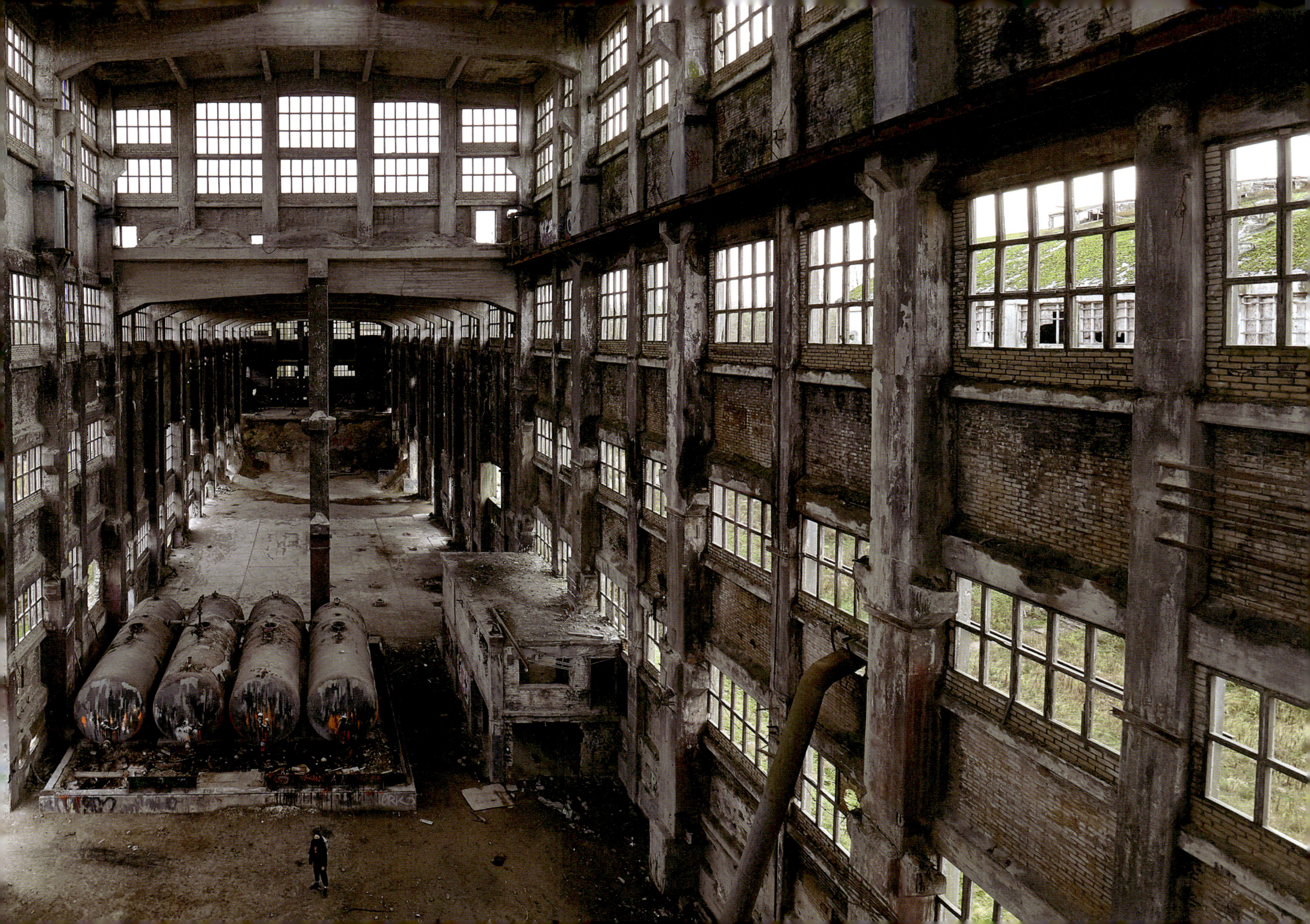

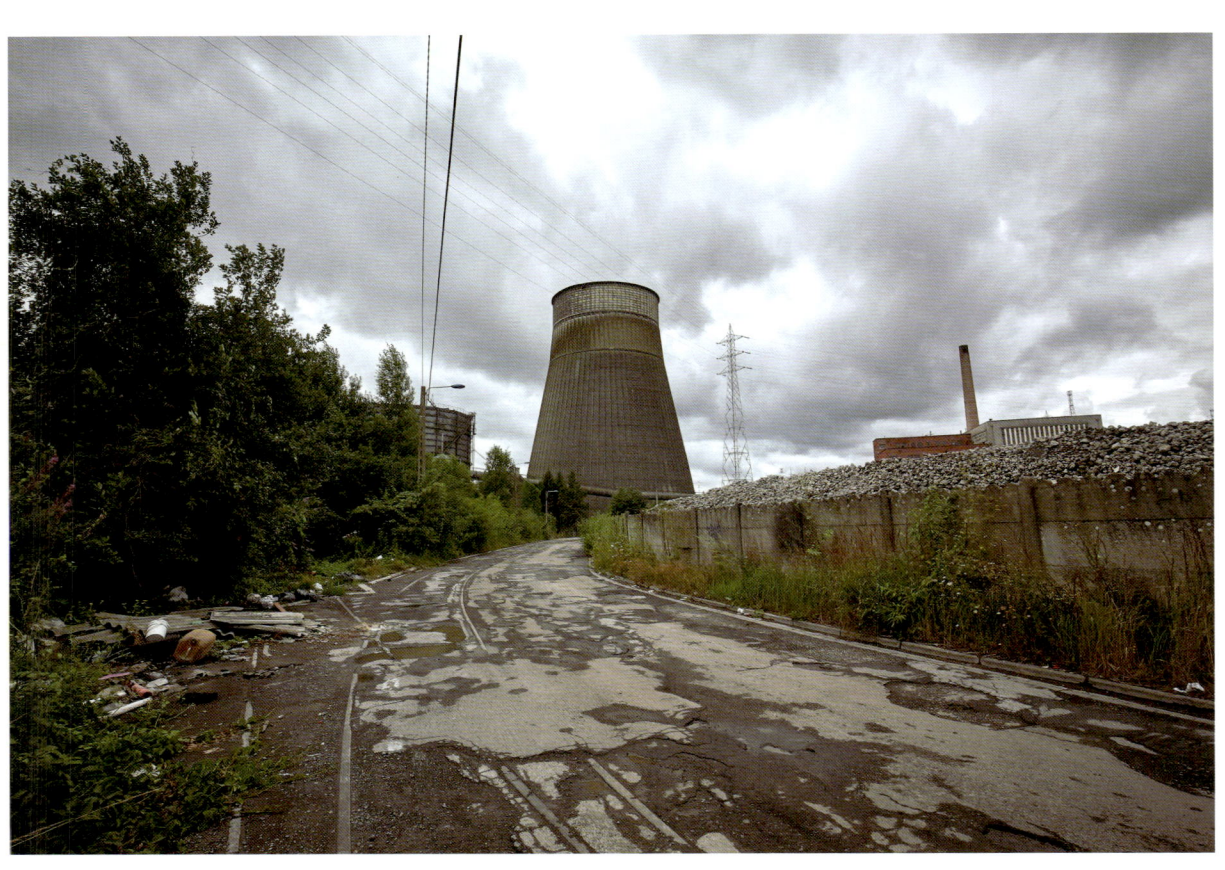

scene 1

パワープラント IM

Cooling Tower

［ベルギー・モンソー＝シュル＝サンブル］
石炭火力発電所で使用されていた冷水塔

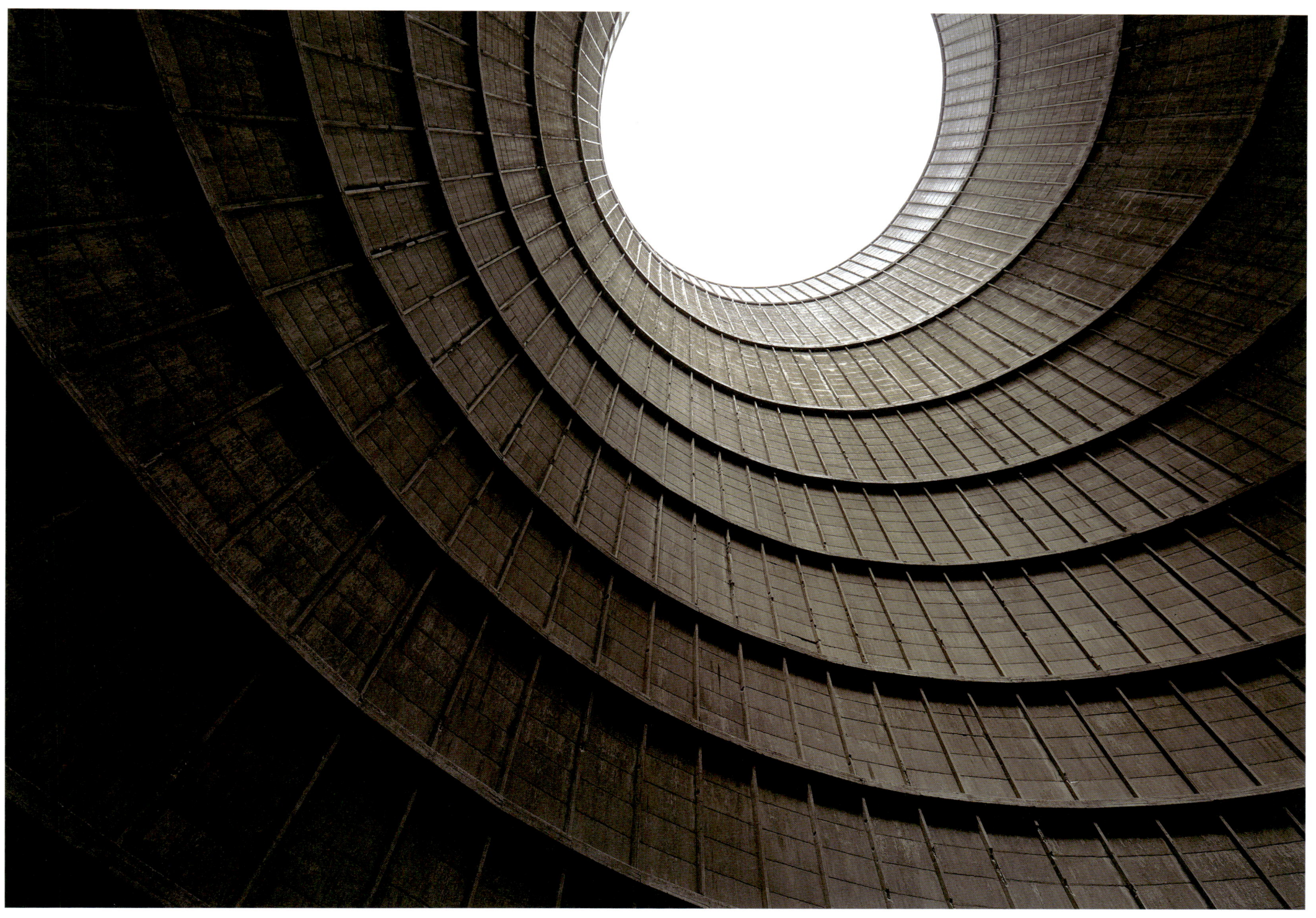

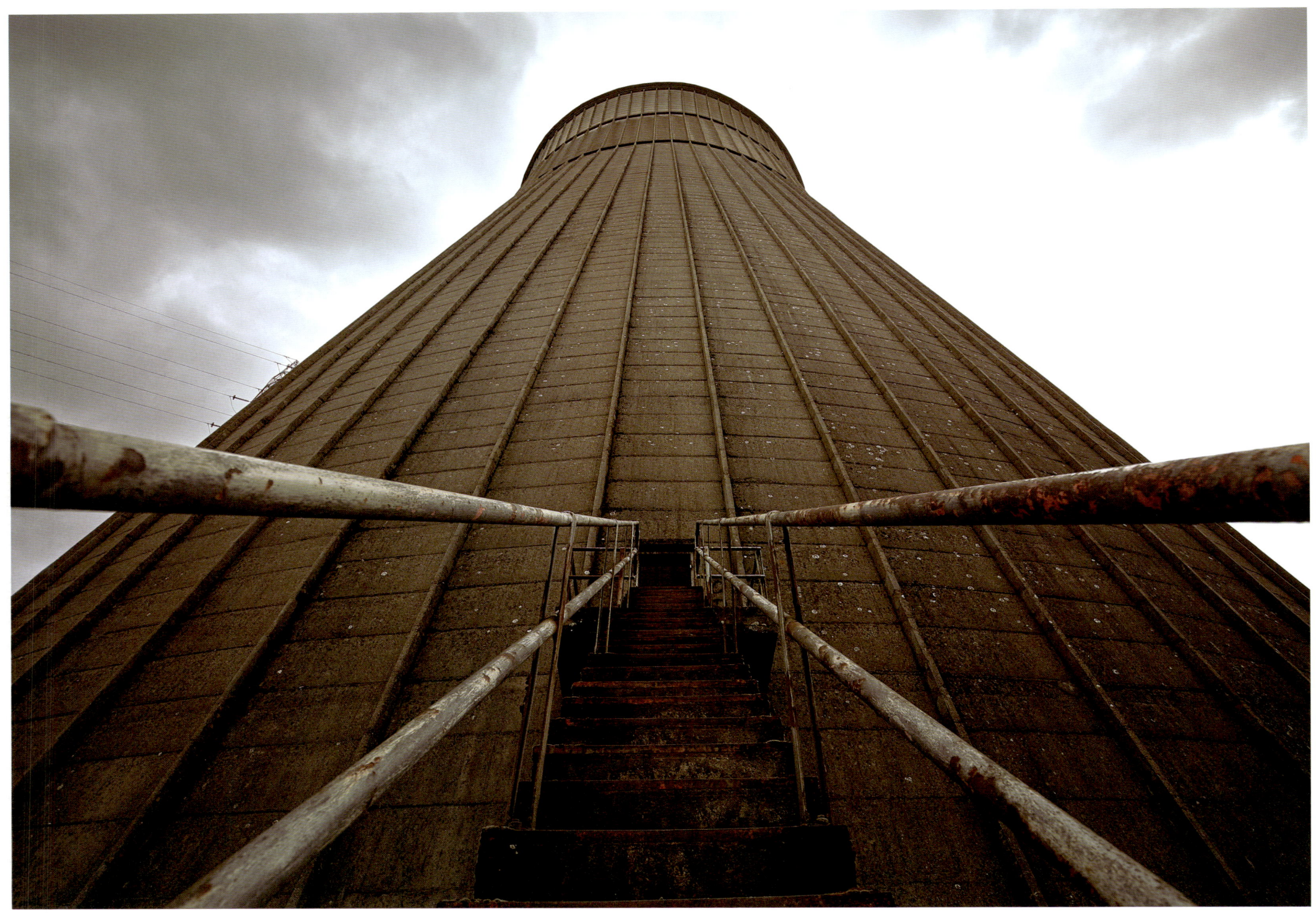

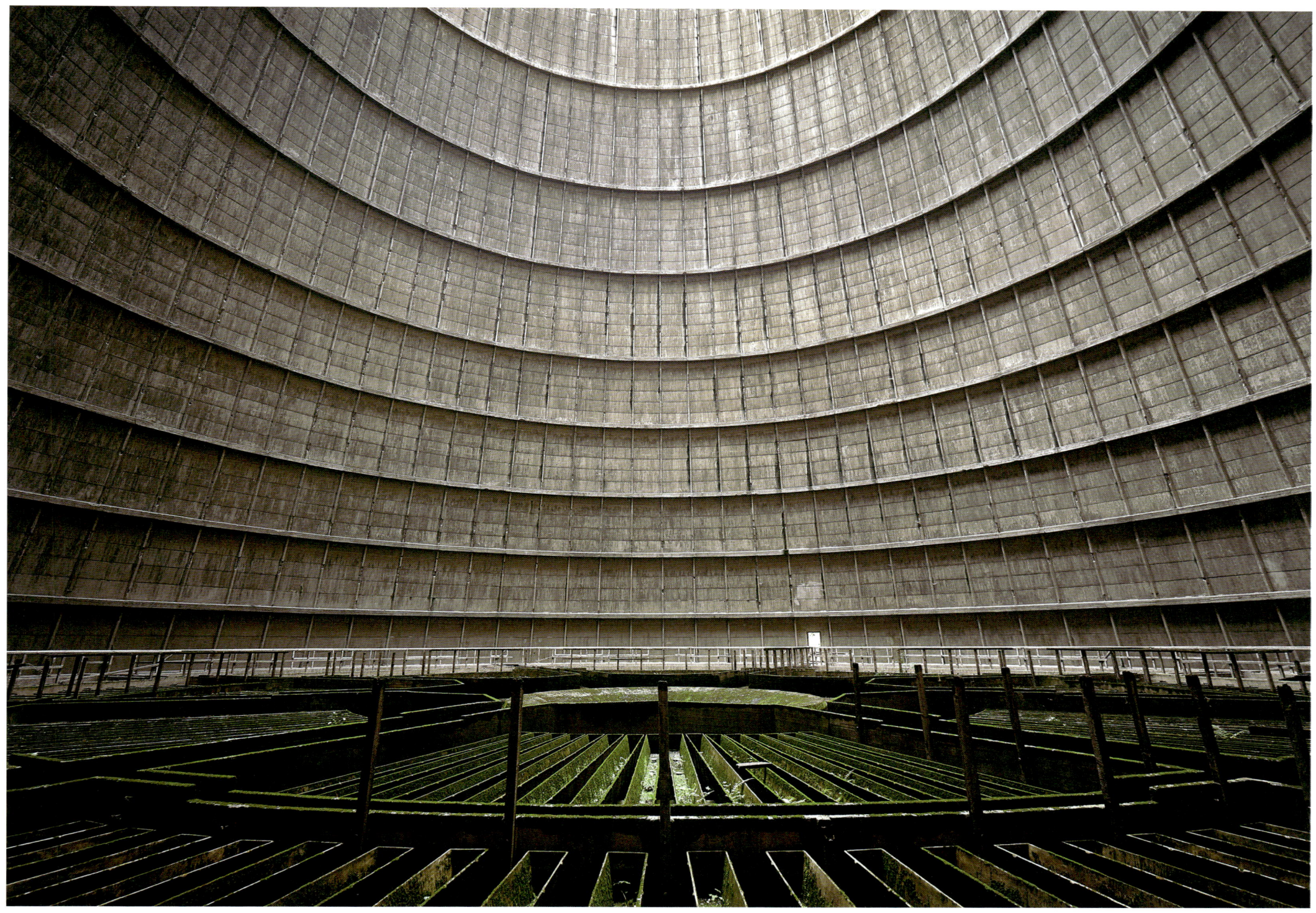

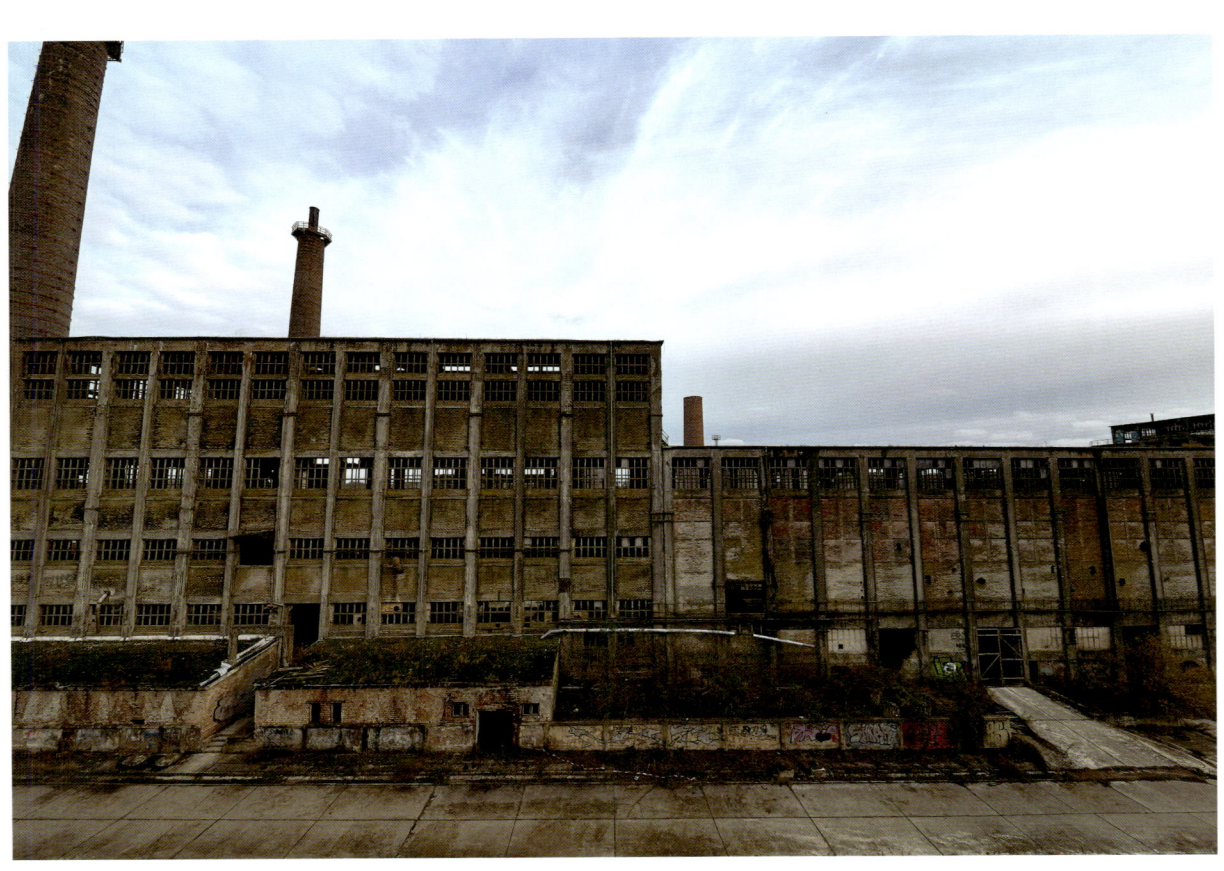

scene 2
ルーダスドルフ化学工場
Chemical Plant in Rüdersdorf

［ドイツ・ブランデンブルグ州］

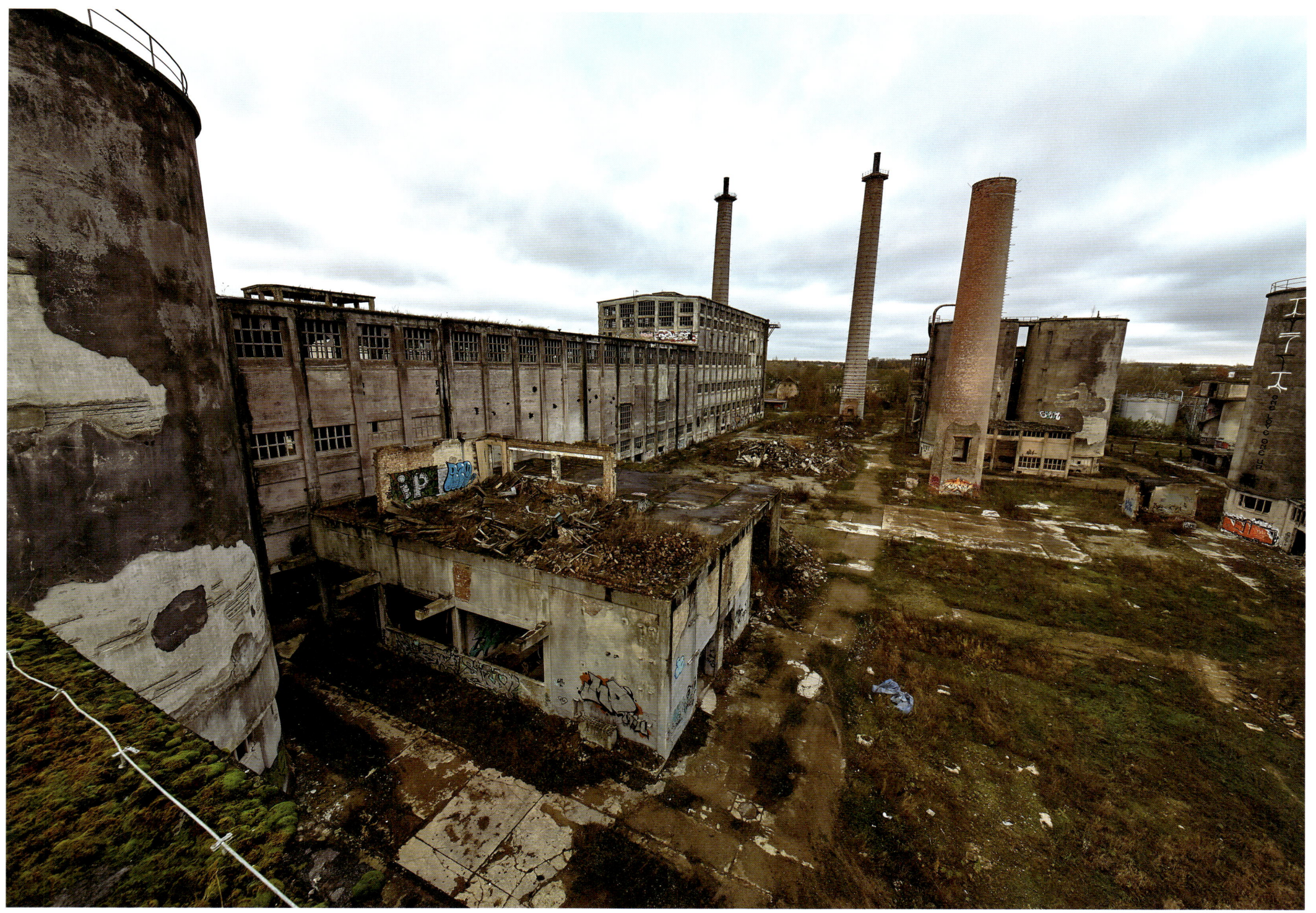

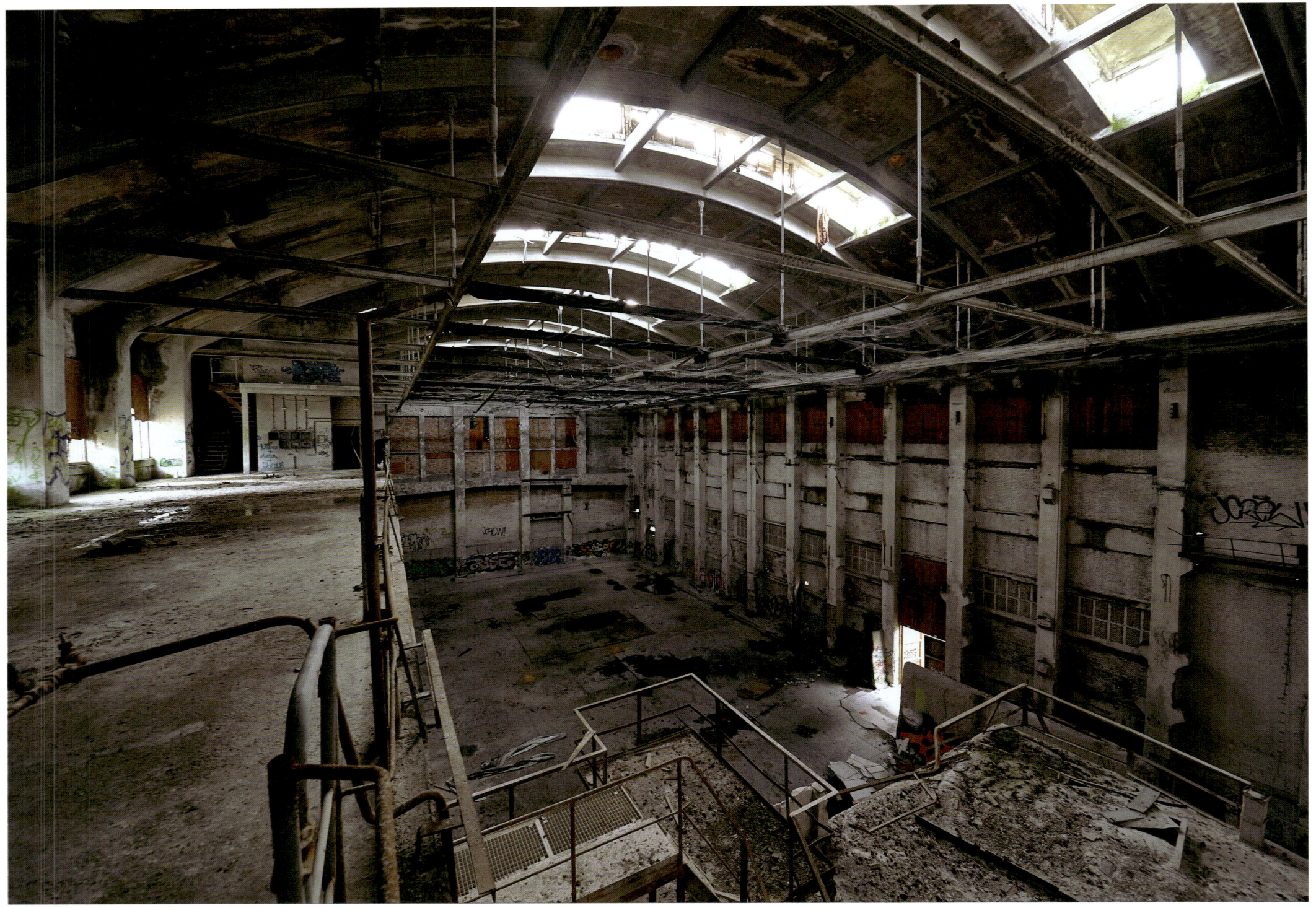

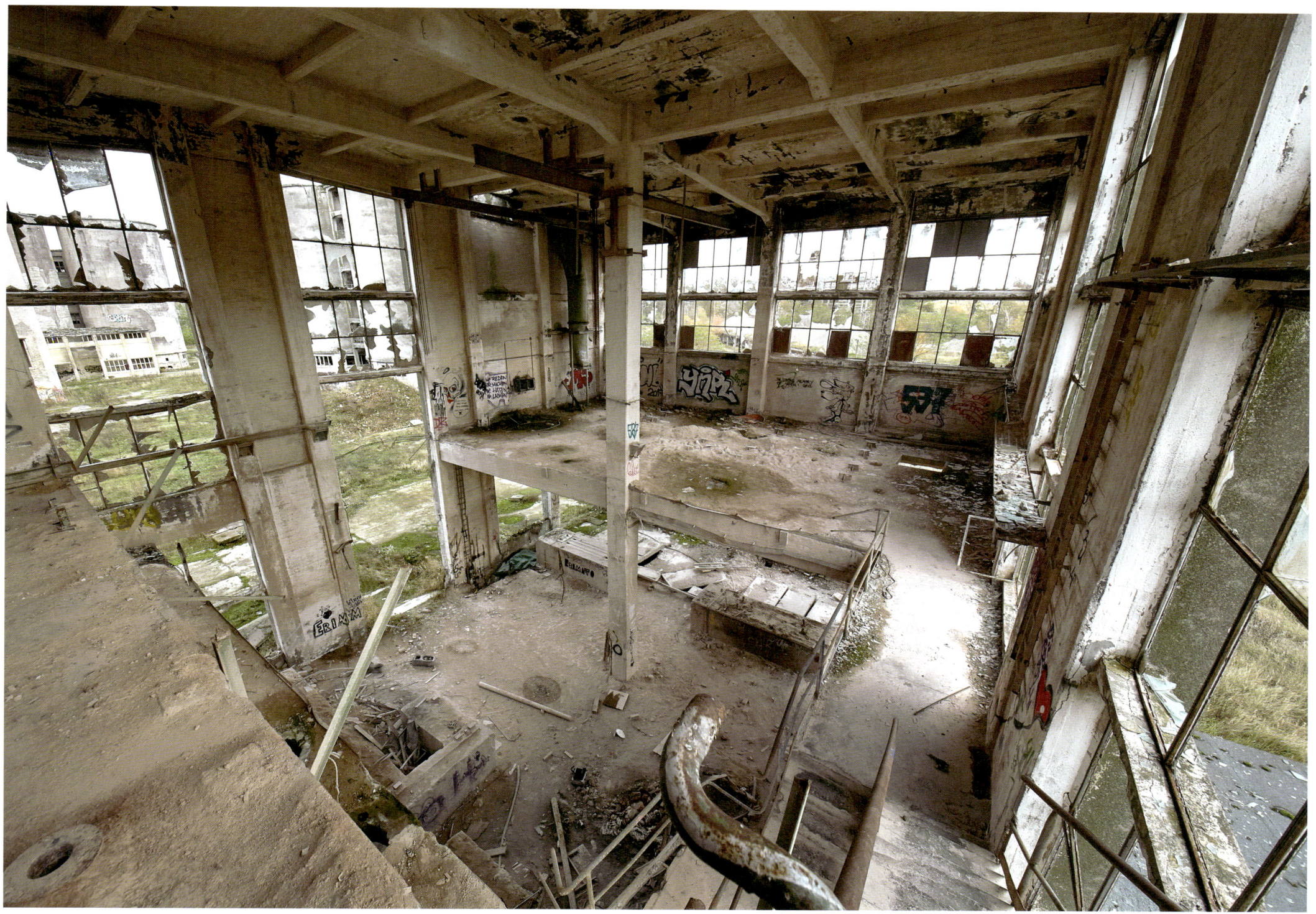

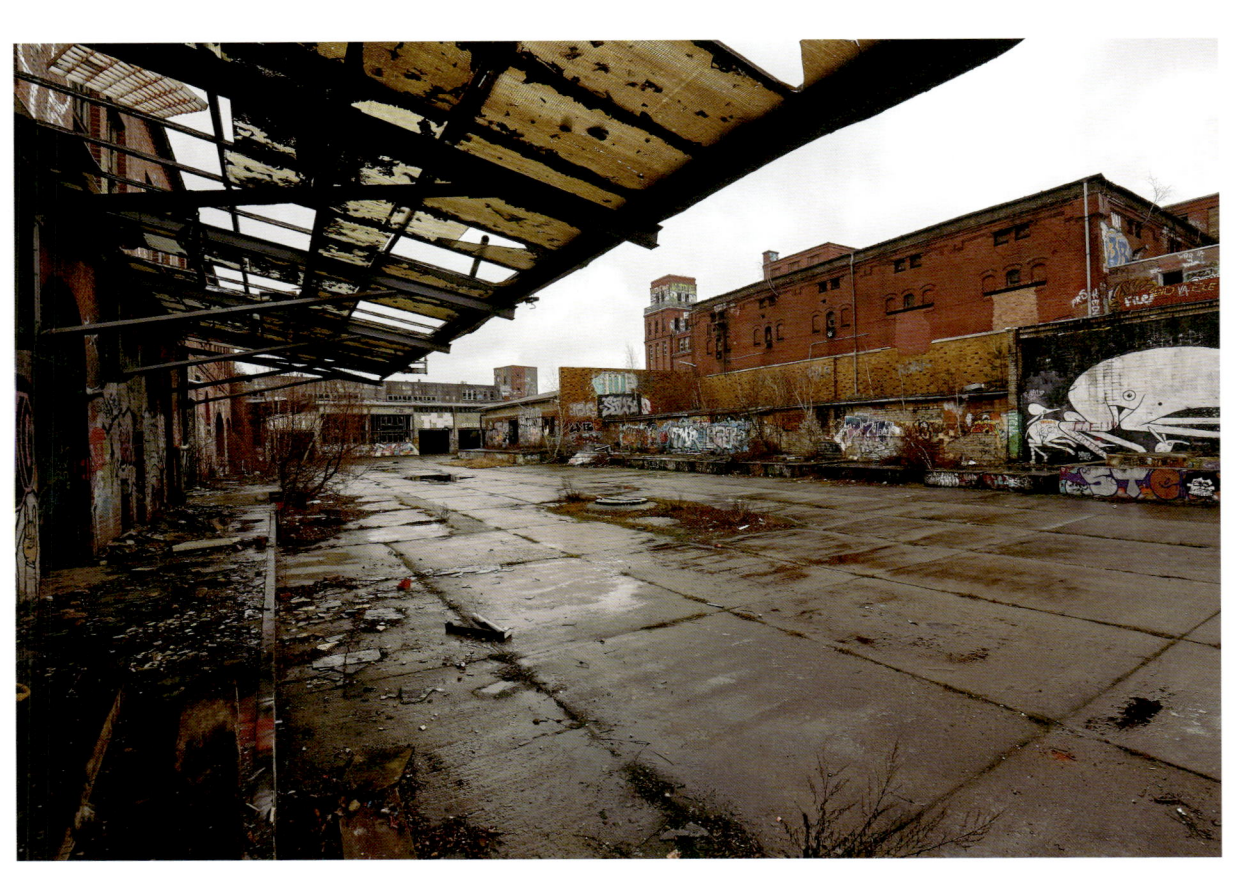

scene 3

ベーレンクーウェルビール醸造所

Bärenquell Brewery

［ドイツ・ベルリン］

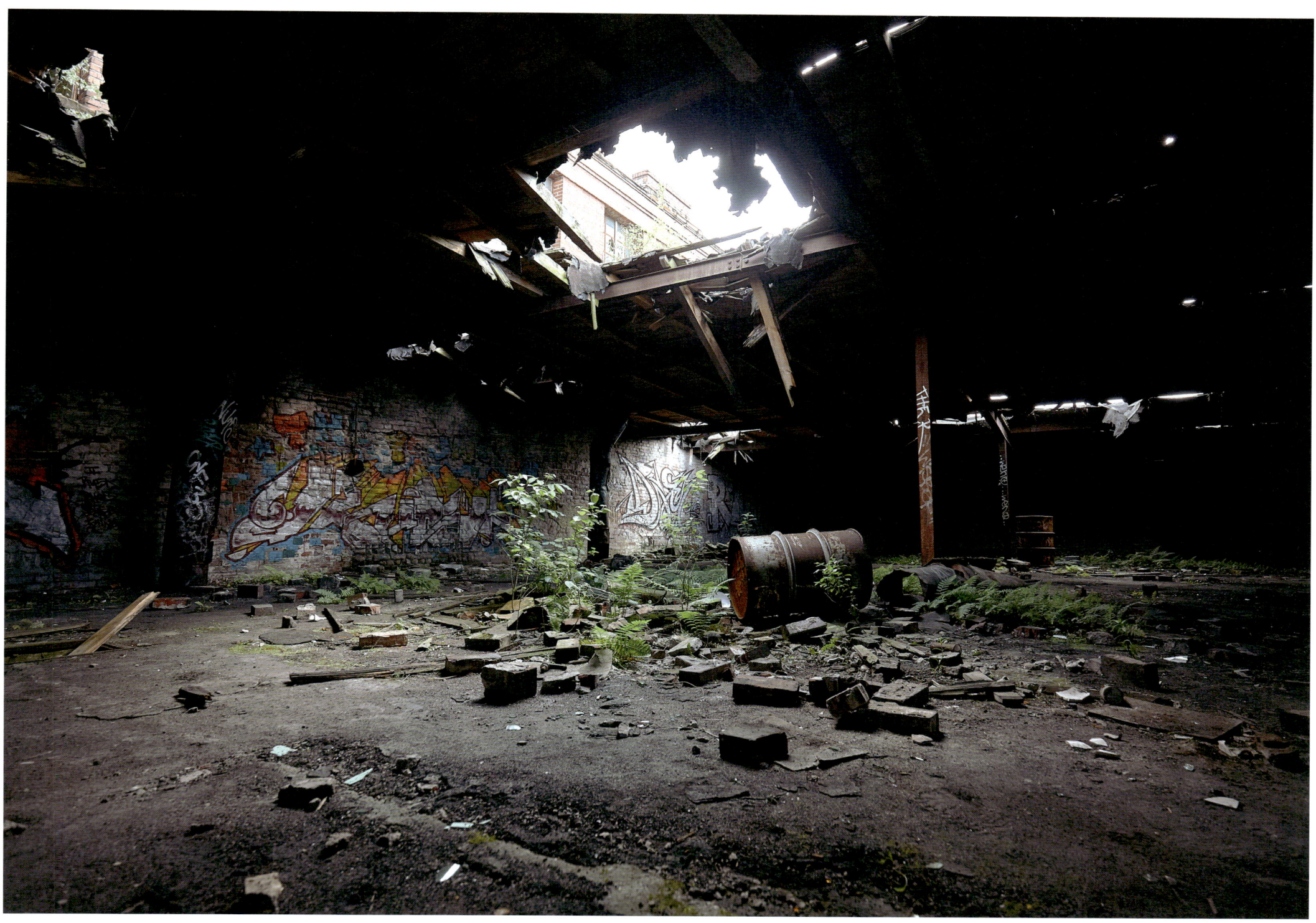

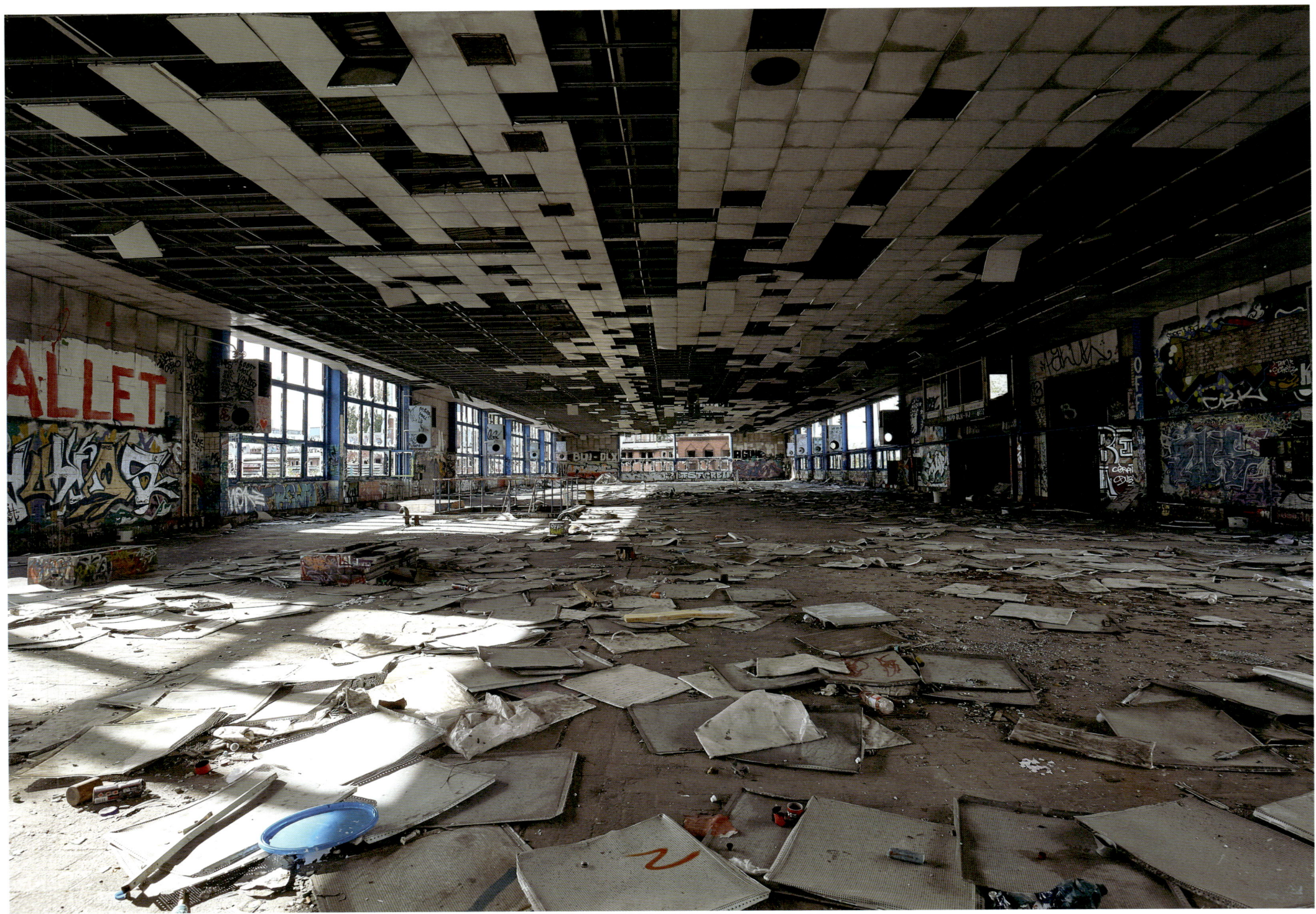

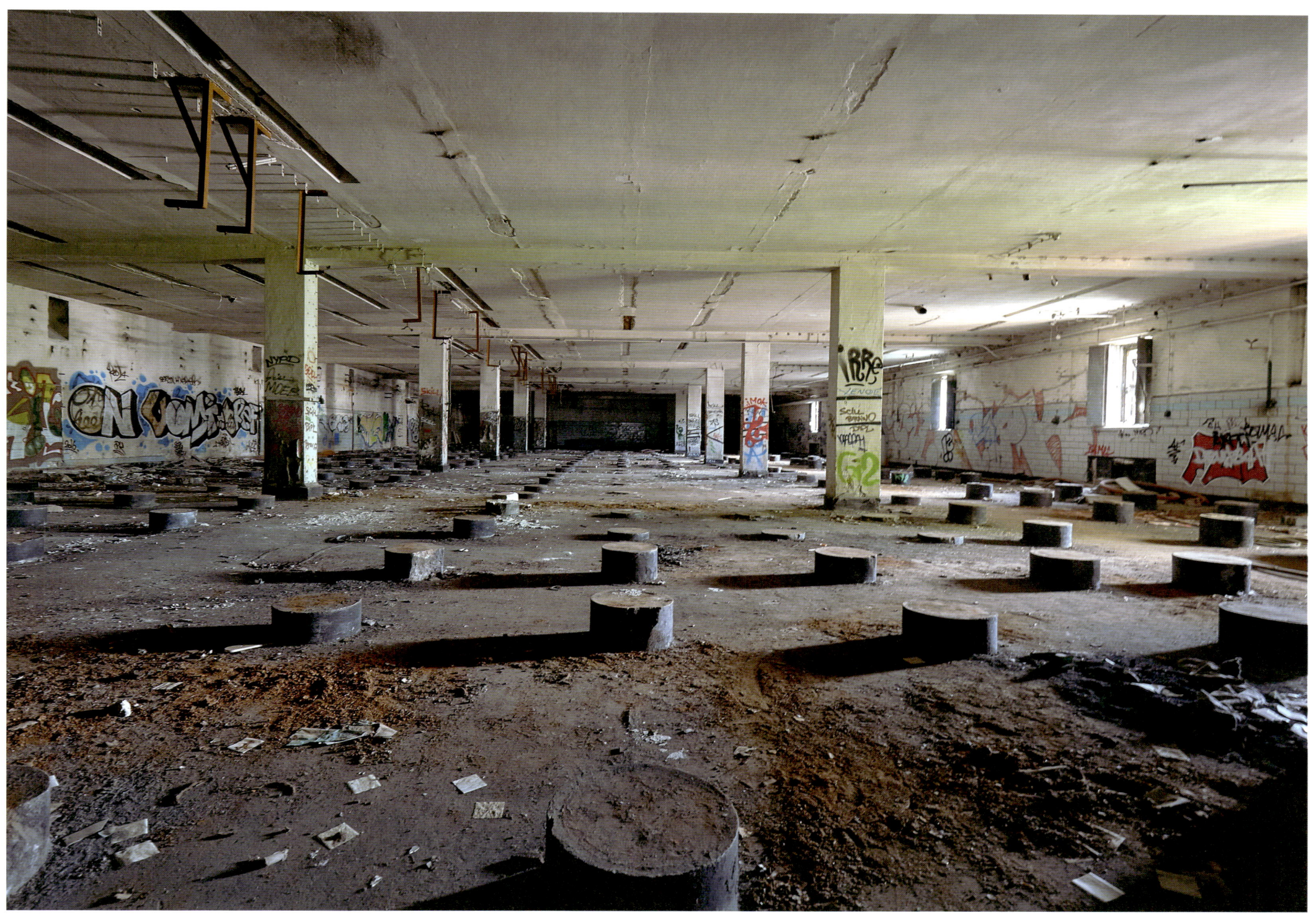

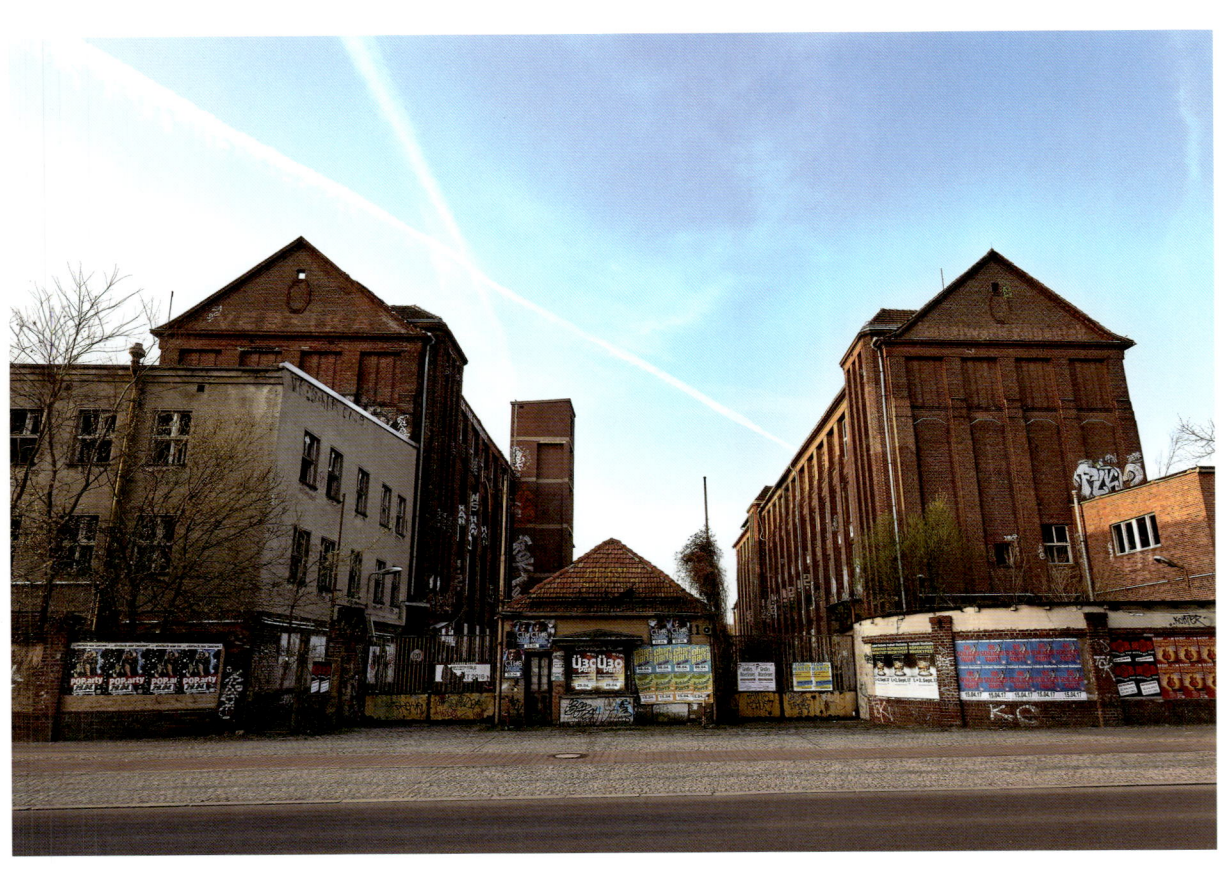

scene 4
コダックフィルム工場
VEB Photochemical Works

［ドイツ・ベルリン］

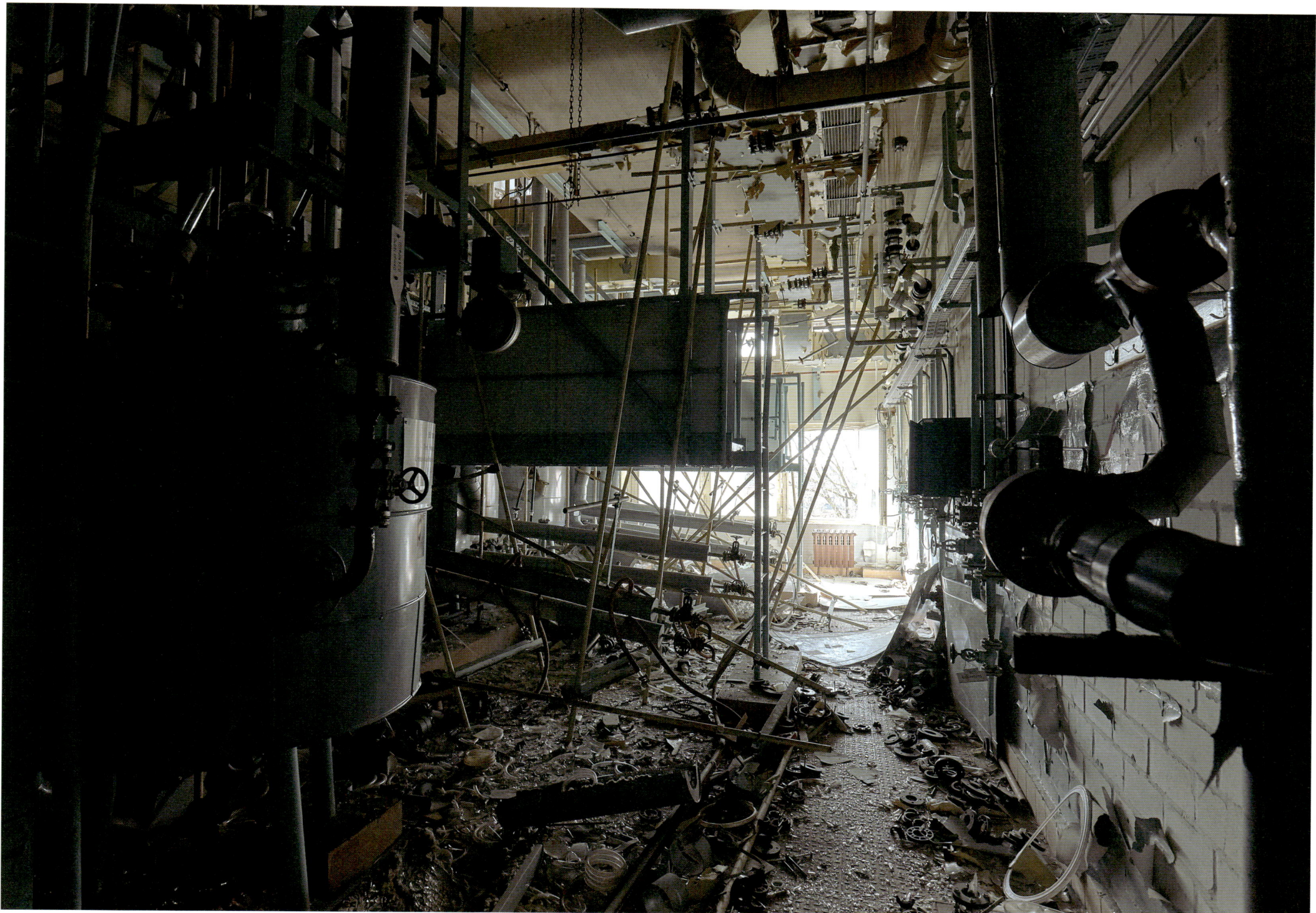

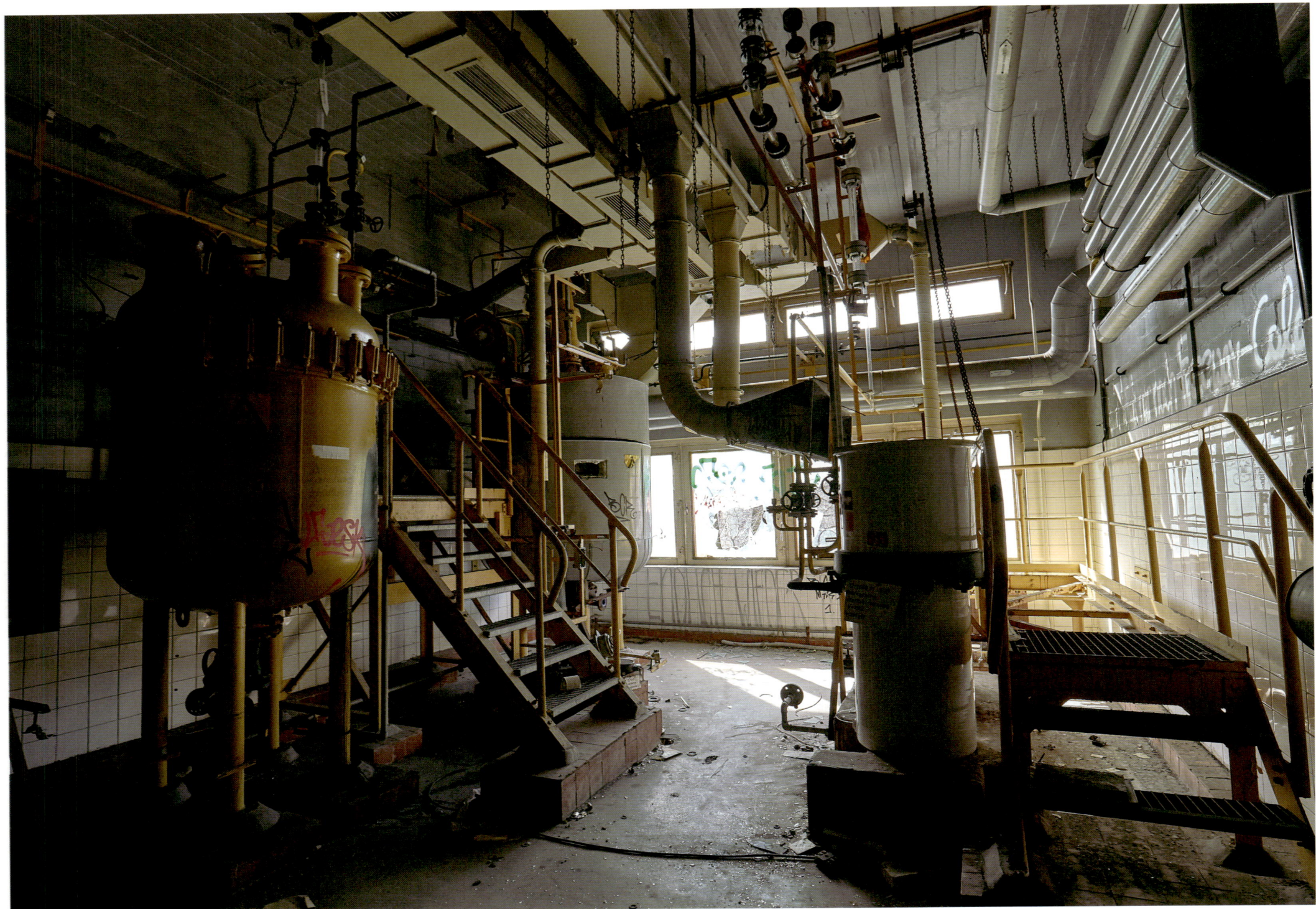

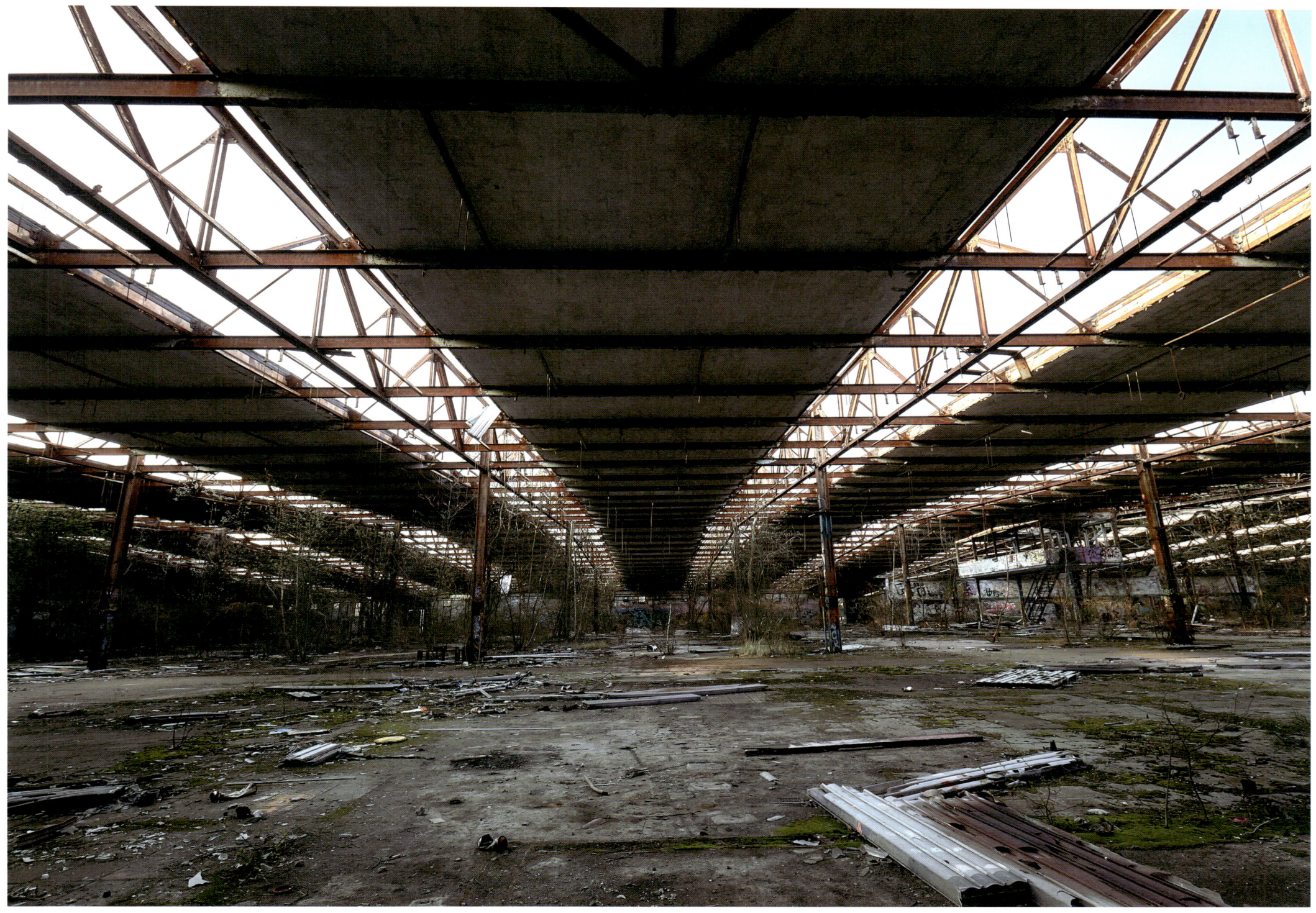

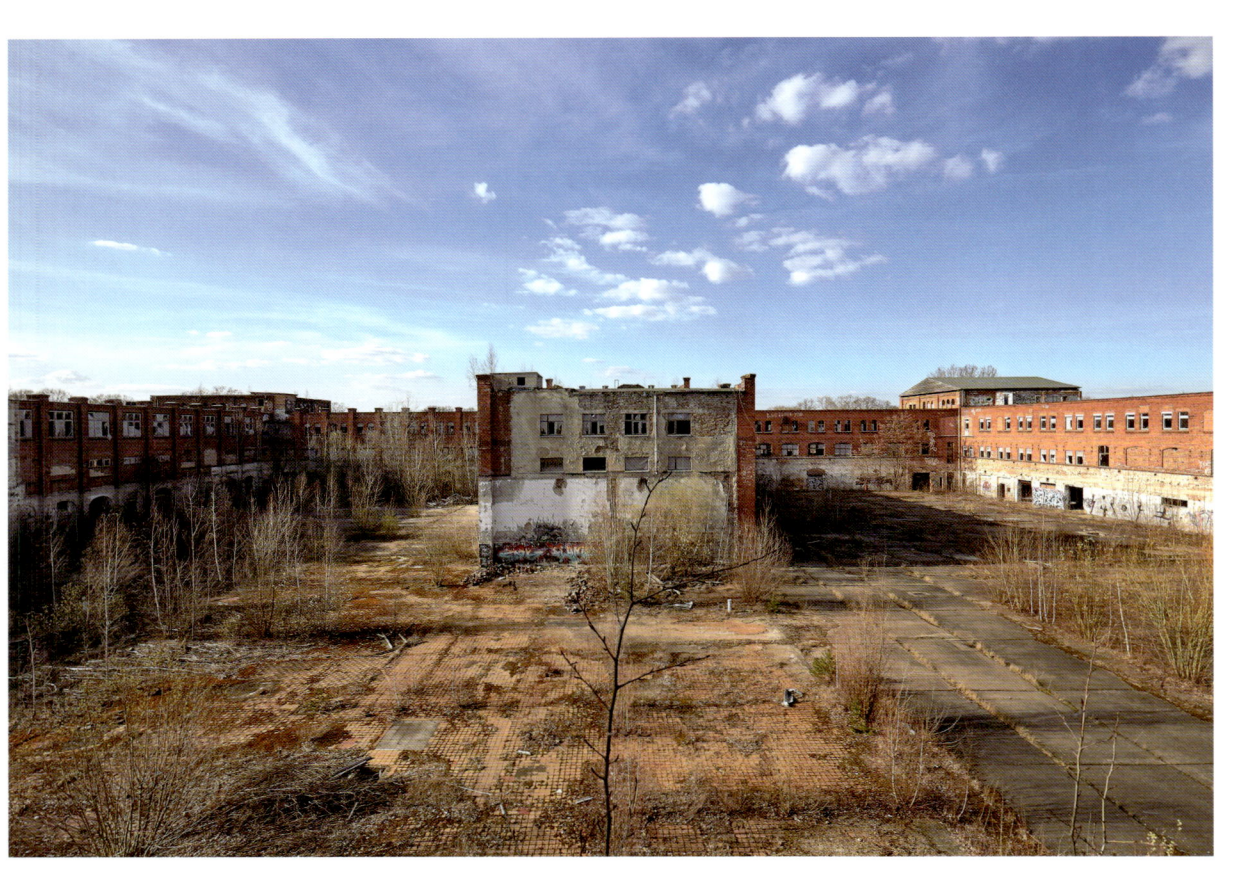

scene 5

スピンドラークリーニング施設

W.Spindler Laundry

［ドイツ・ベルリン］
ドライクリーニング施設

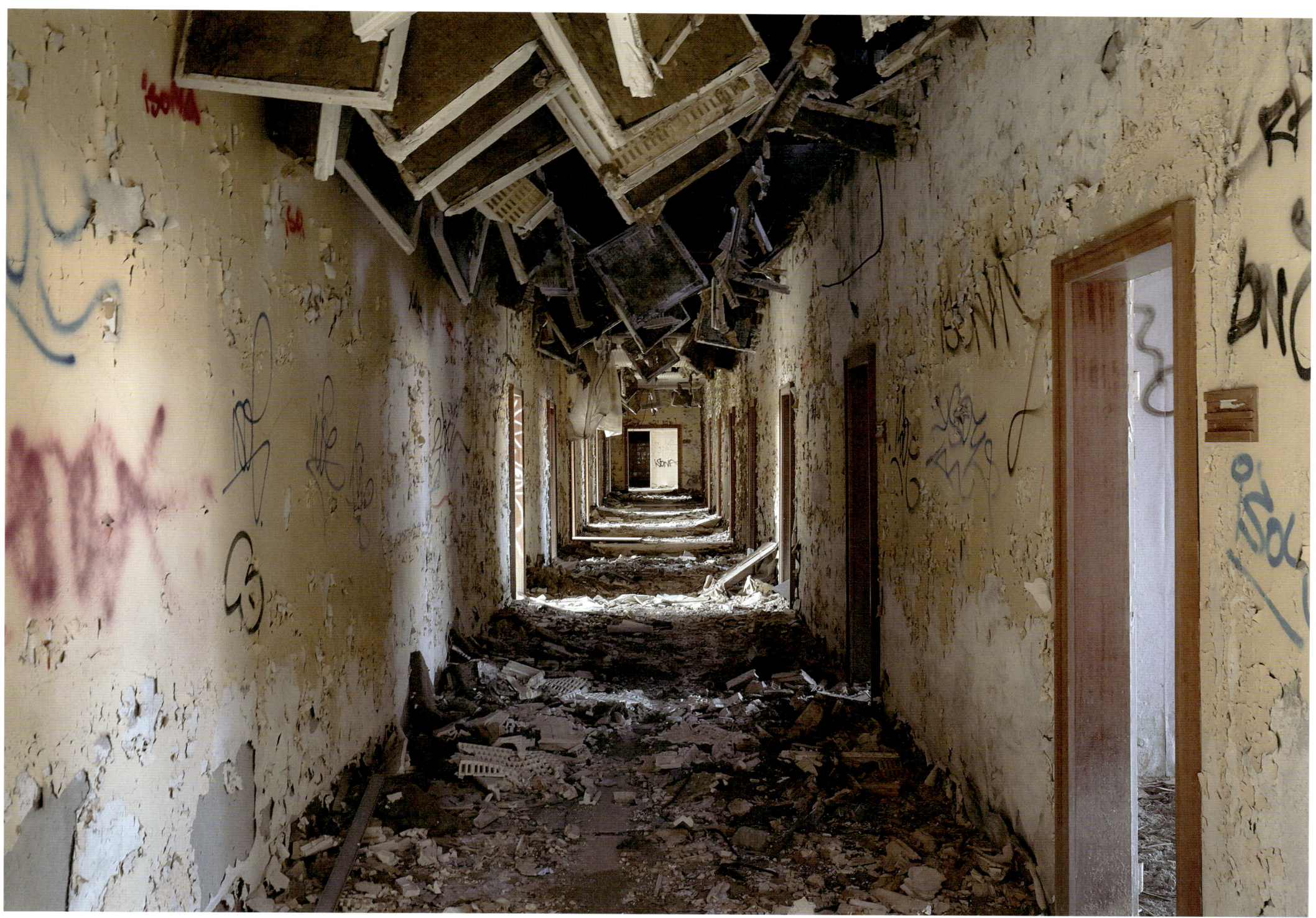

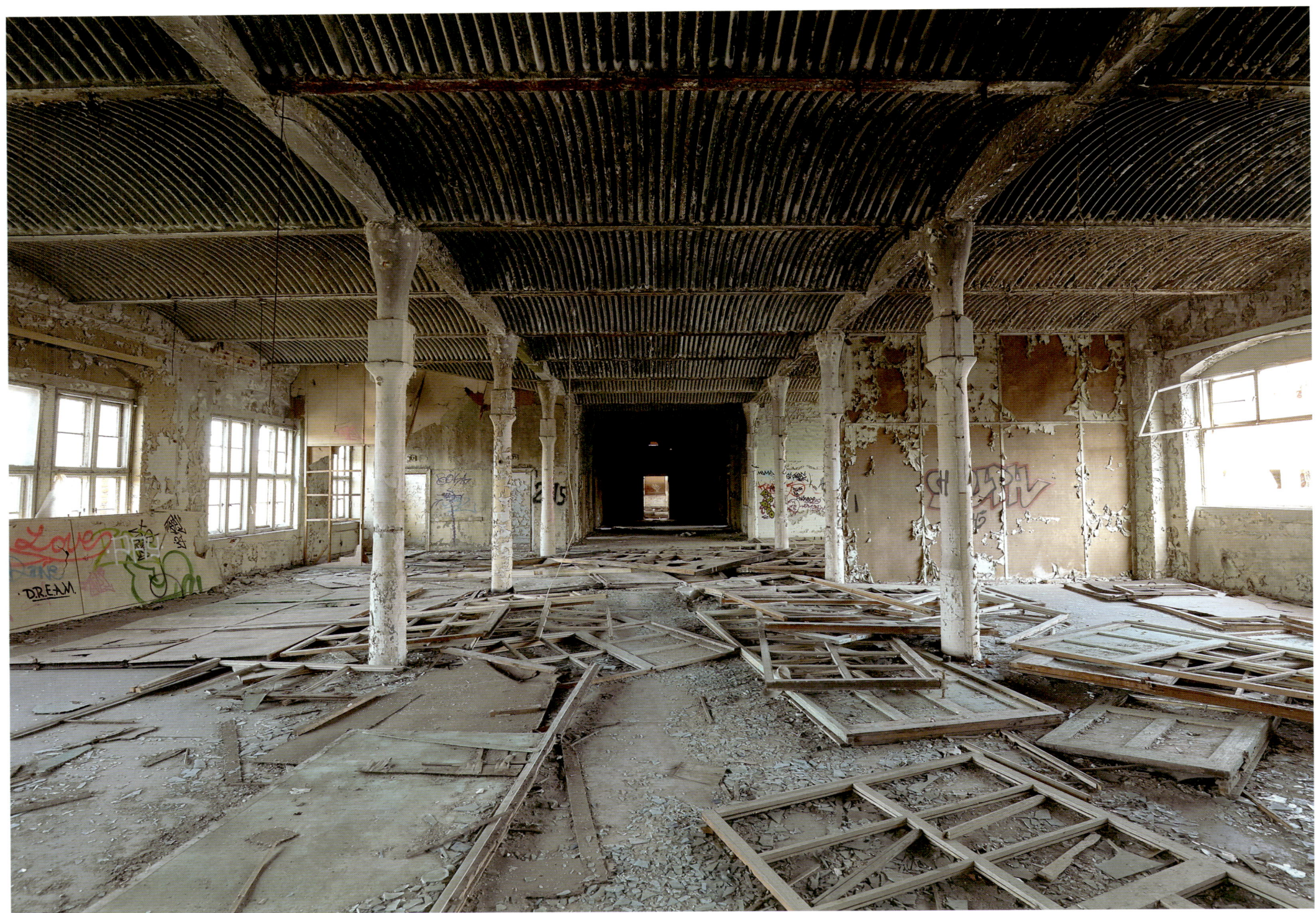

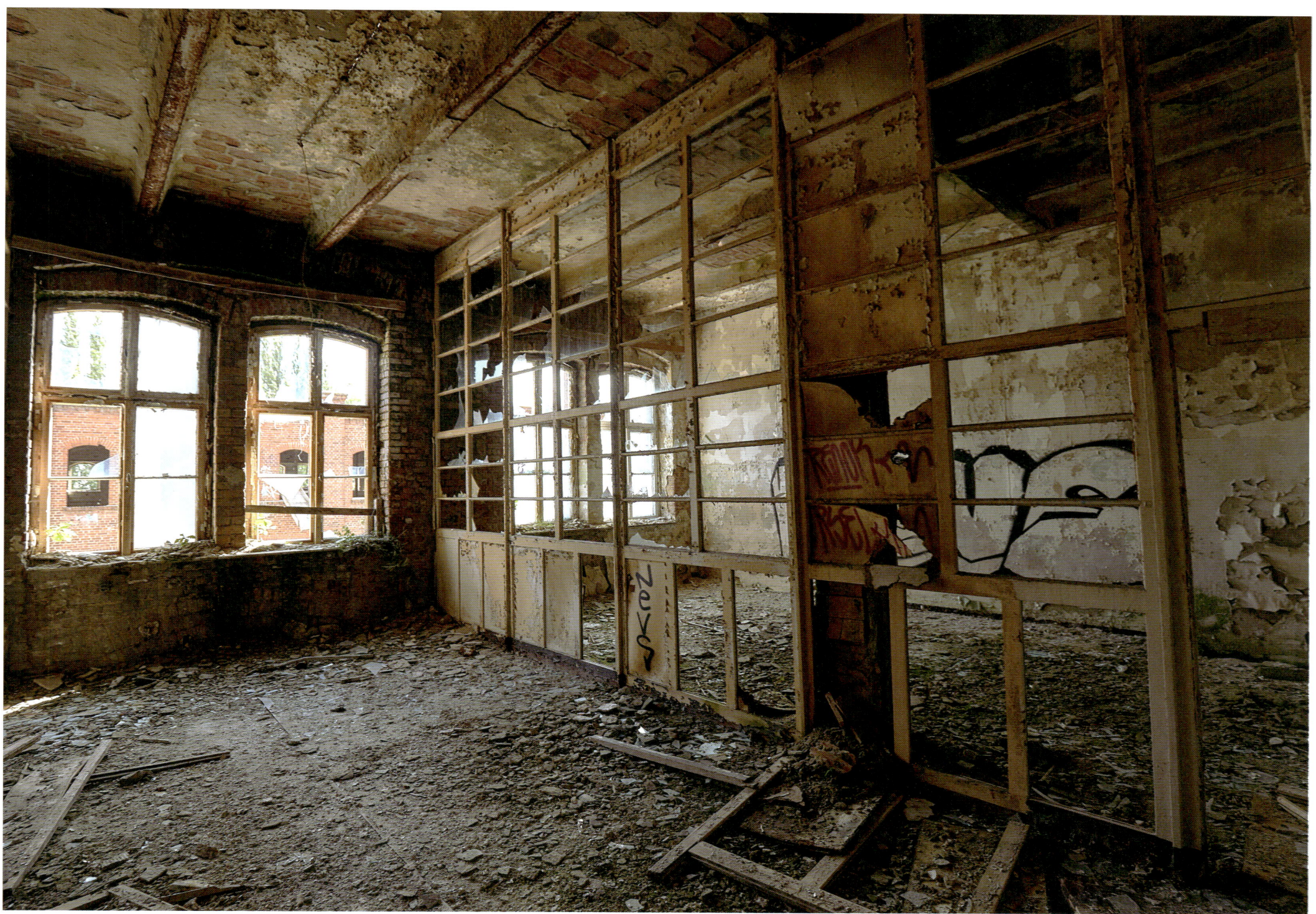

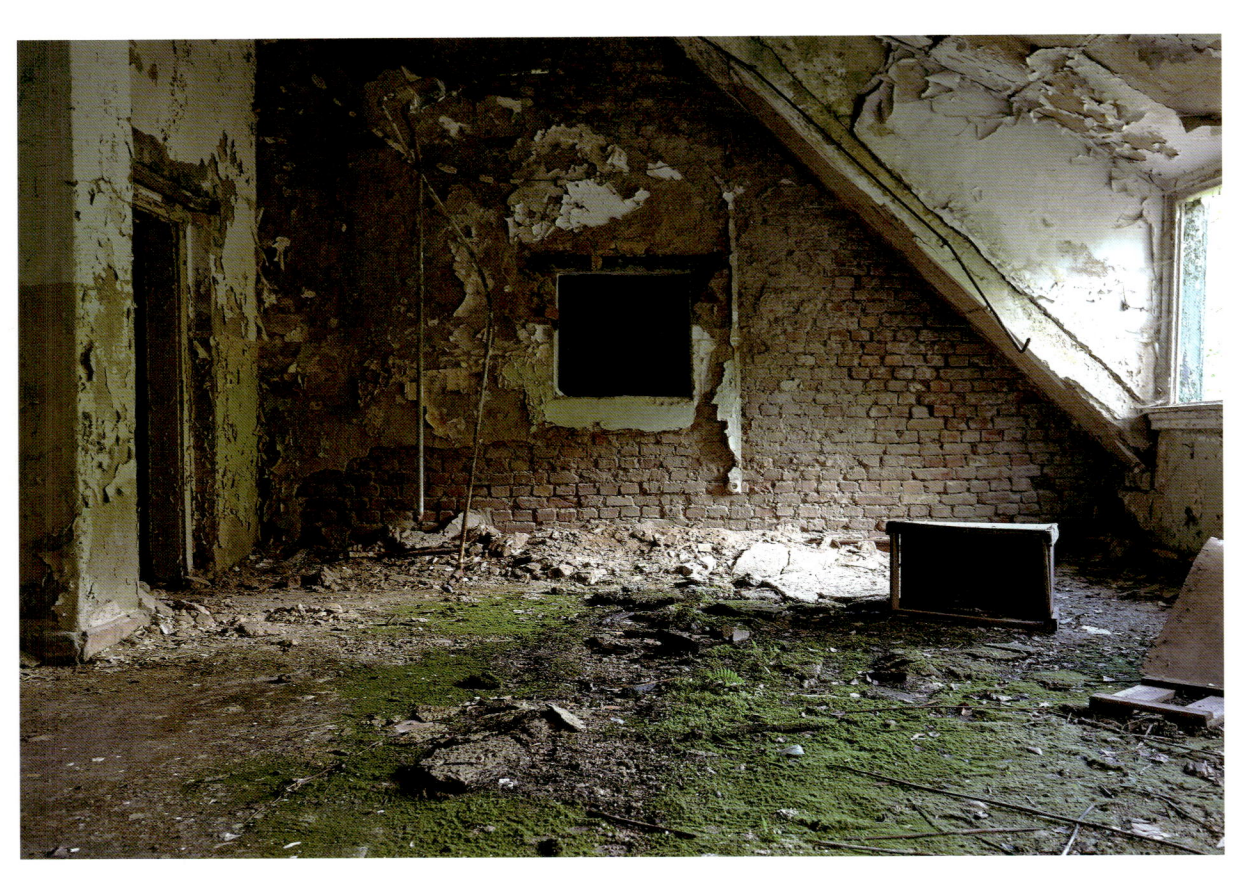

scene 6

ナチス・ドイツ強制収容所パン工場

Bakery for a Concentration Camp

［ドイツ・ブランデンブルグ州］

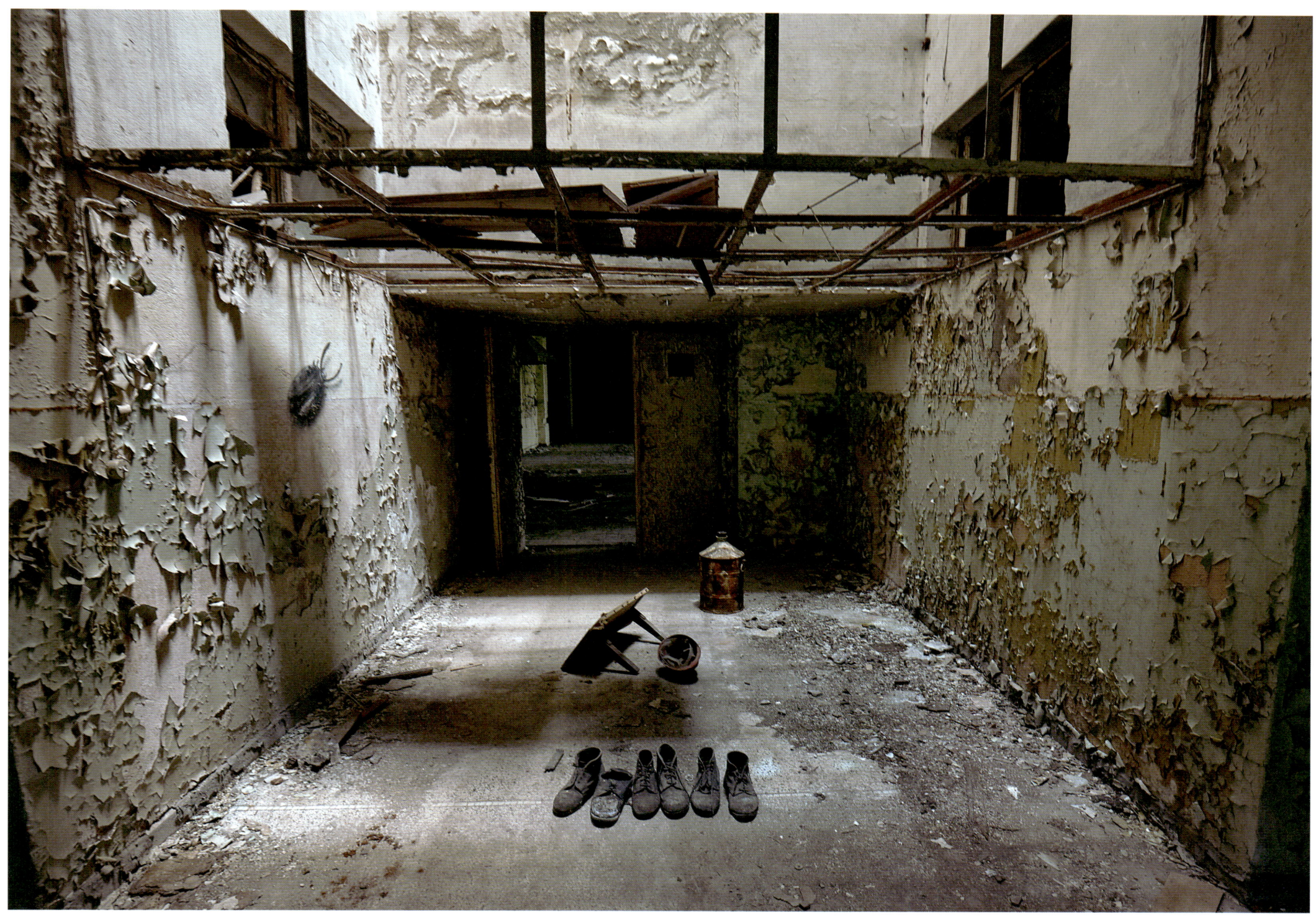

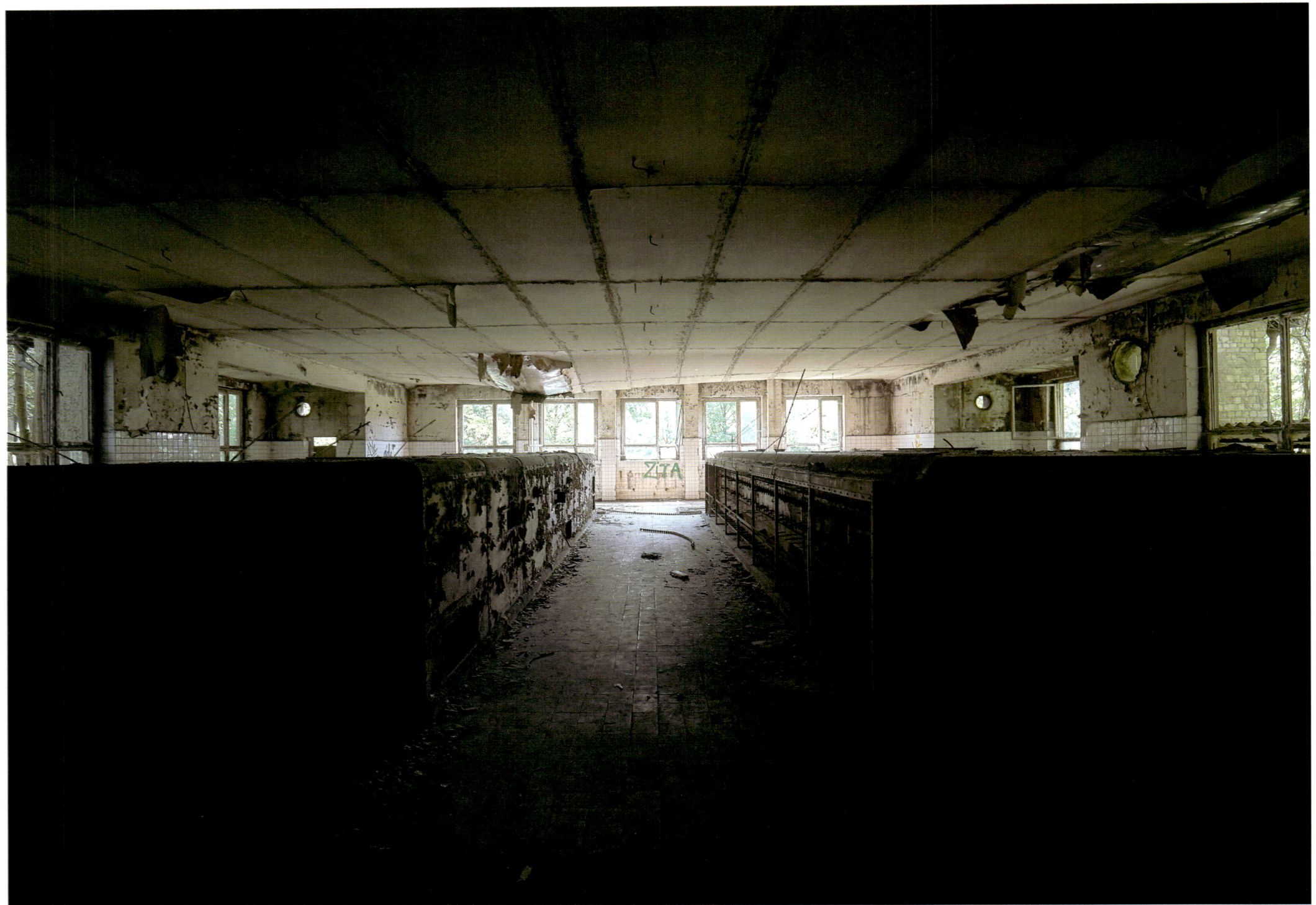

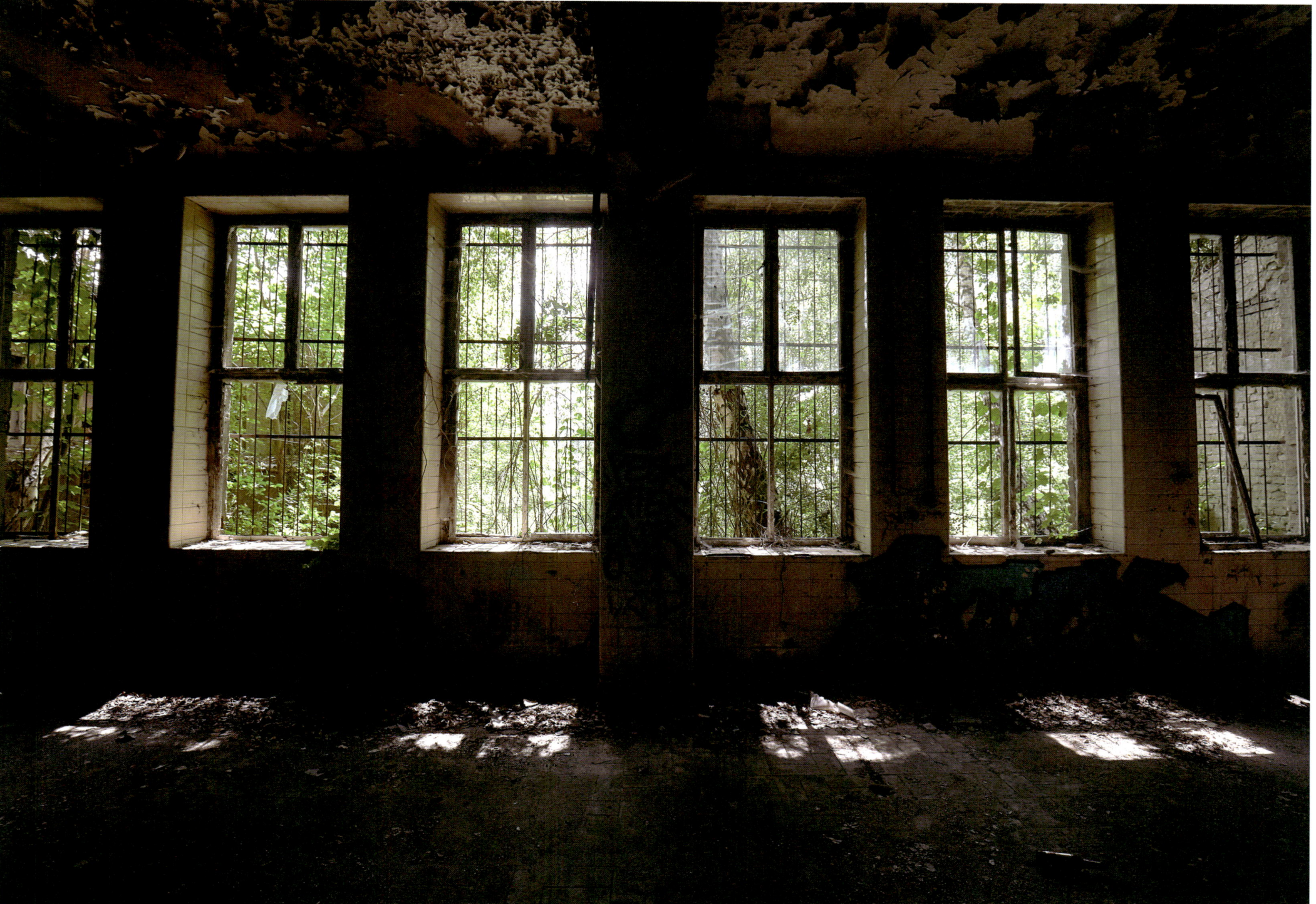

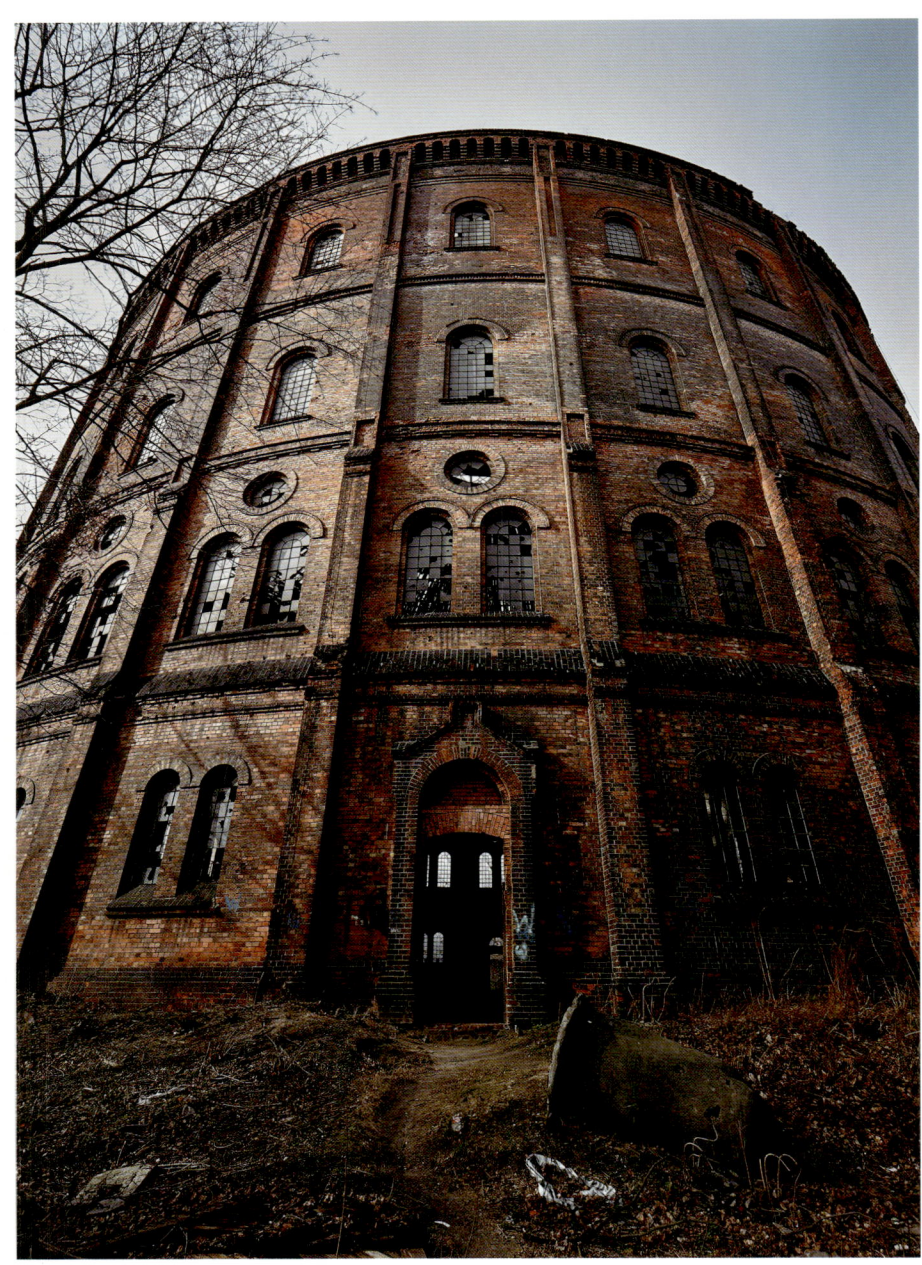

scene 7

ガスタンク
Gas Plant

［ポーランド・ワルシャワ］

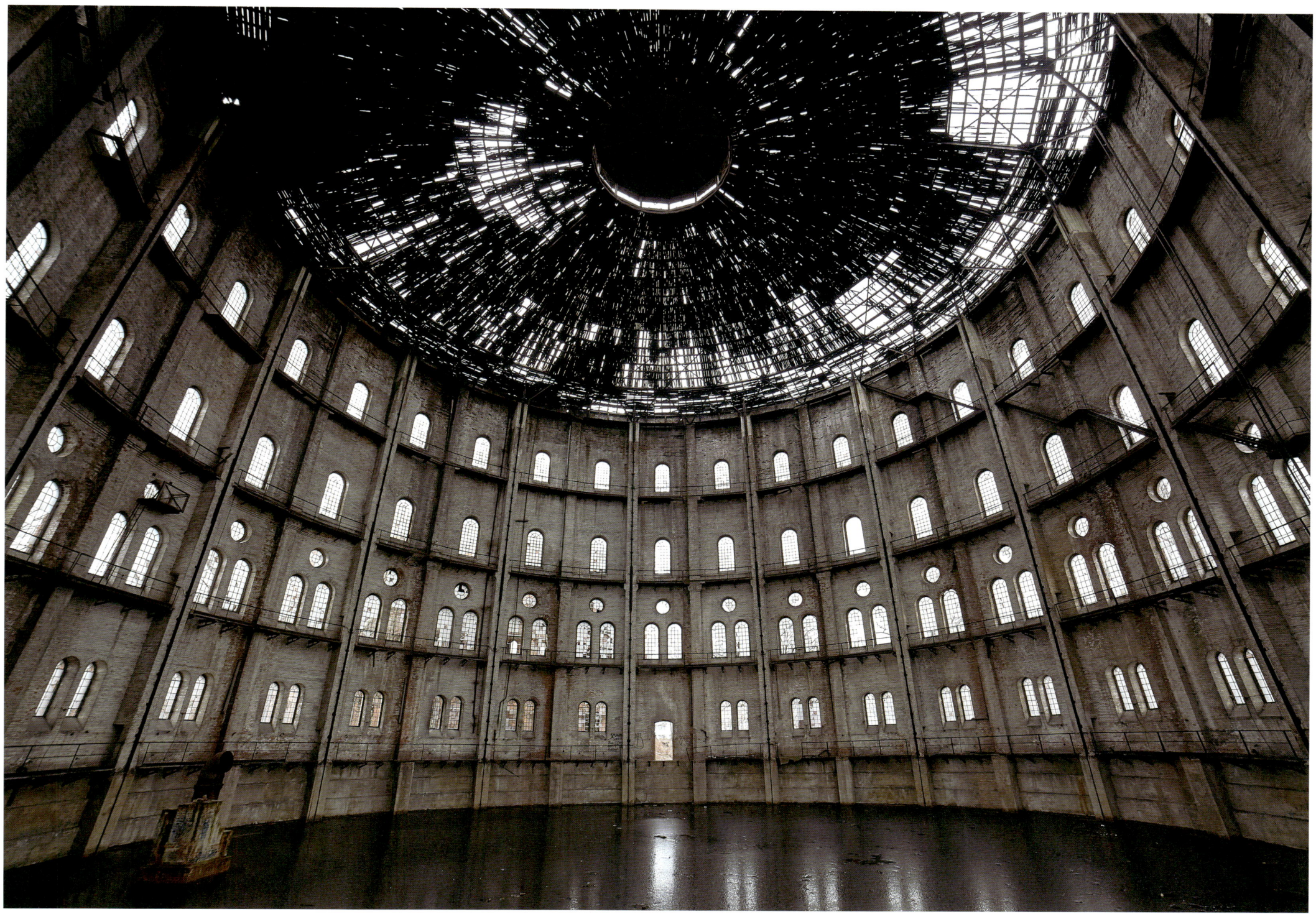

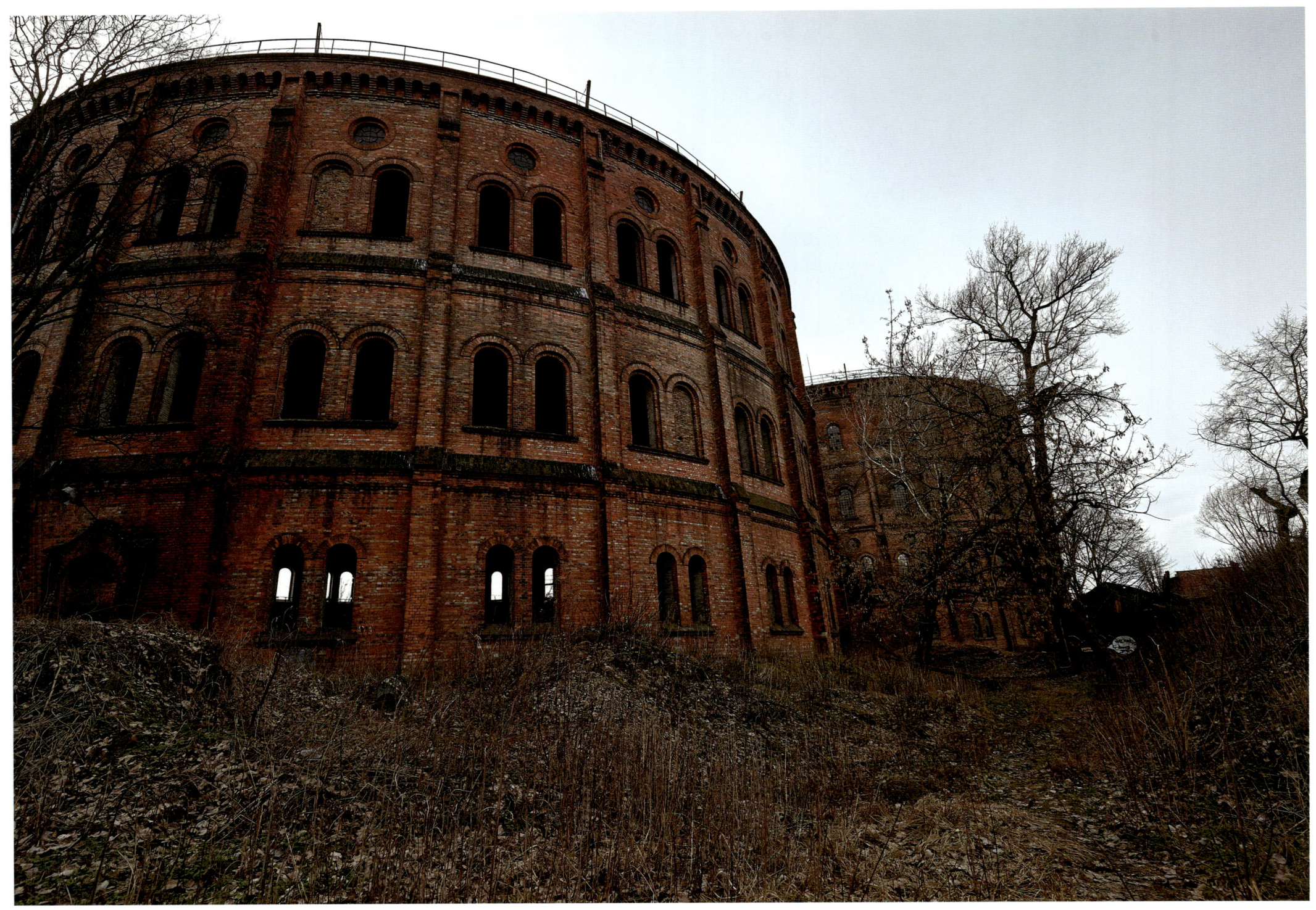

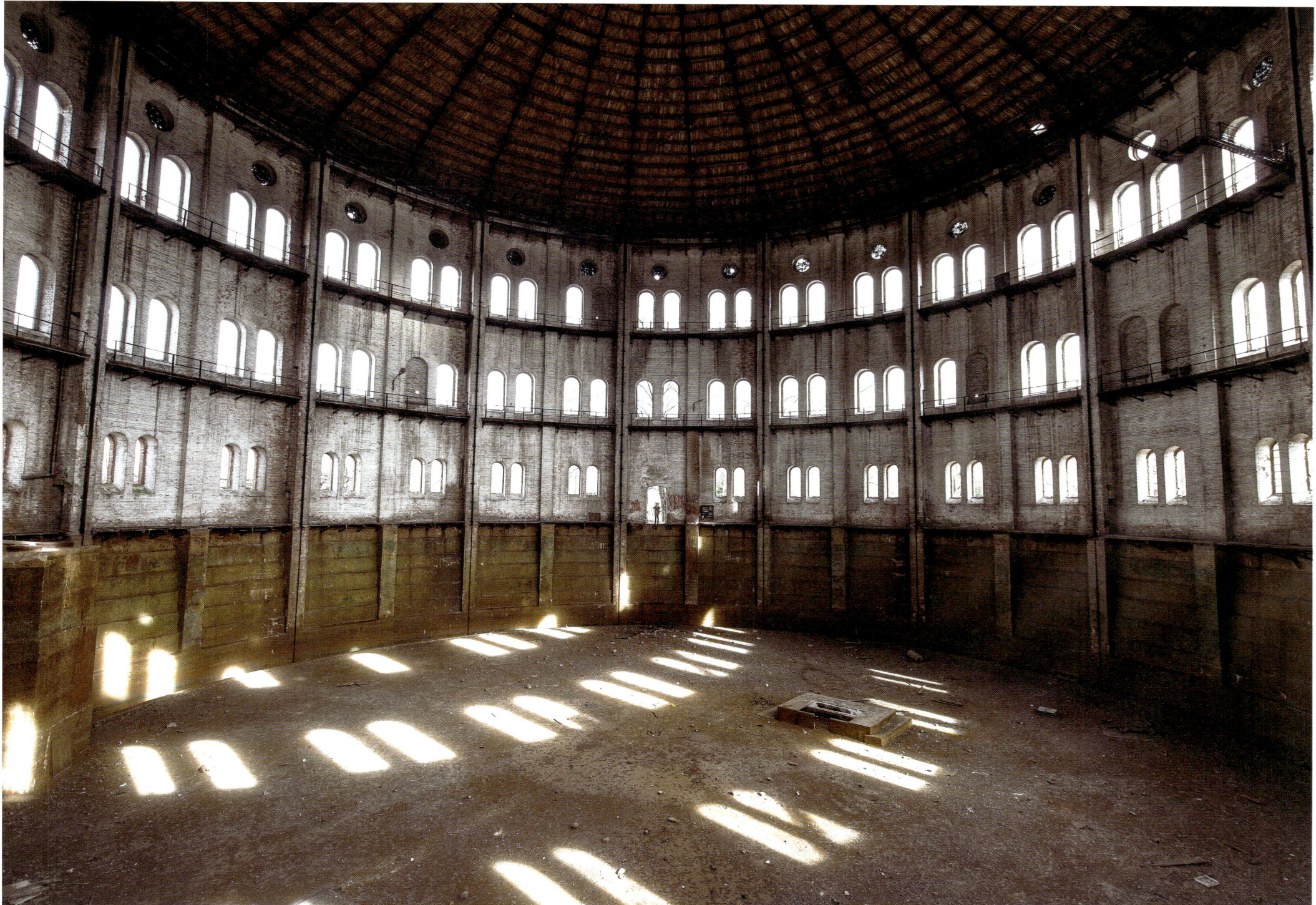

chapter 5

交通——Transportation

たくさんの人々が利用していた交通機関。
鉄道や空港の運輸施設も、廃墟となって放置されている。
施設を建てた労力を考えると、次第に心が重くなる。
大勢の利用客の姿や、
とめどなく運行していた列車や飛行機は、遠い彼方へ。
ひっそりと静まり返った空間が広く続いている

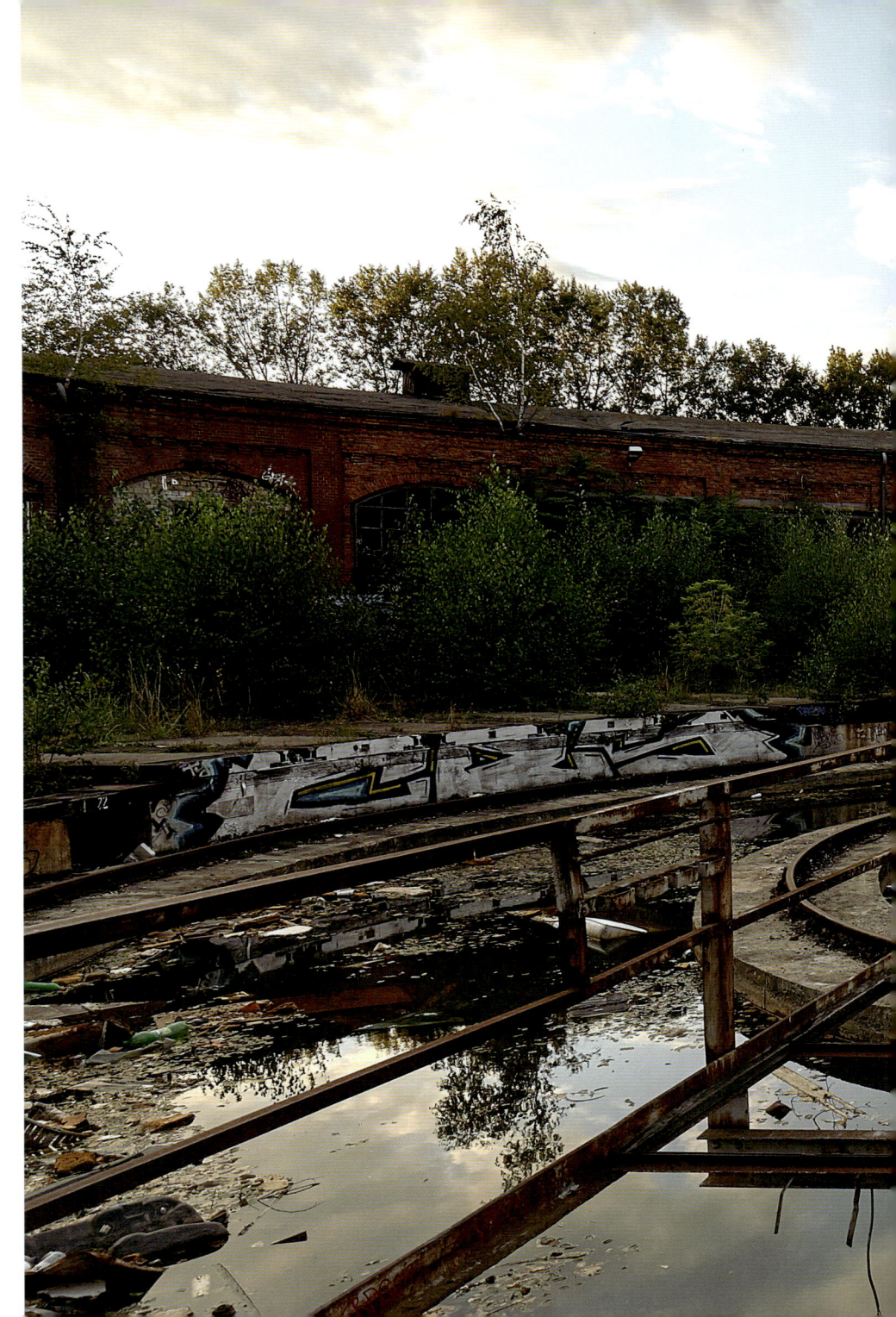

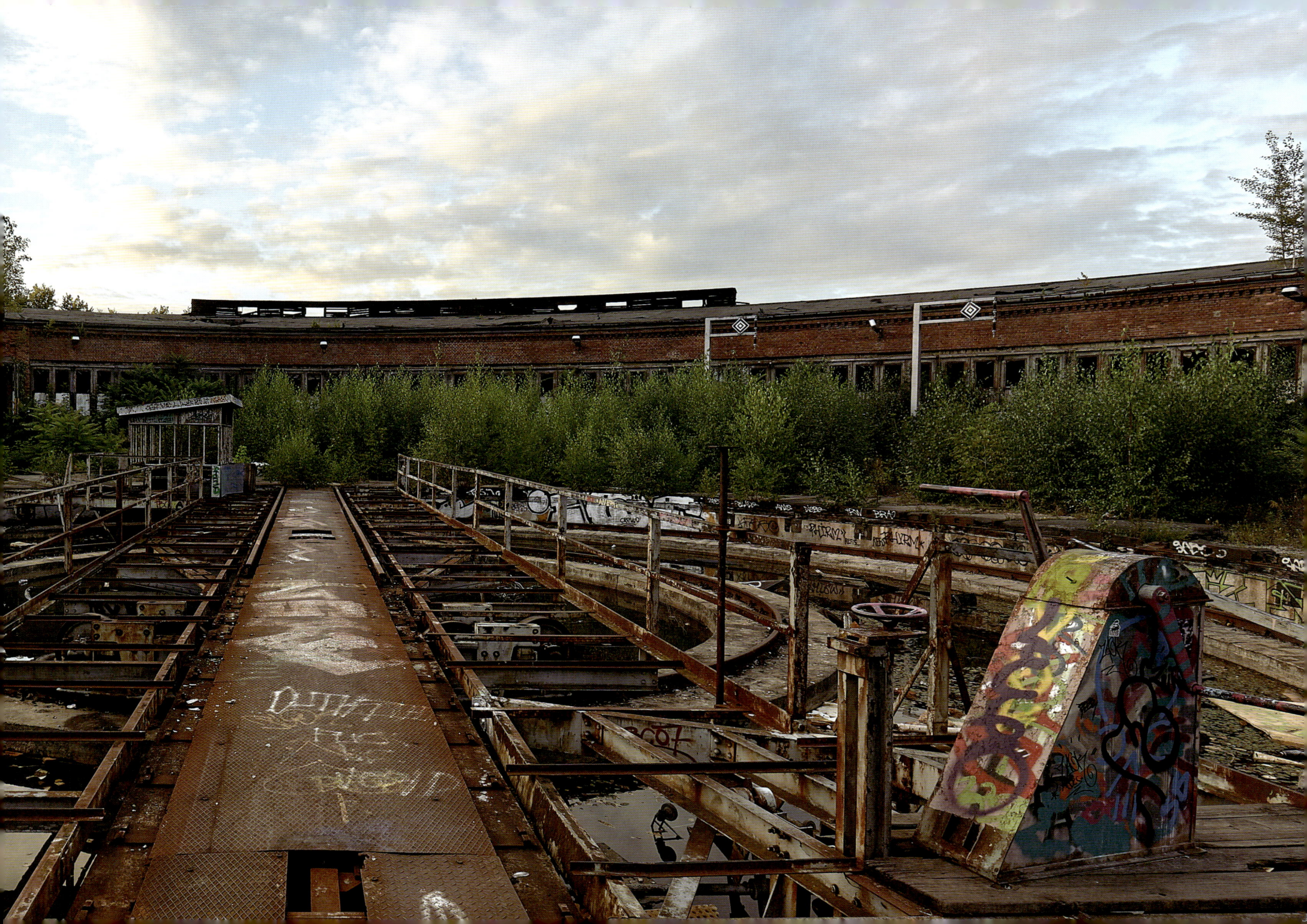

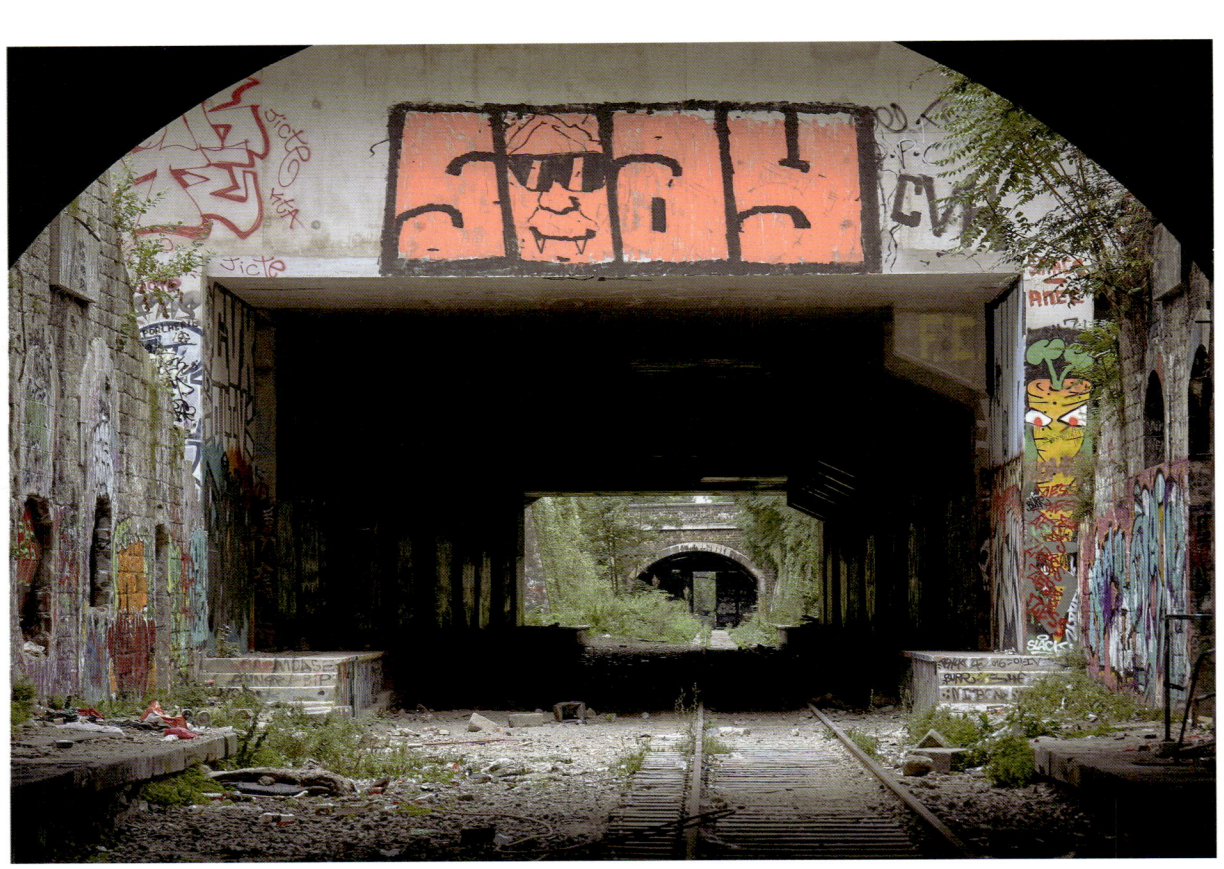

chapter 5

scene 1

パリの廃線
Circle Railway in Paris

［フランス・パリ］

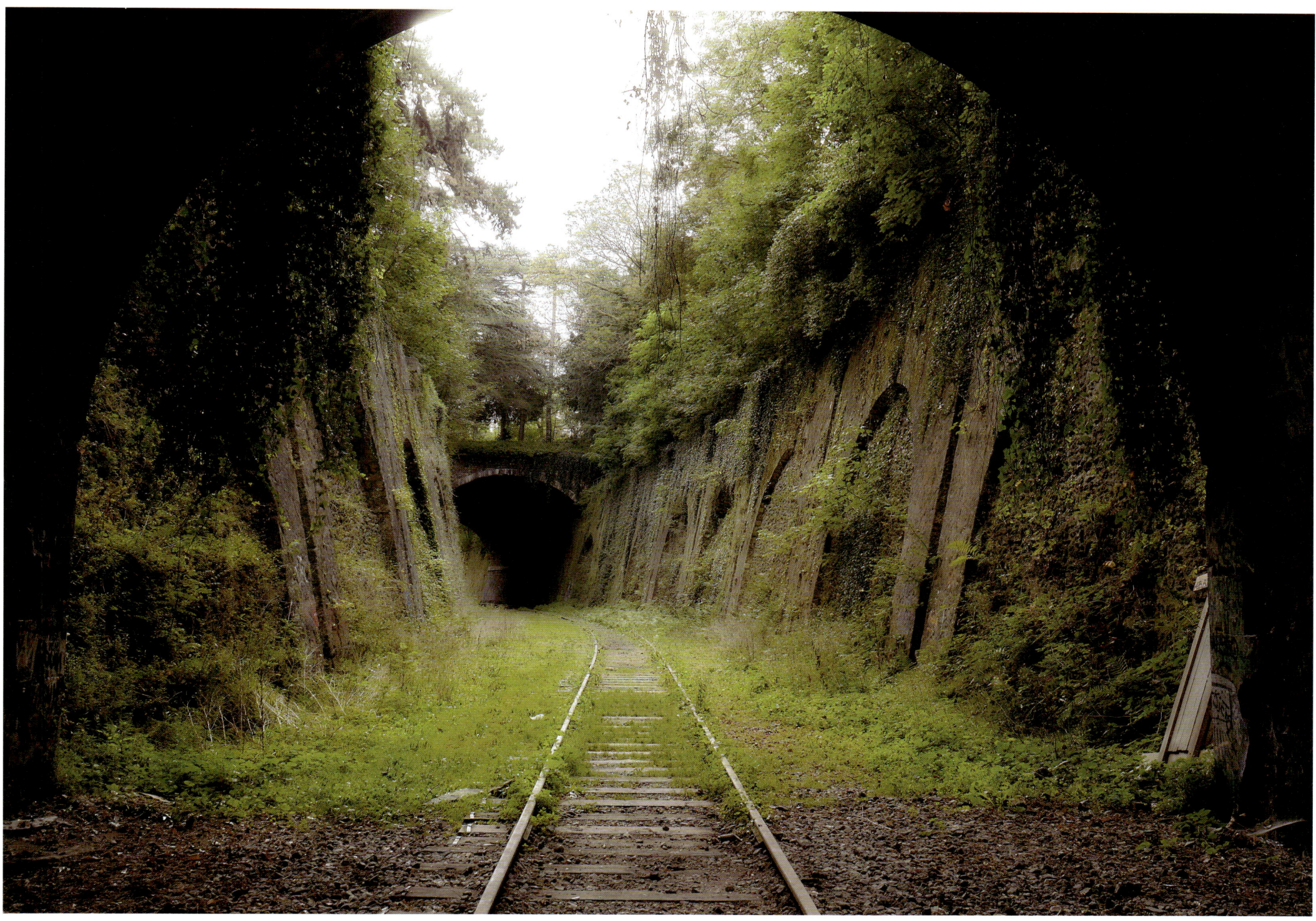

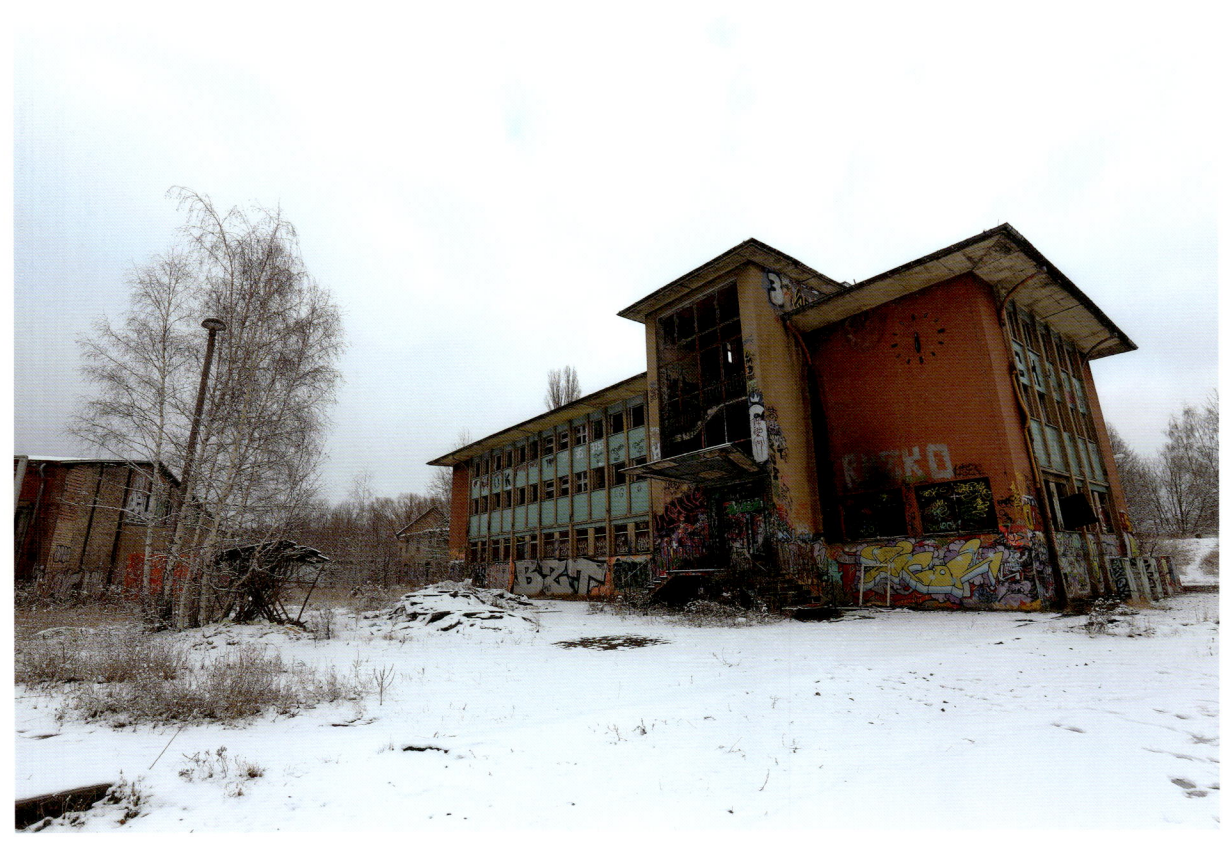

chapter 5

scene 2

パンコー鉄道車庫
Former Railroad Yard and Freight Station in Pankow

［ドイツ・ベルリン］
旧鉄道車庫・貨物列車駅

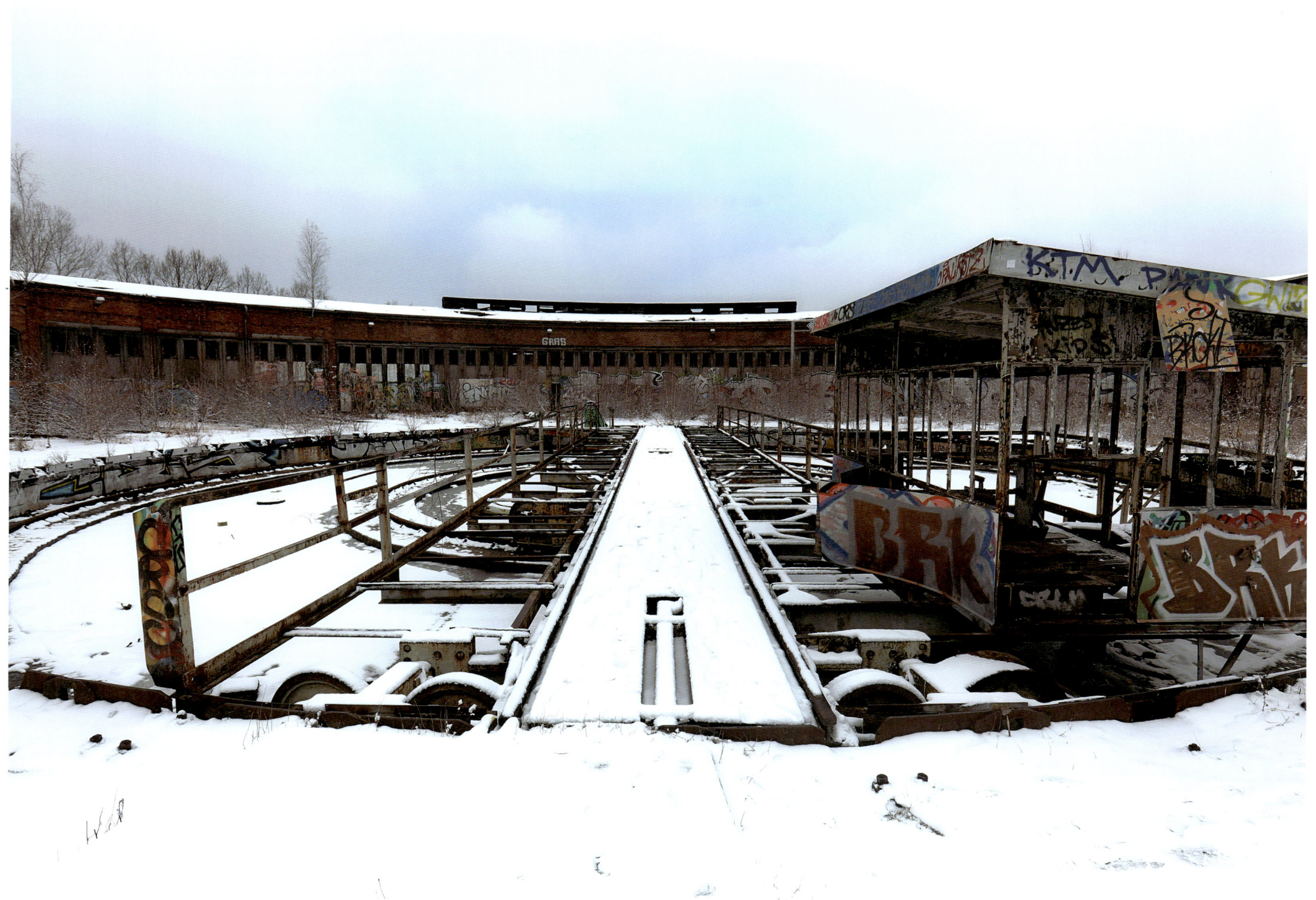

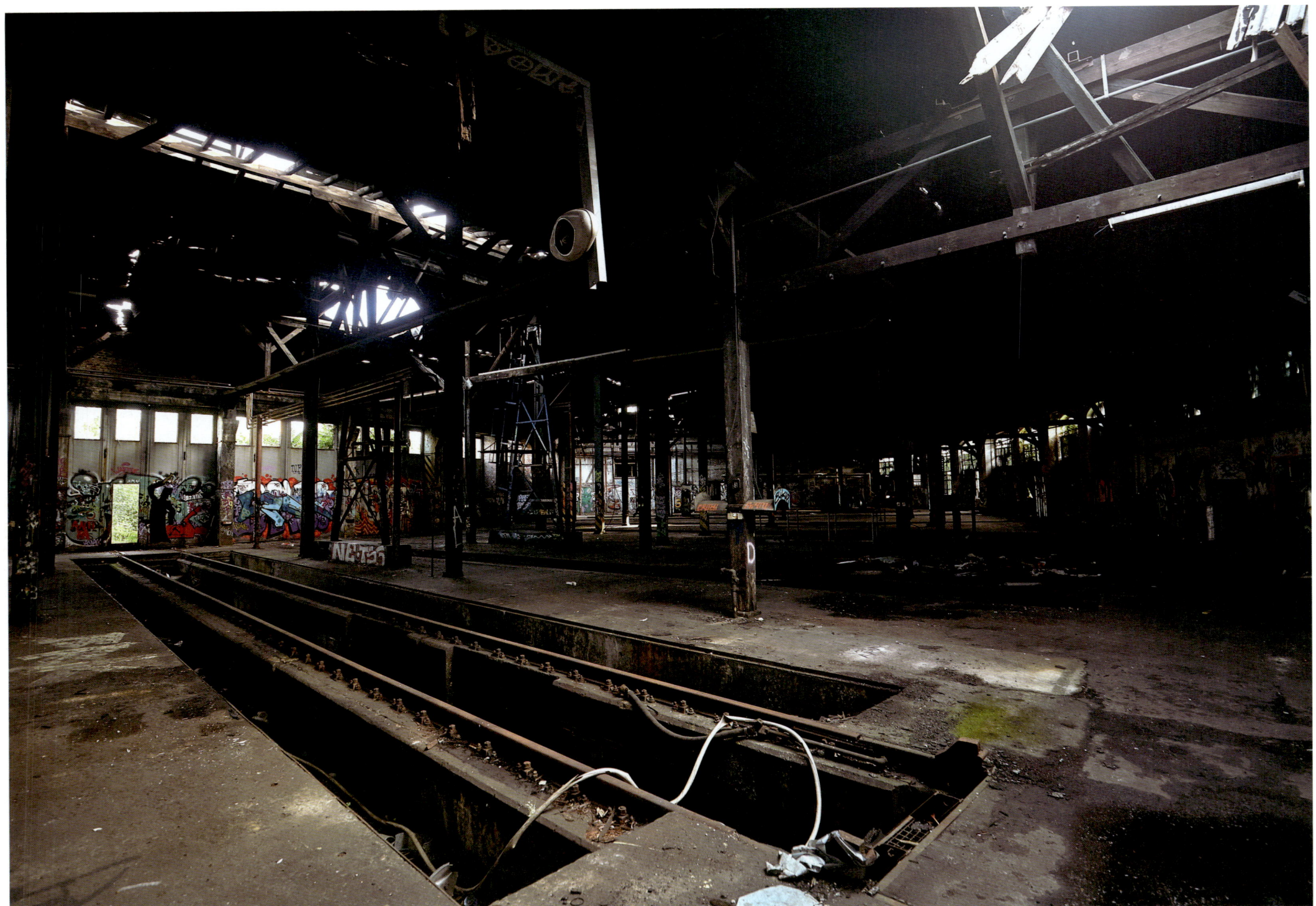

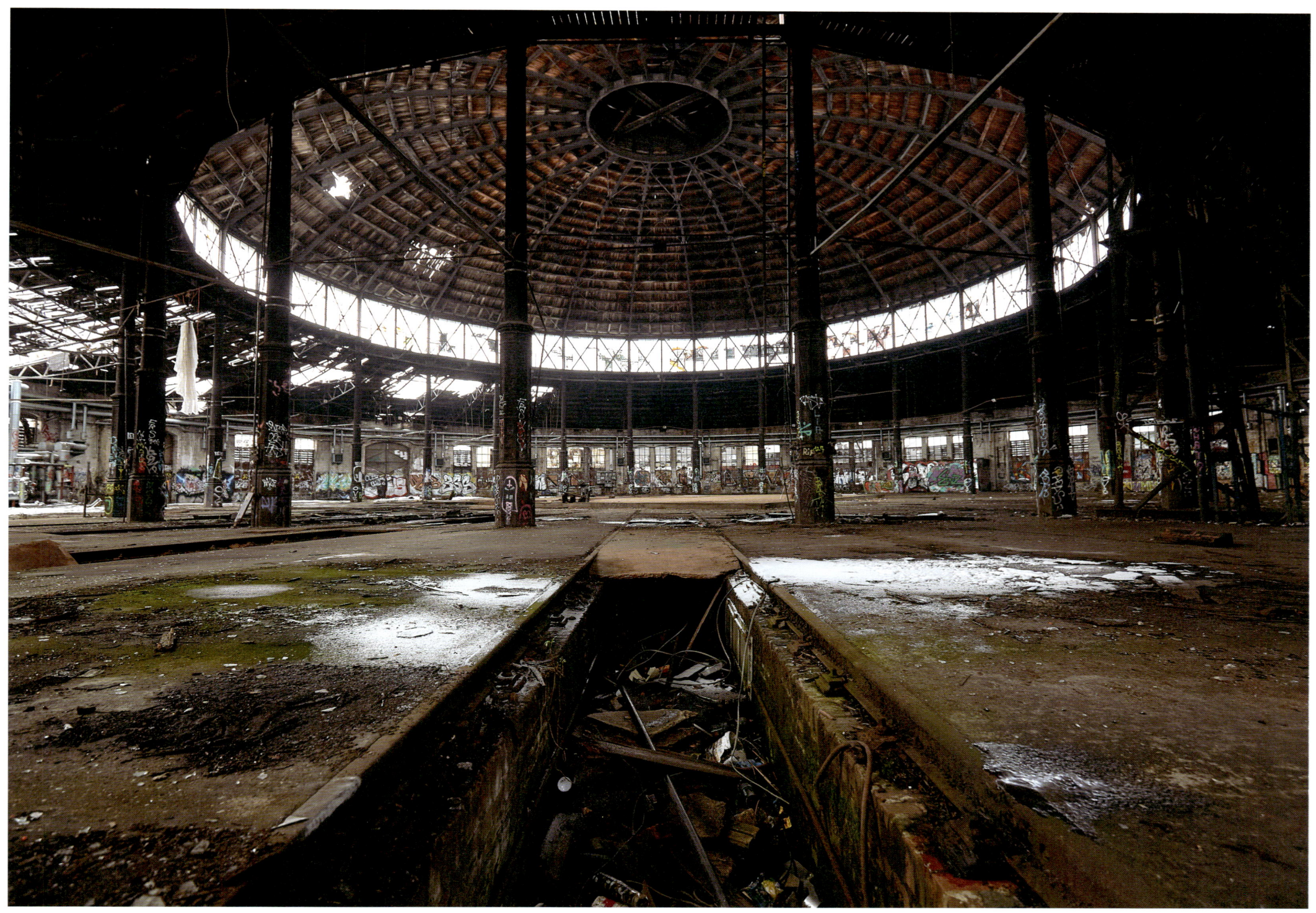

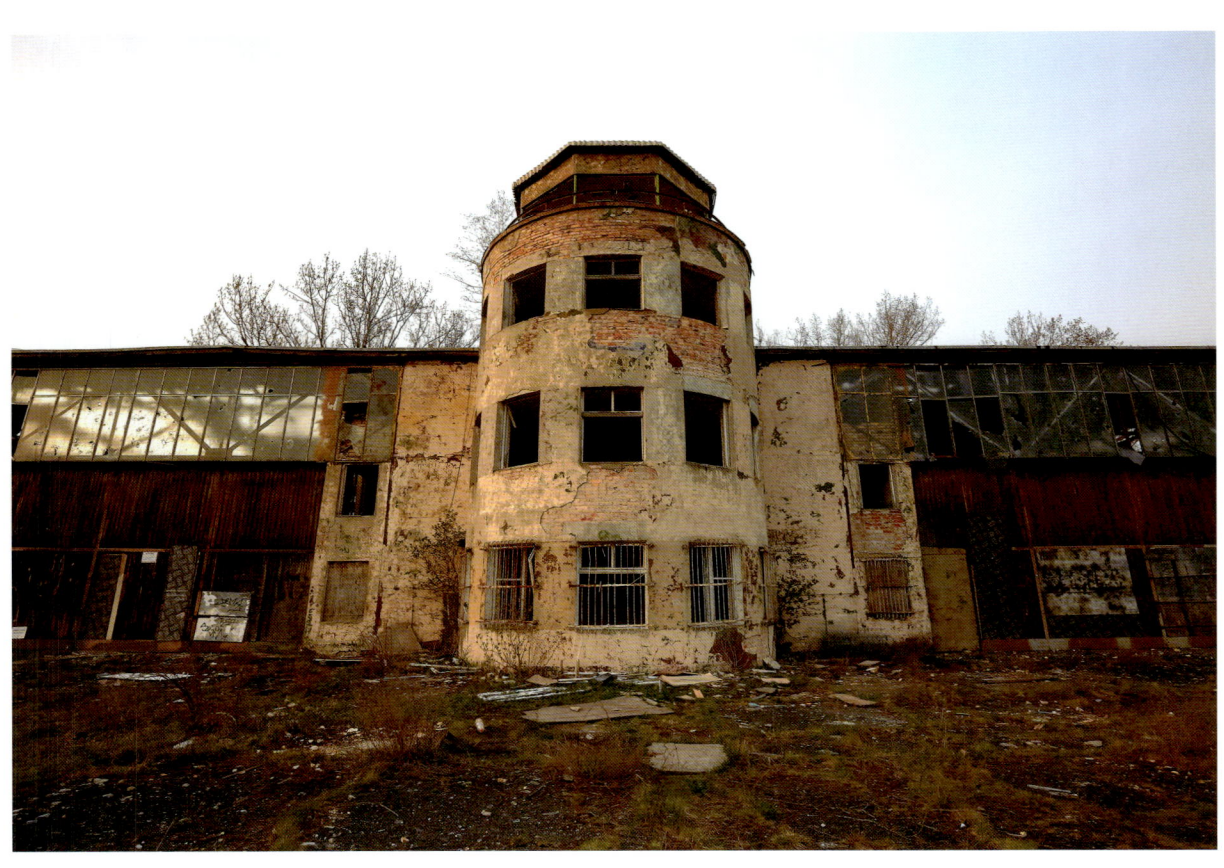

scene3

ラングスドルフ飛行場

Rangsdorf Airfield

［ドイツ・ベルリン］

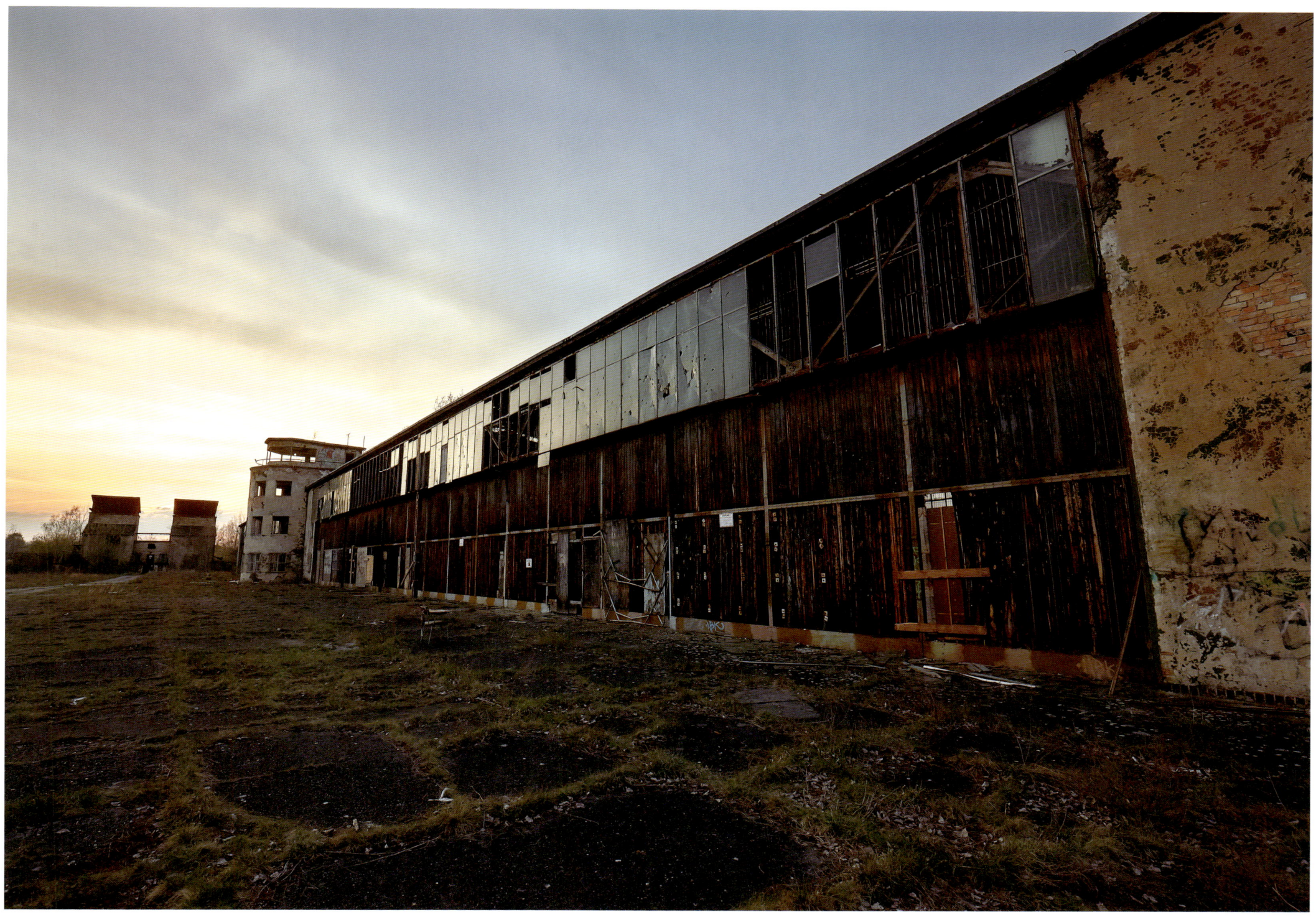

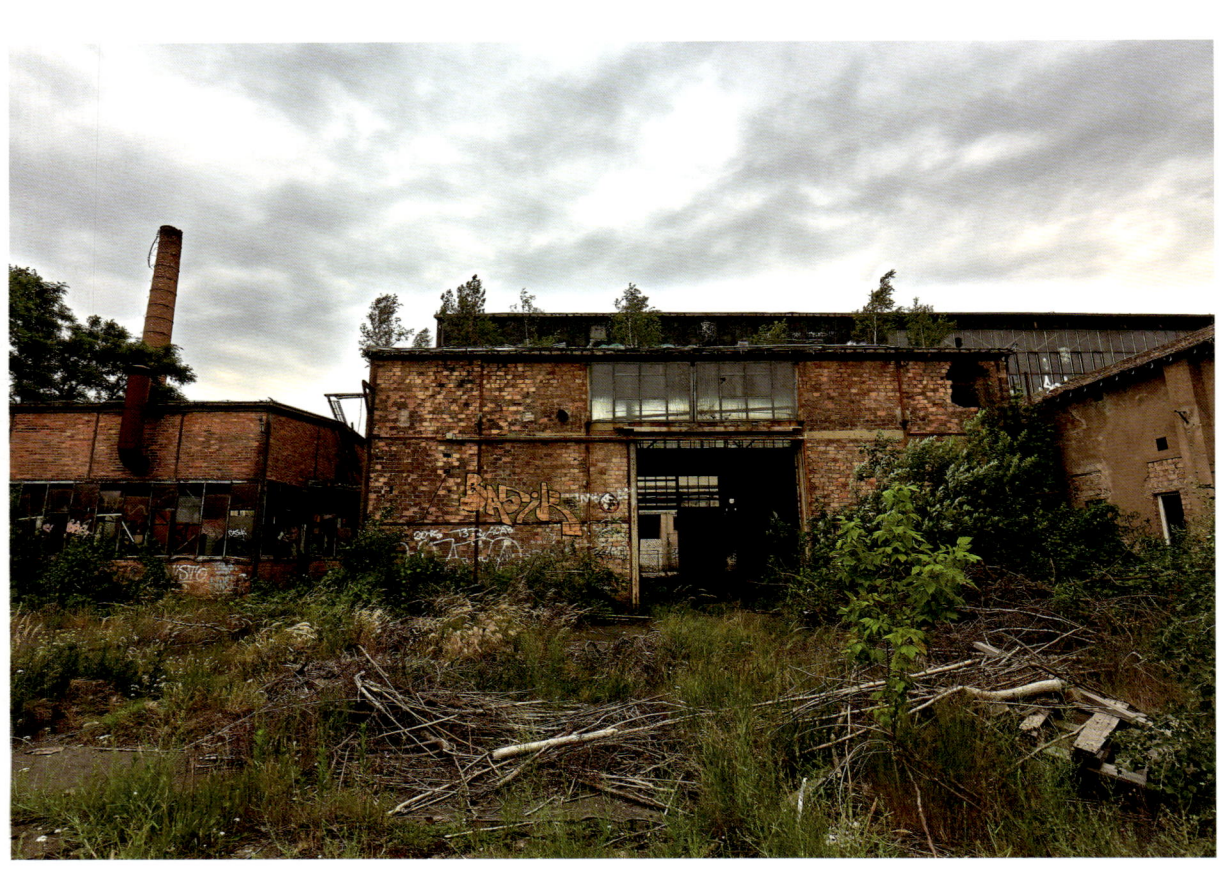

scene 4

ヨハニスタール飛行場
Johannisthal Airfield

［ドイツ・ベルリン］
世界で二番目に古い飛行場

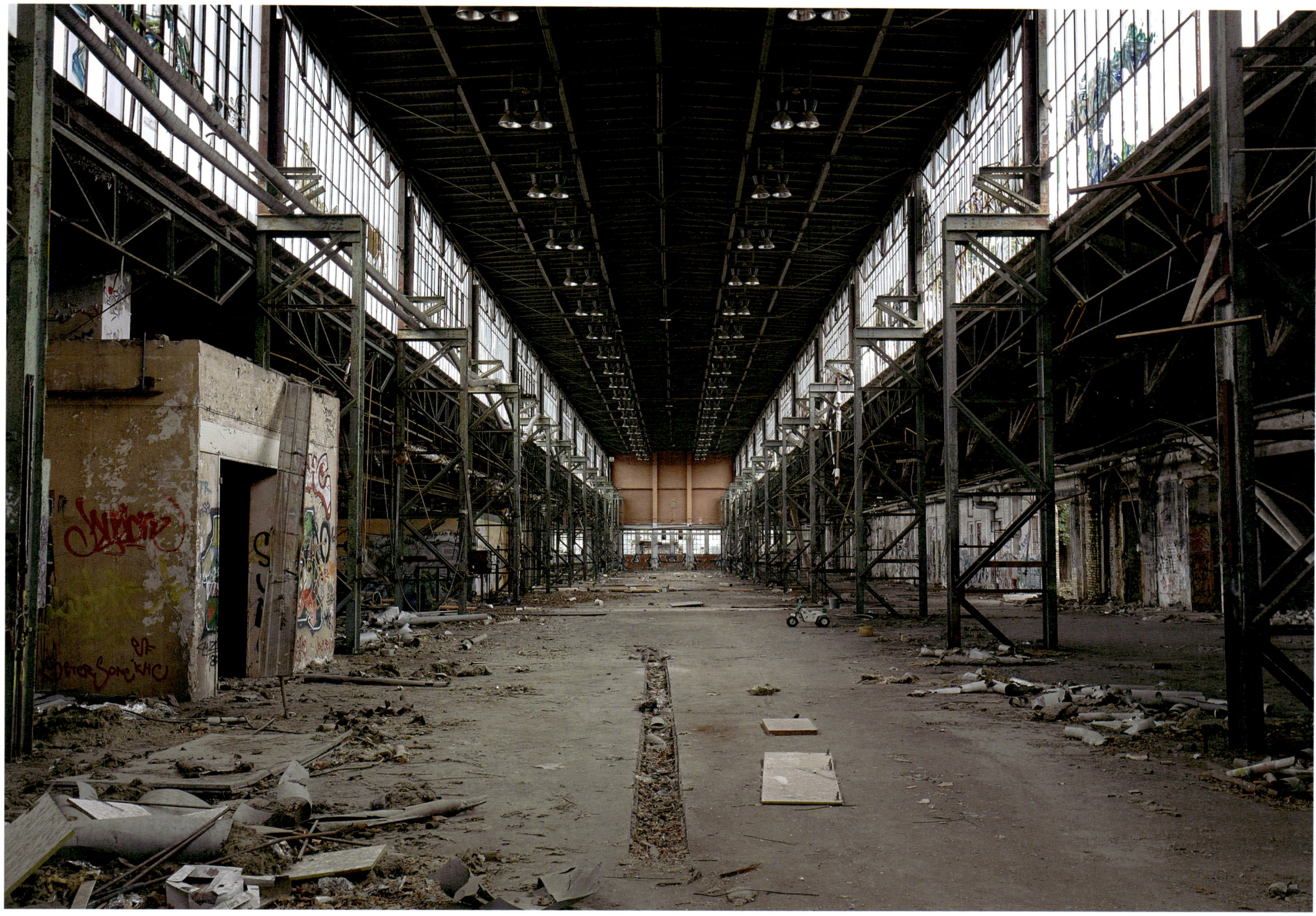

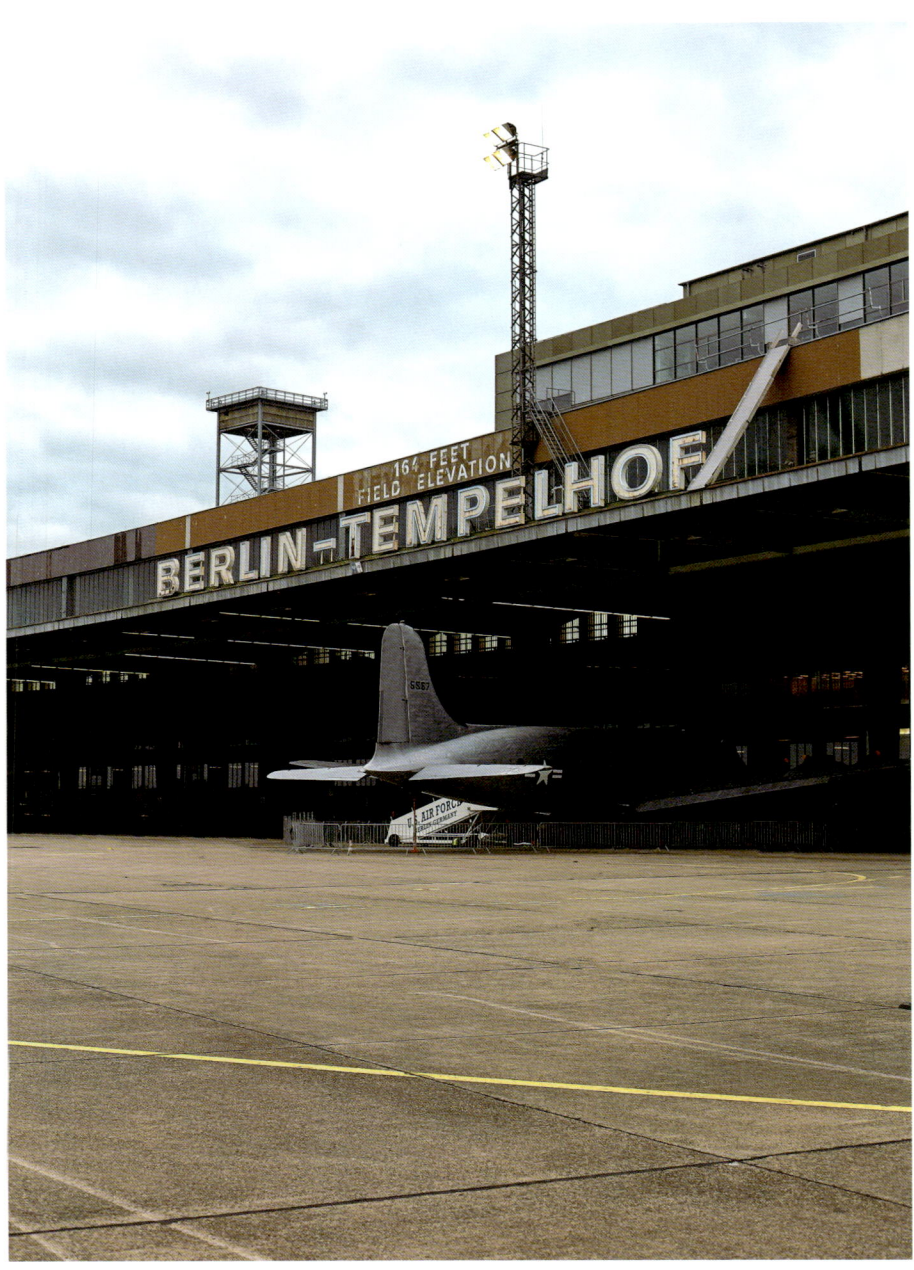

scene 5

テンペルホーフ空港

Tempelhof Airport

［ドイツ・ベルリン］

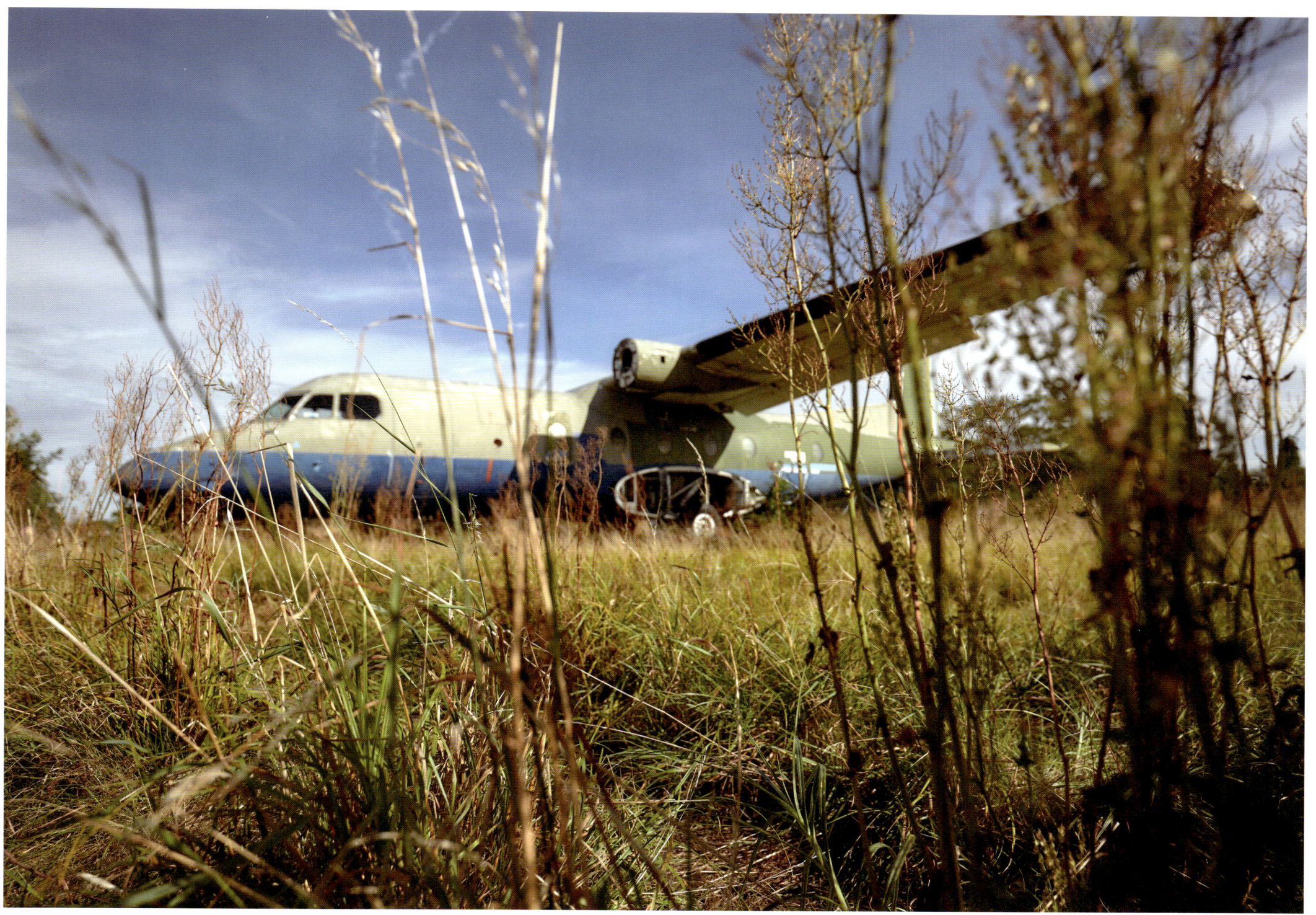

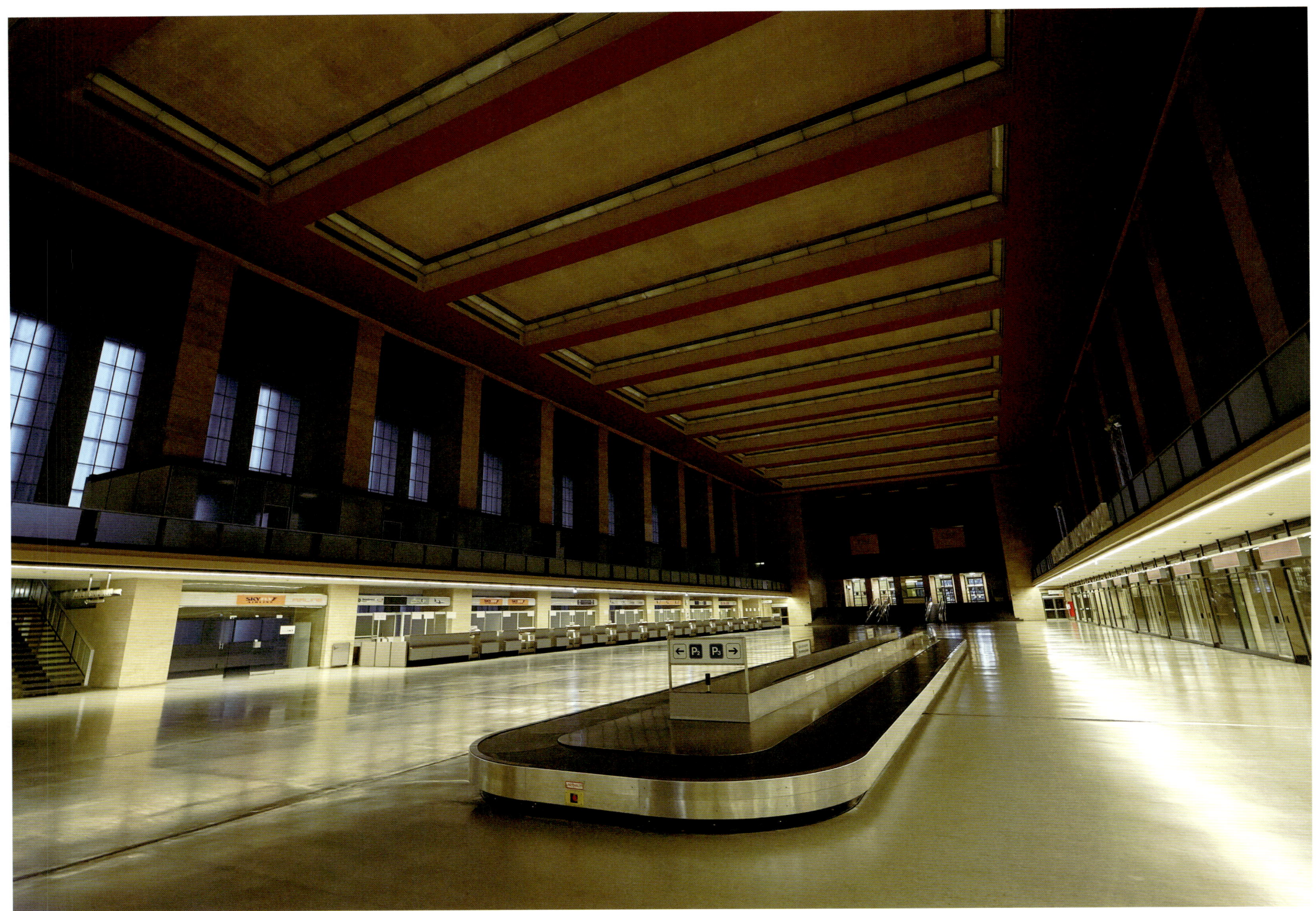

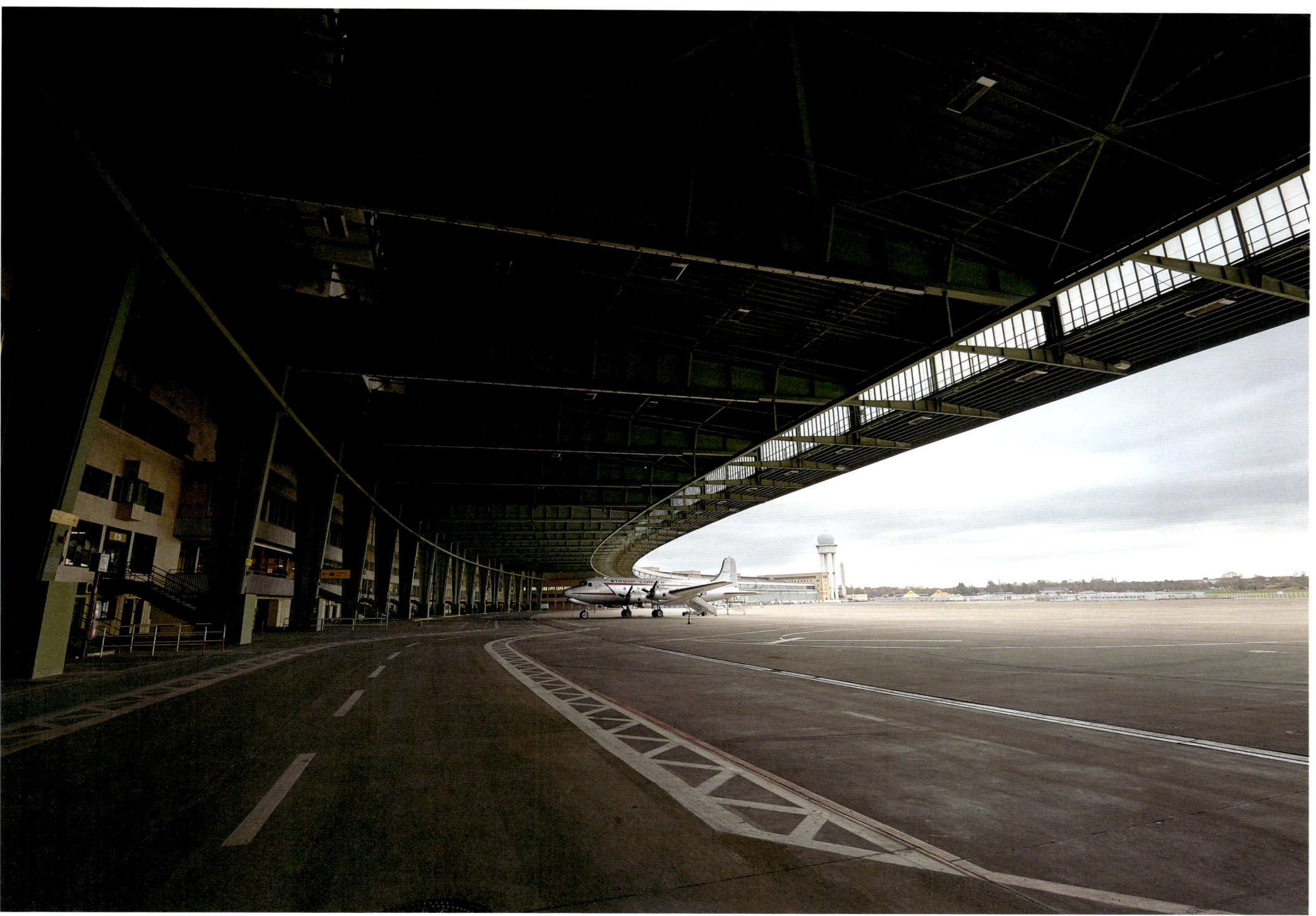

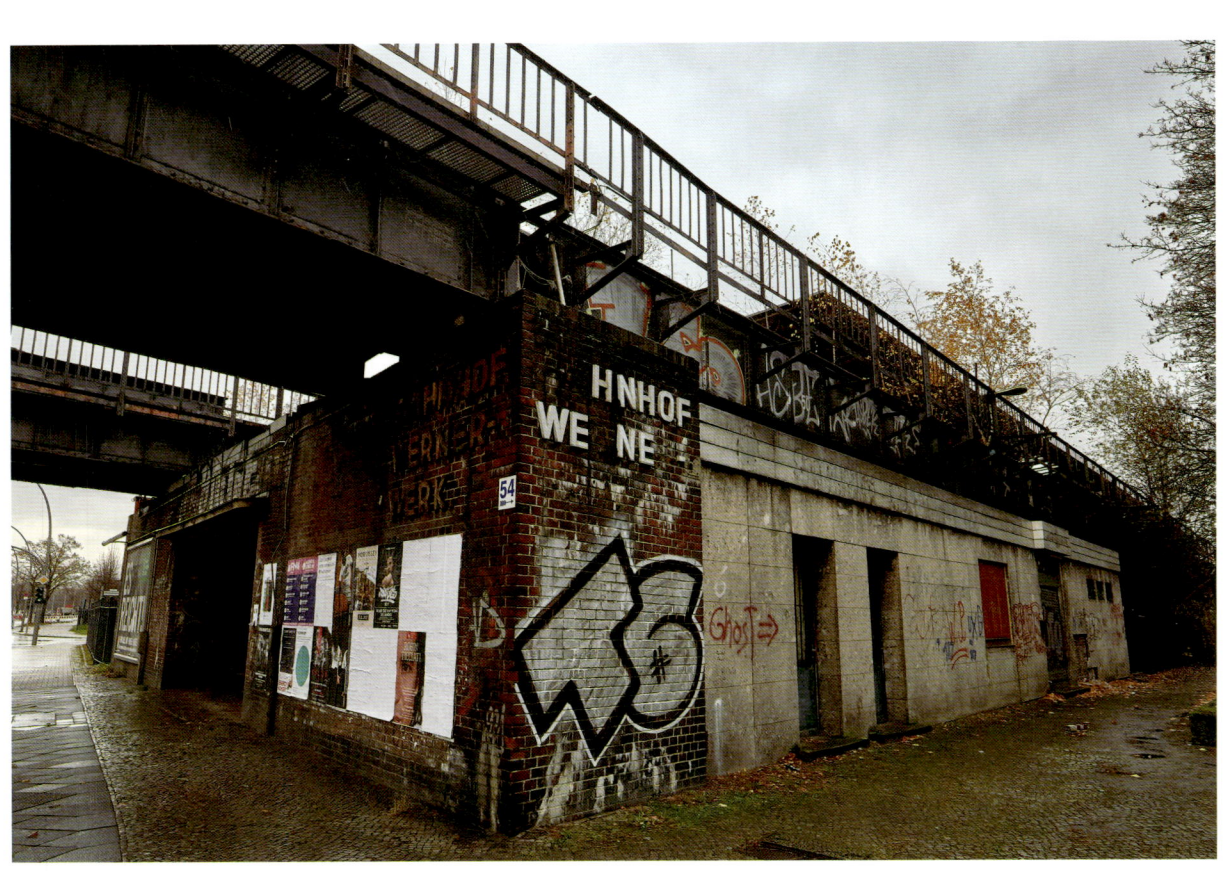

scene 6

ジーメンス線
Siemens Line

［ドイツ・ベルリン］

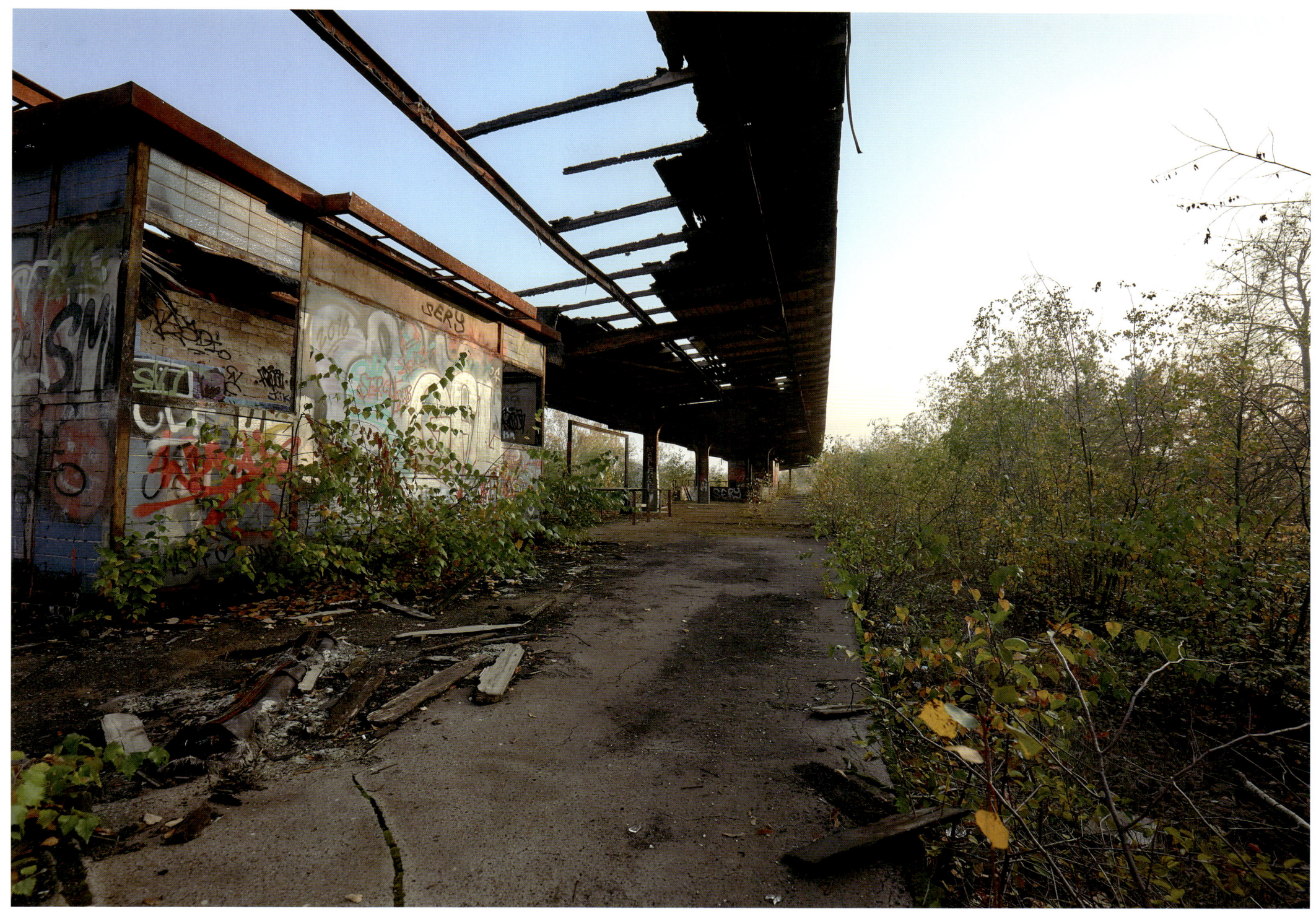

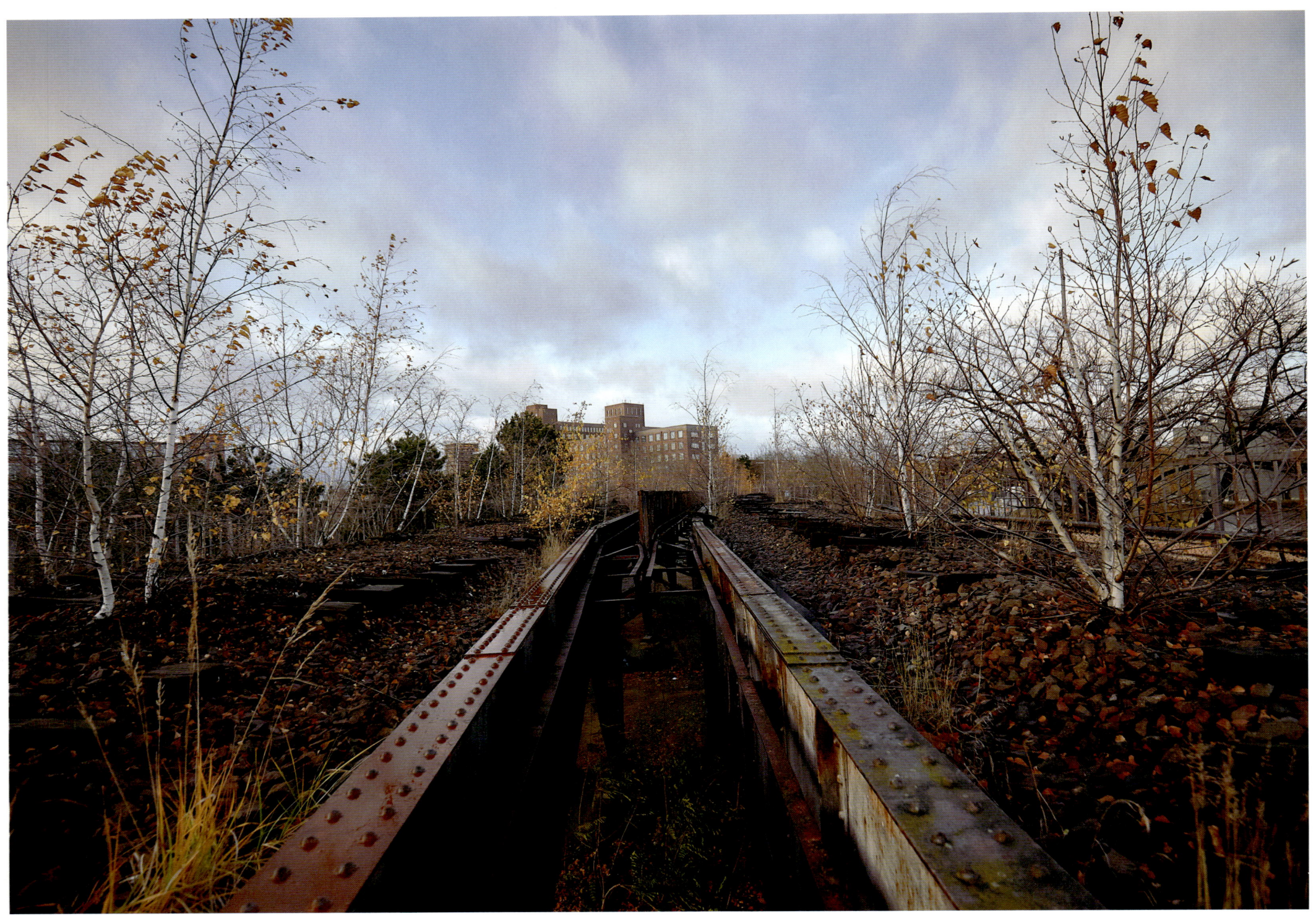

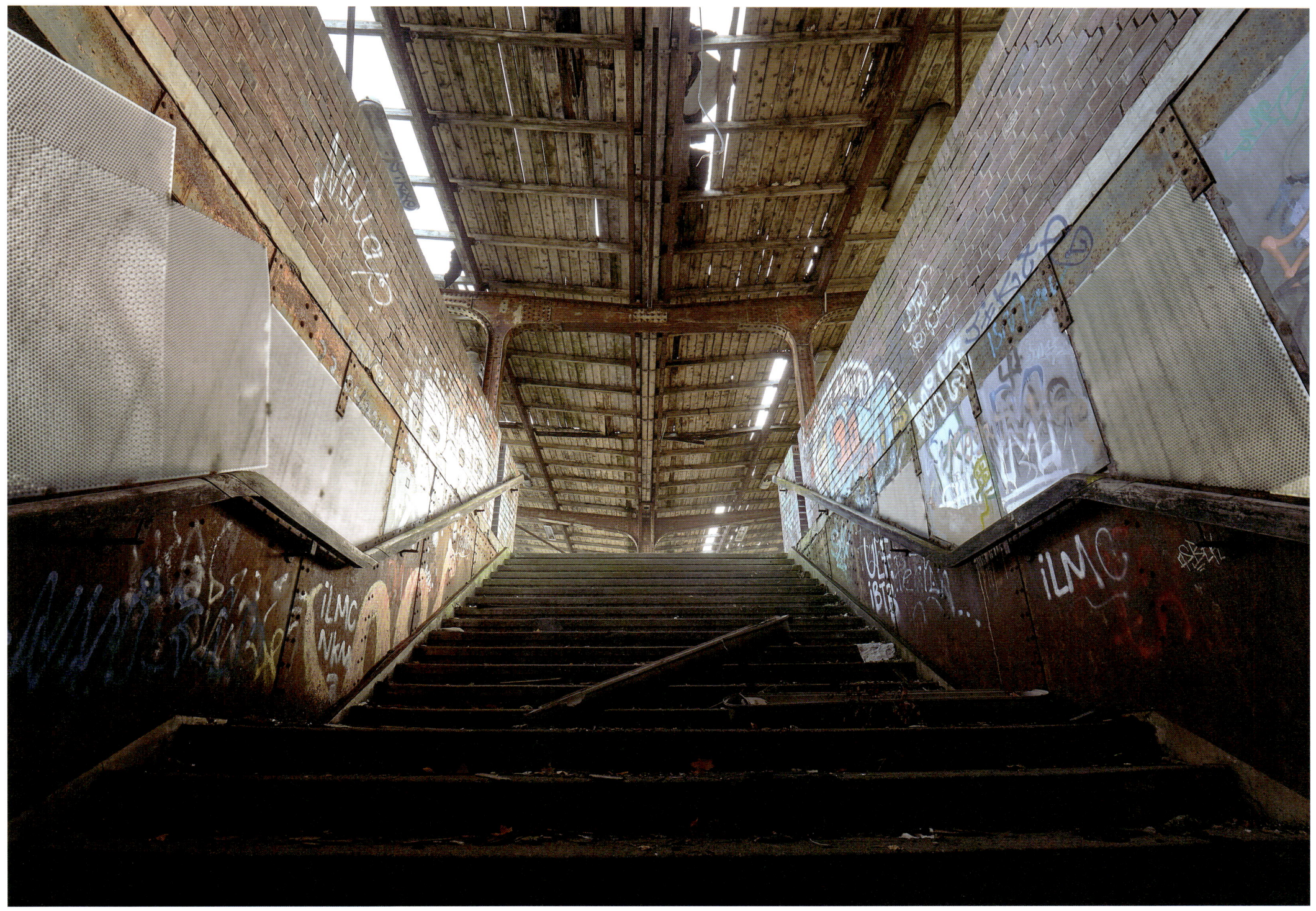

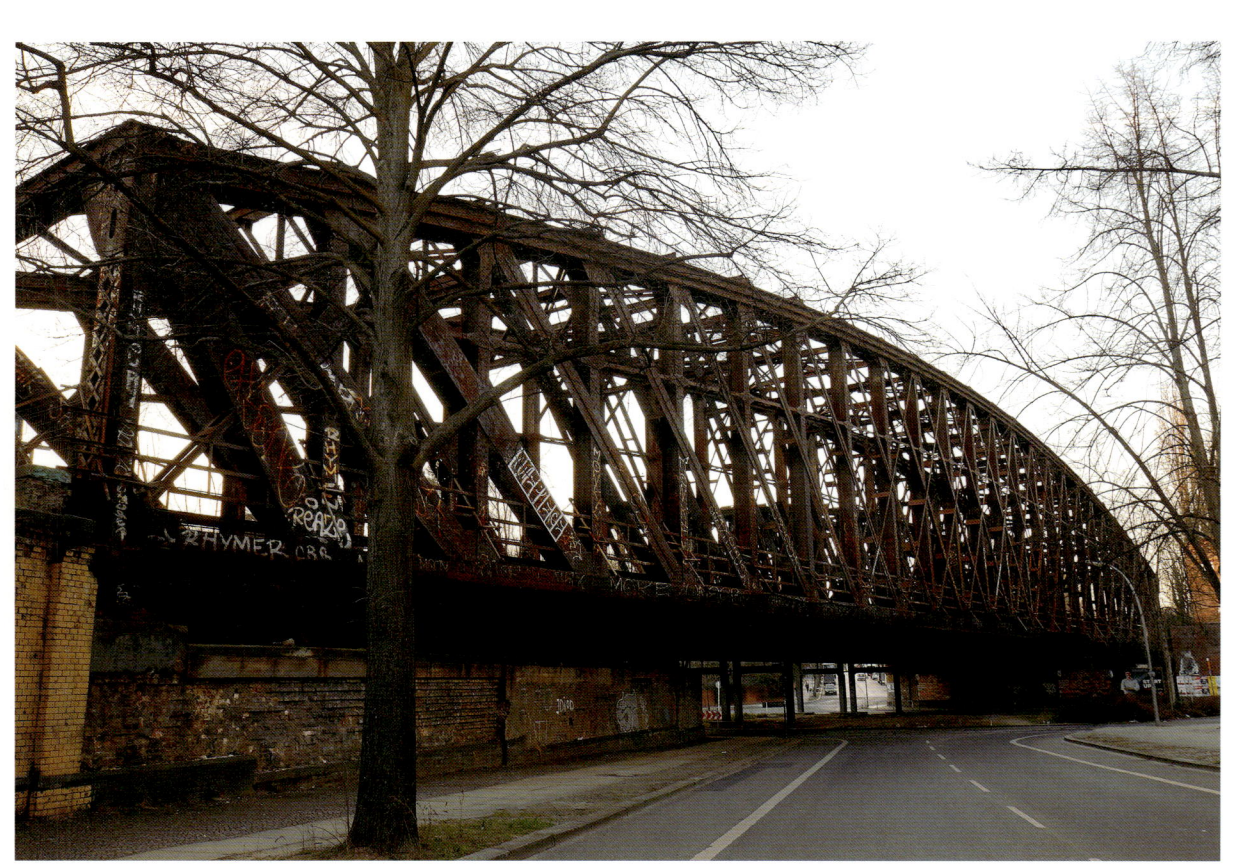

scene 7

リーゼン橋
Liesen Bridge

［ドイツ・ベルリン］

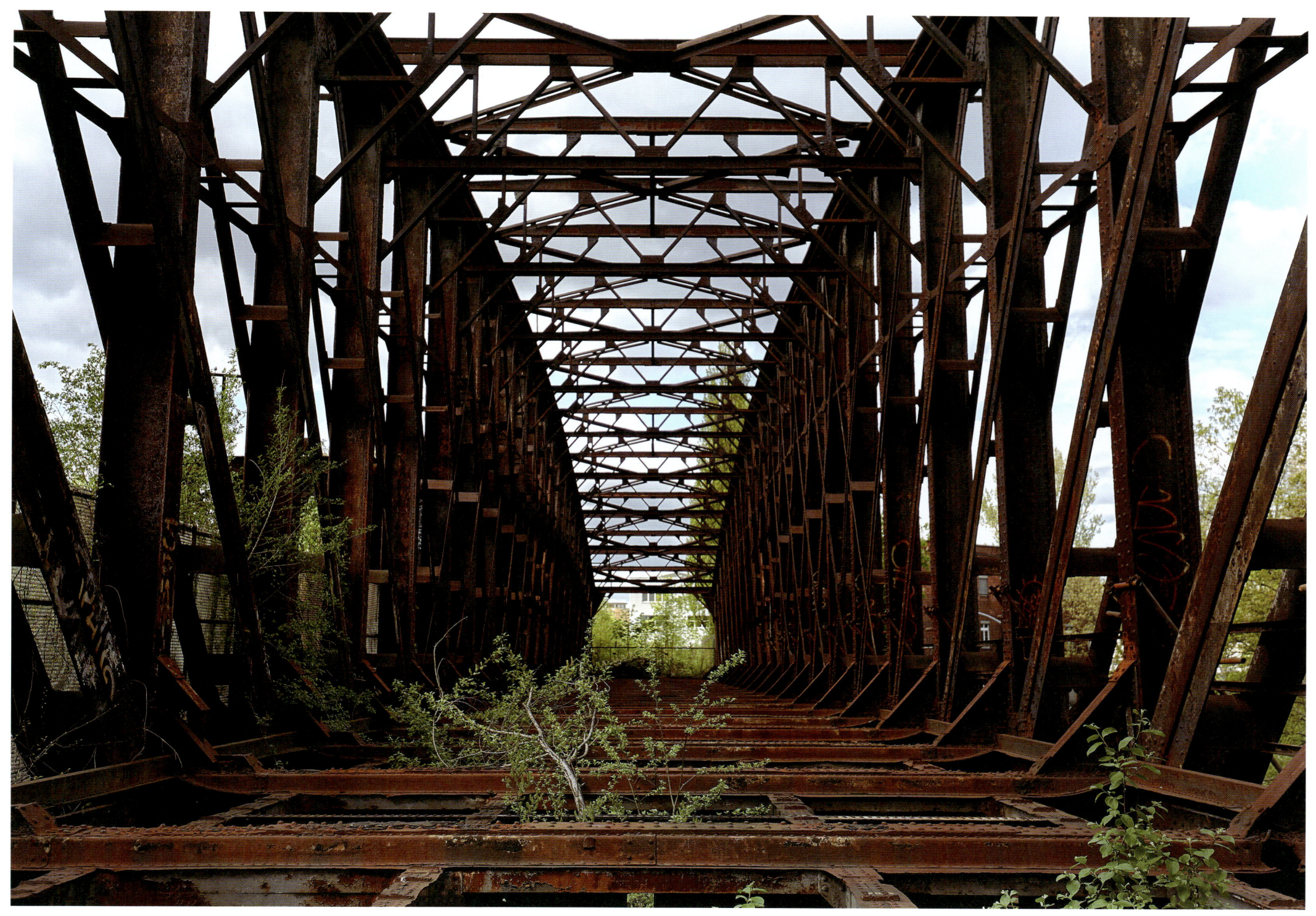

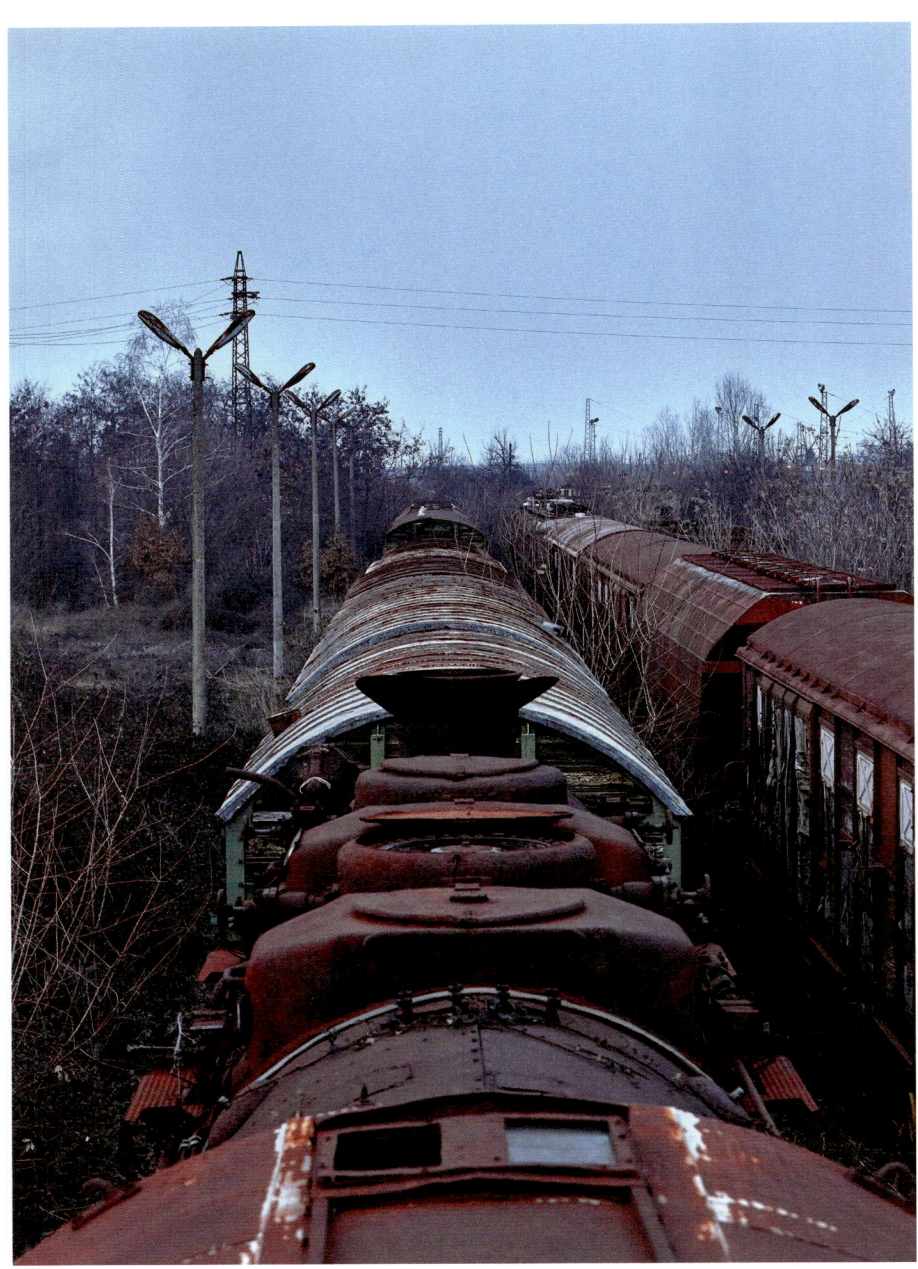

scene 8

機関車の墓場

Locomotive Trains Graveyard

［ブルガリア共和国・カロヤノヴェッツ］

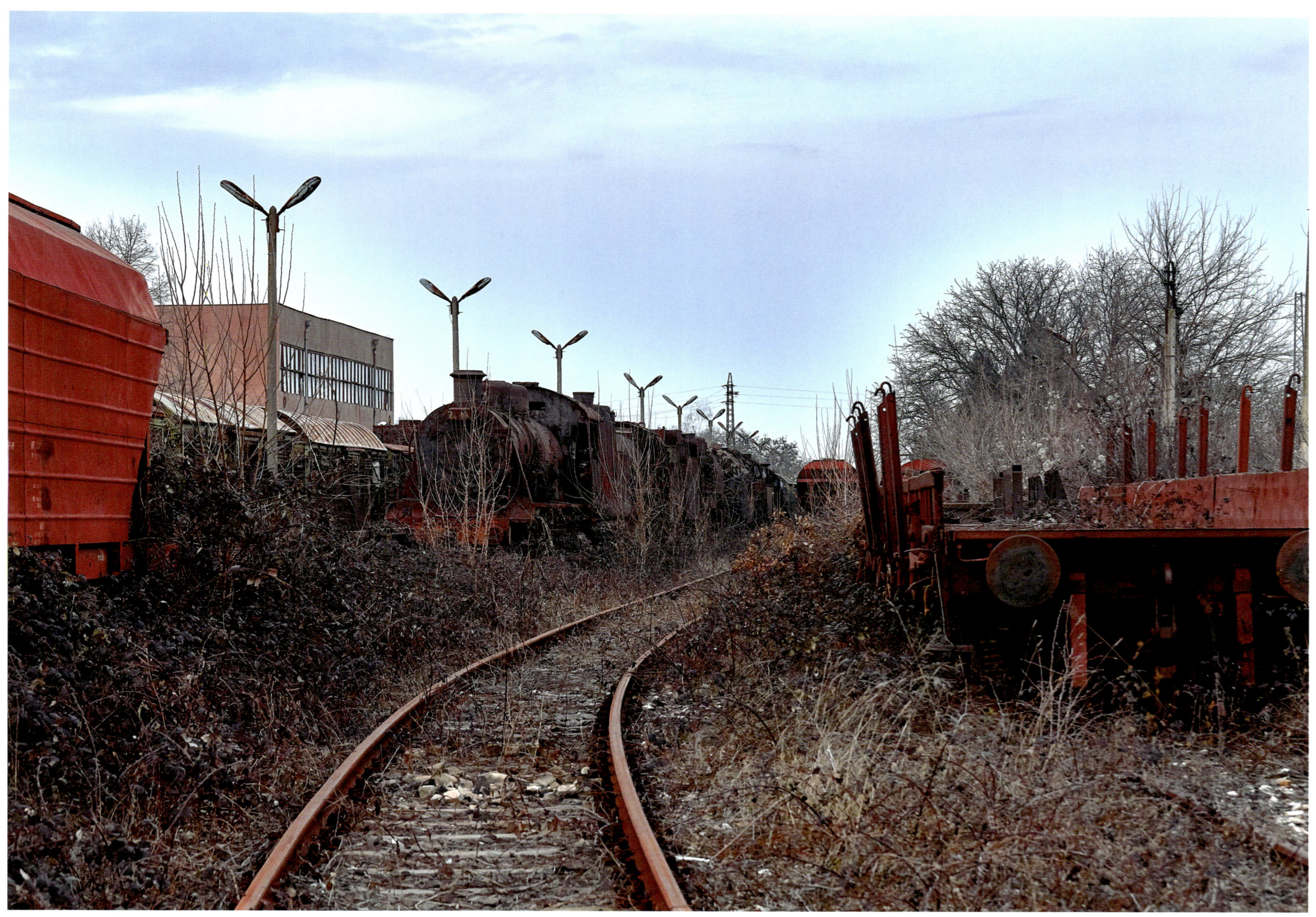

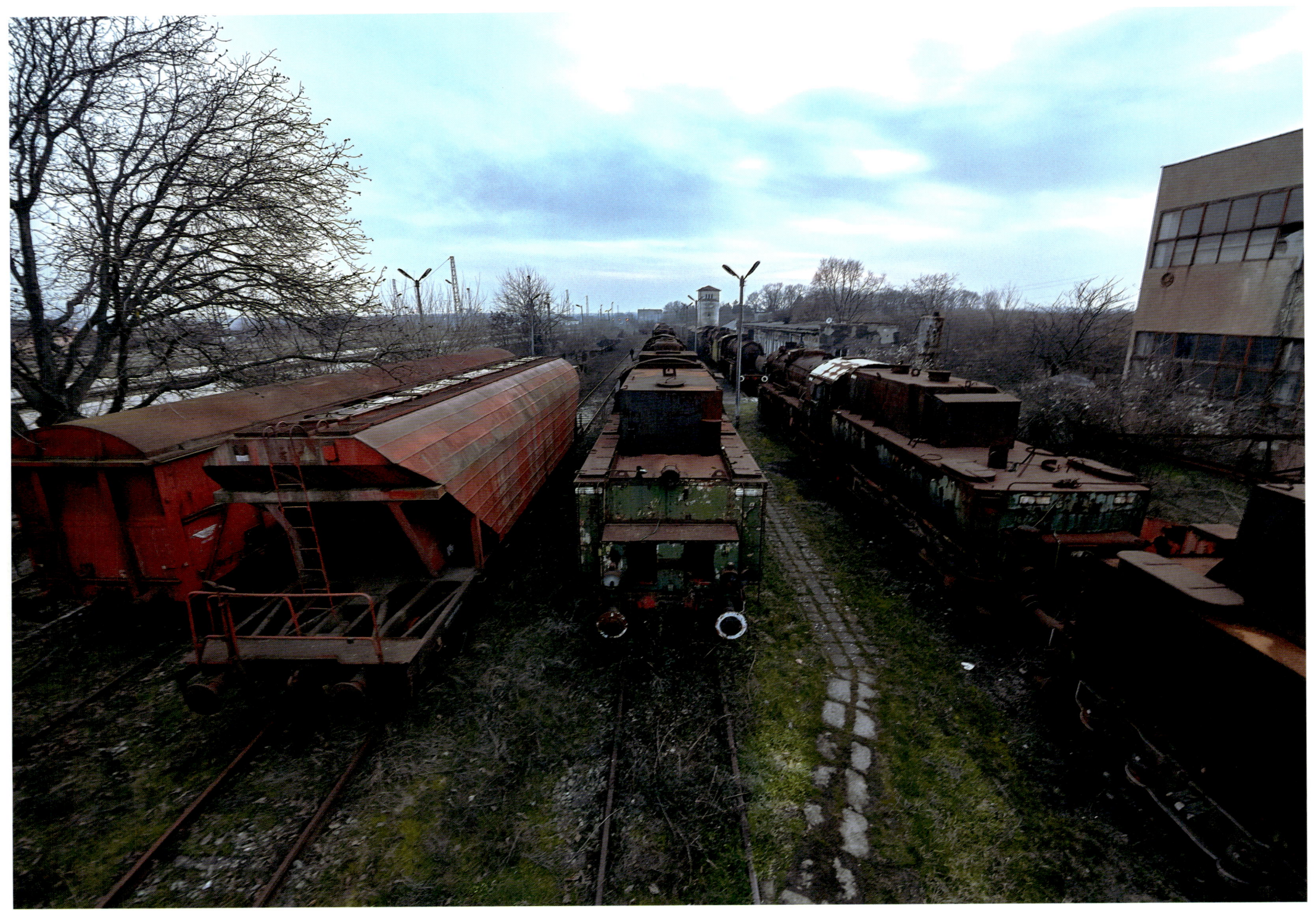

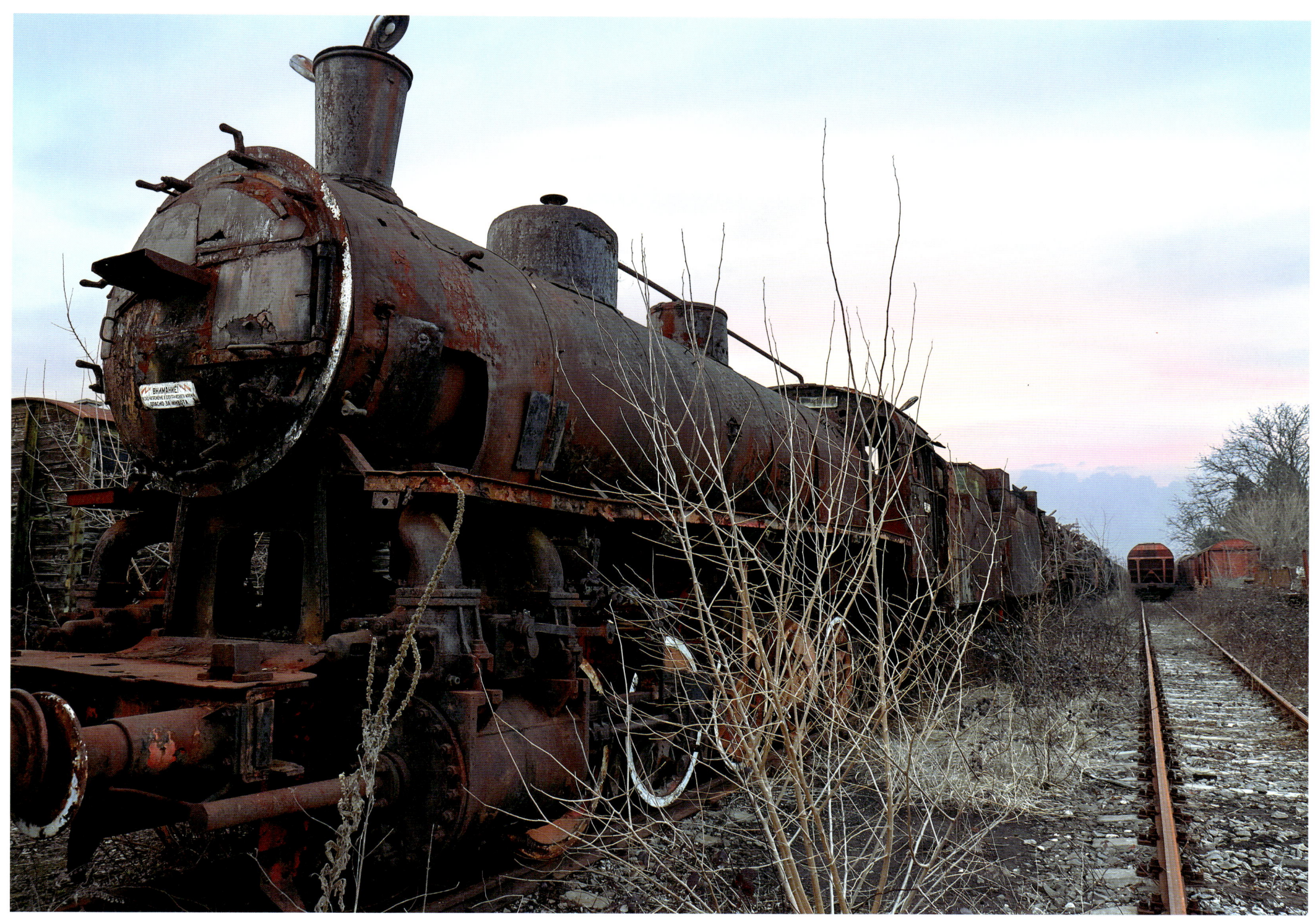

chapter 6

その他──etc,

権力や繁栄の象徴とされた建造物、
日々の営みに一喜一憂し、多くの人々が暮らしていた村。
過去の繁栄は、わずかに垣間見える程度になってしまった。
廃墟に至るまでの歴史を紐解きながら、
負の遺産を作り出さないために、未来を見据えよう

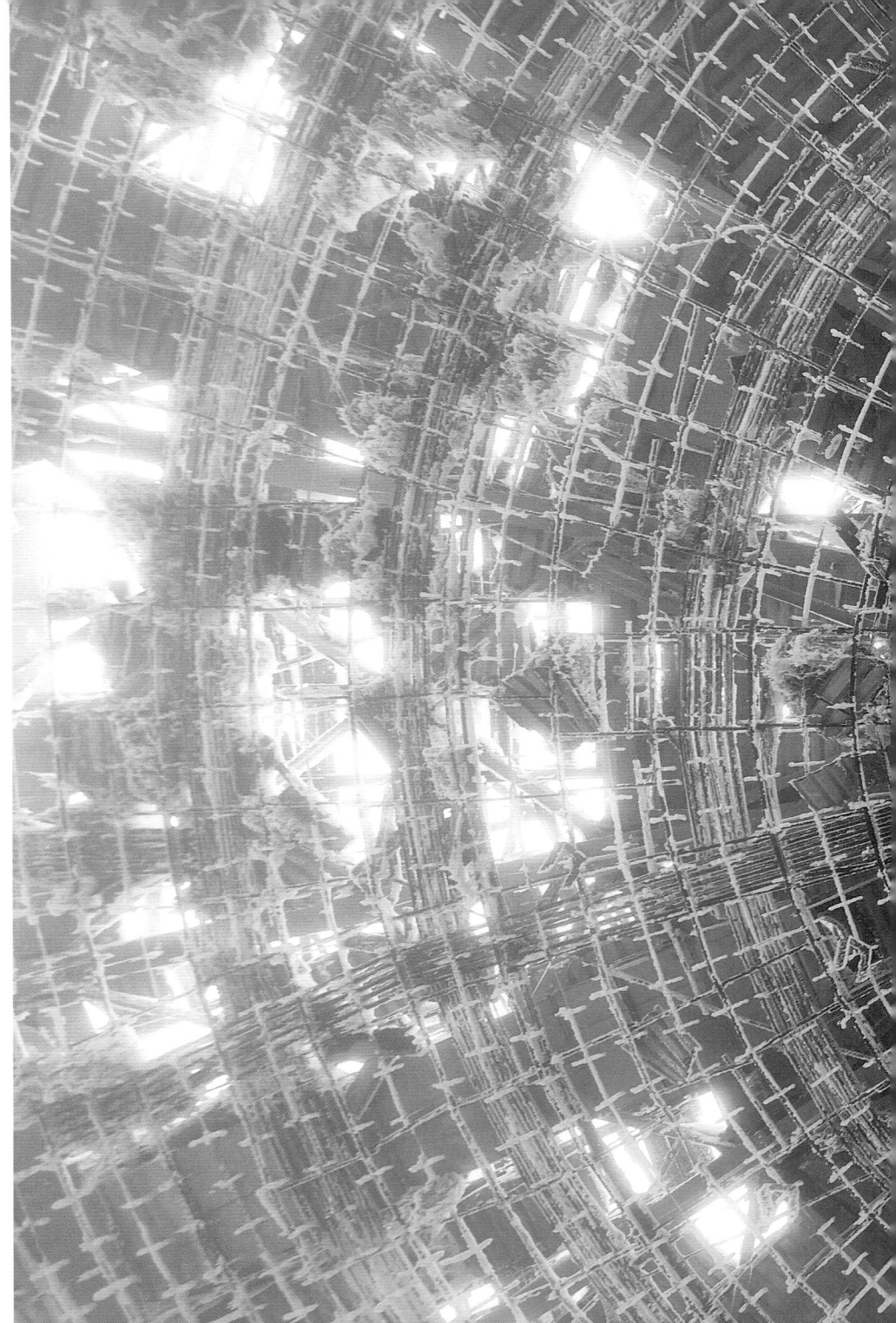

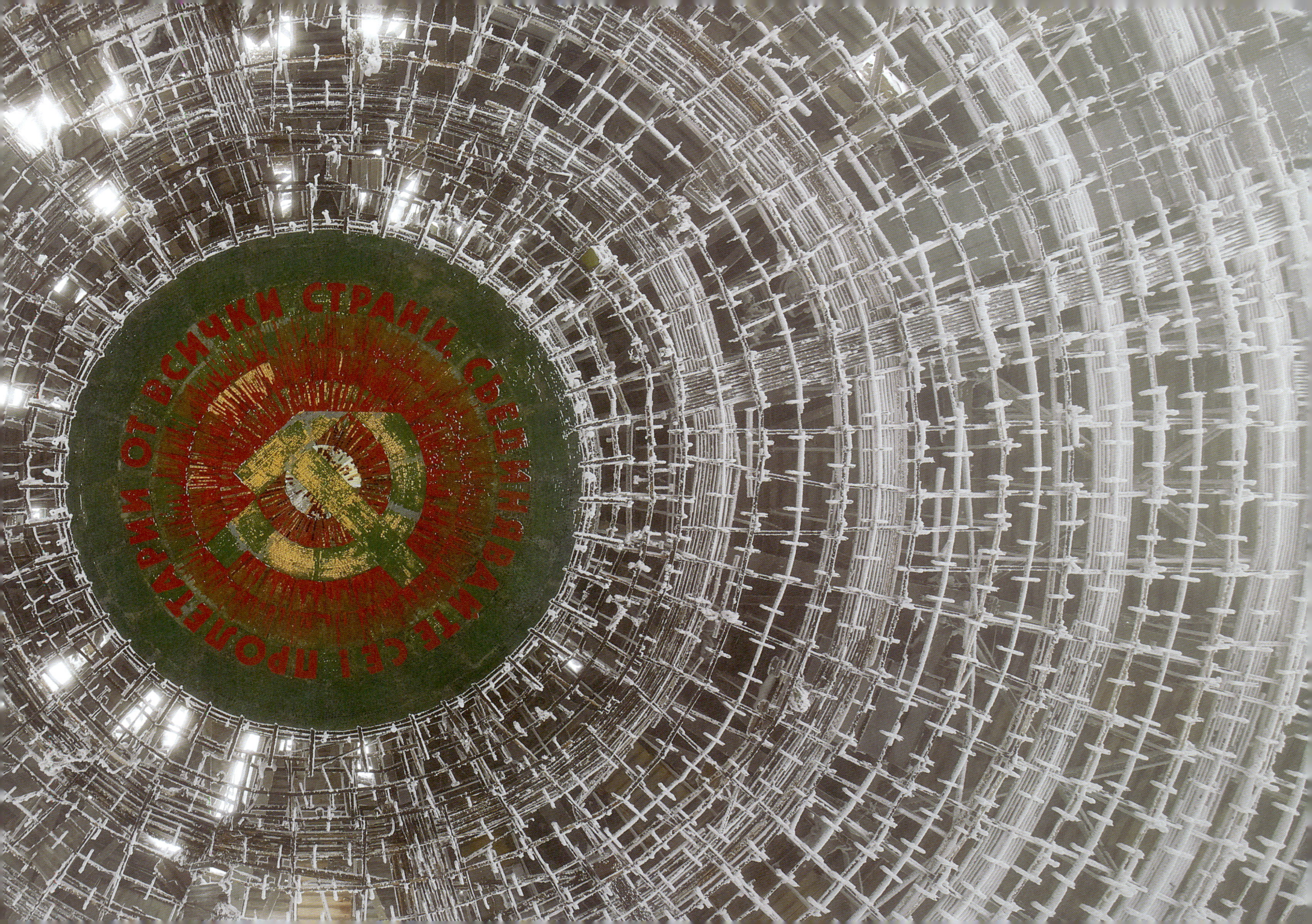

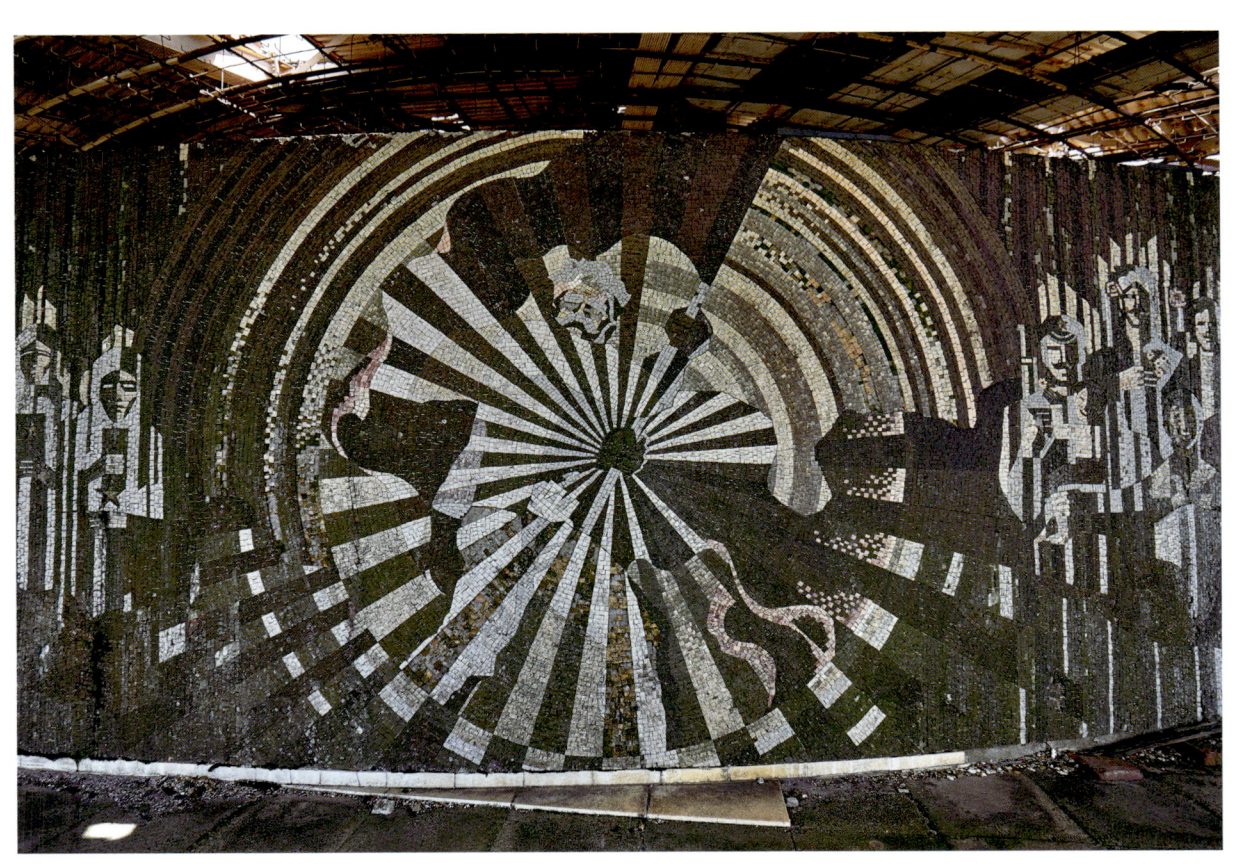

scene 1

共産党ホール
Buzludzha: Communist Party Headquarters

［ブルガリア共和国・カザンラク］

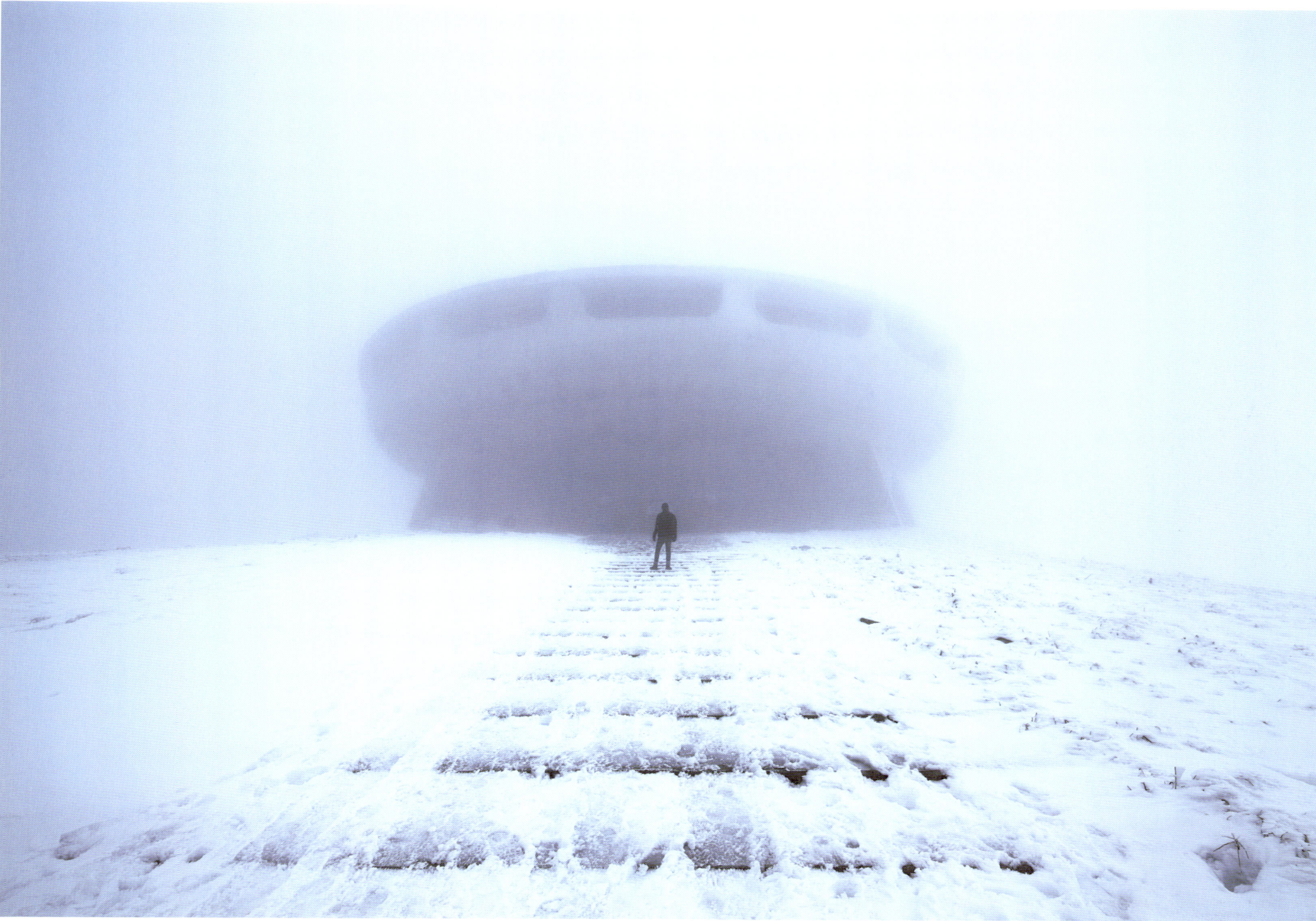

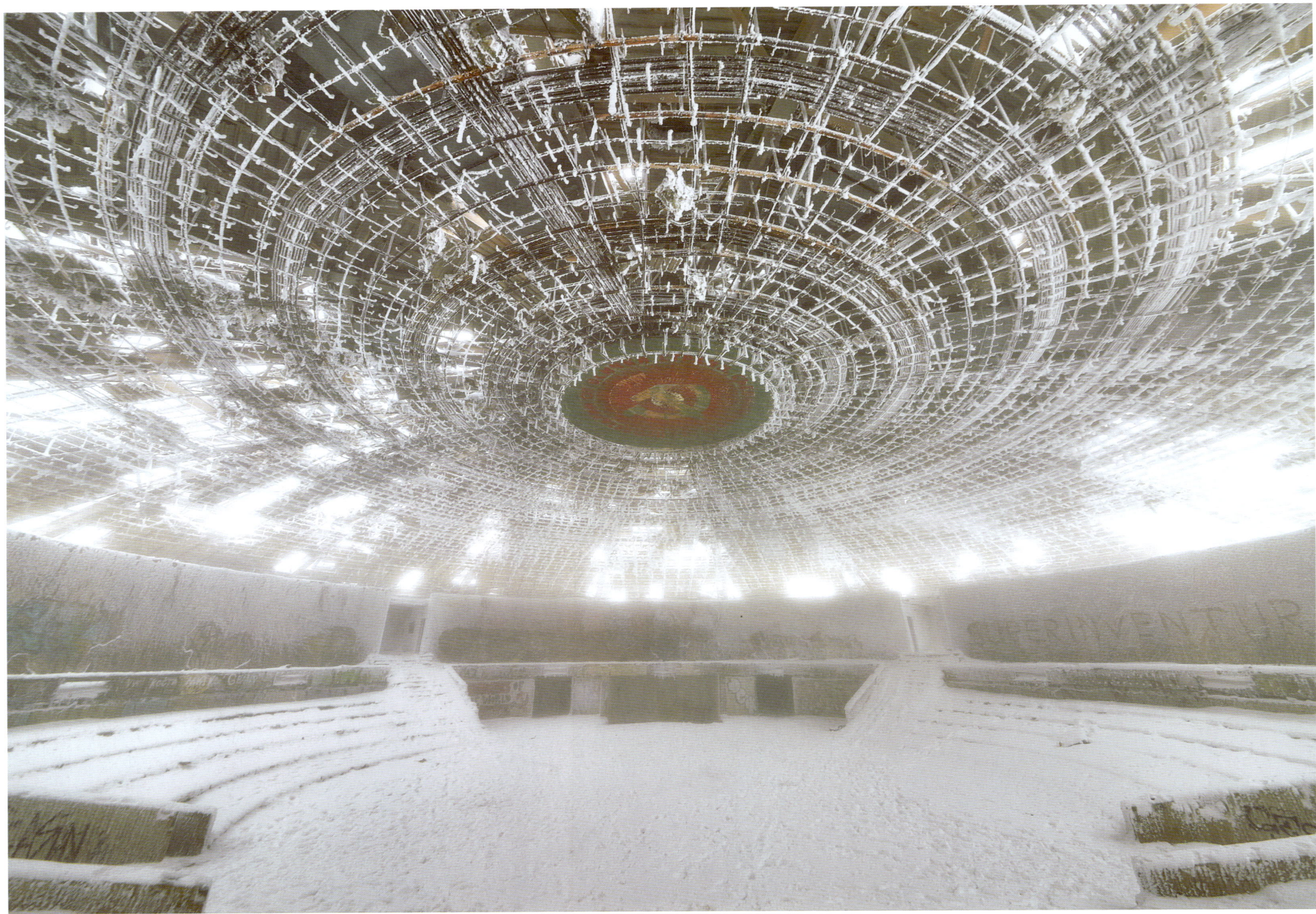

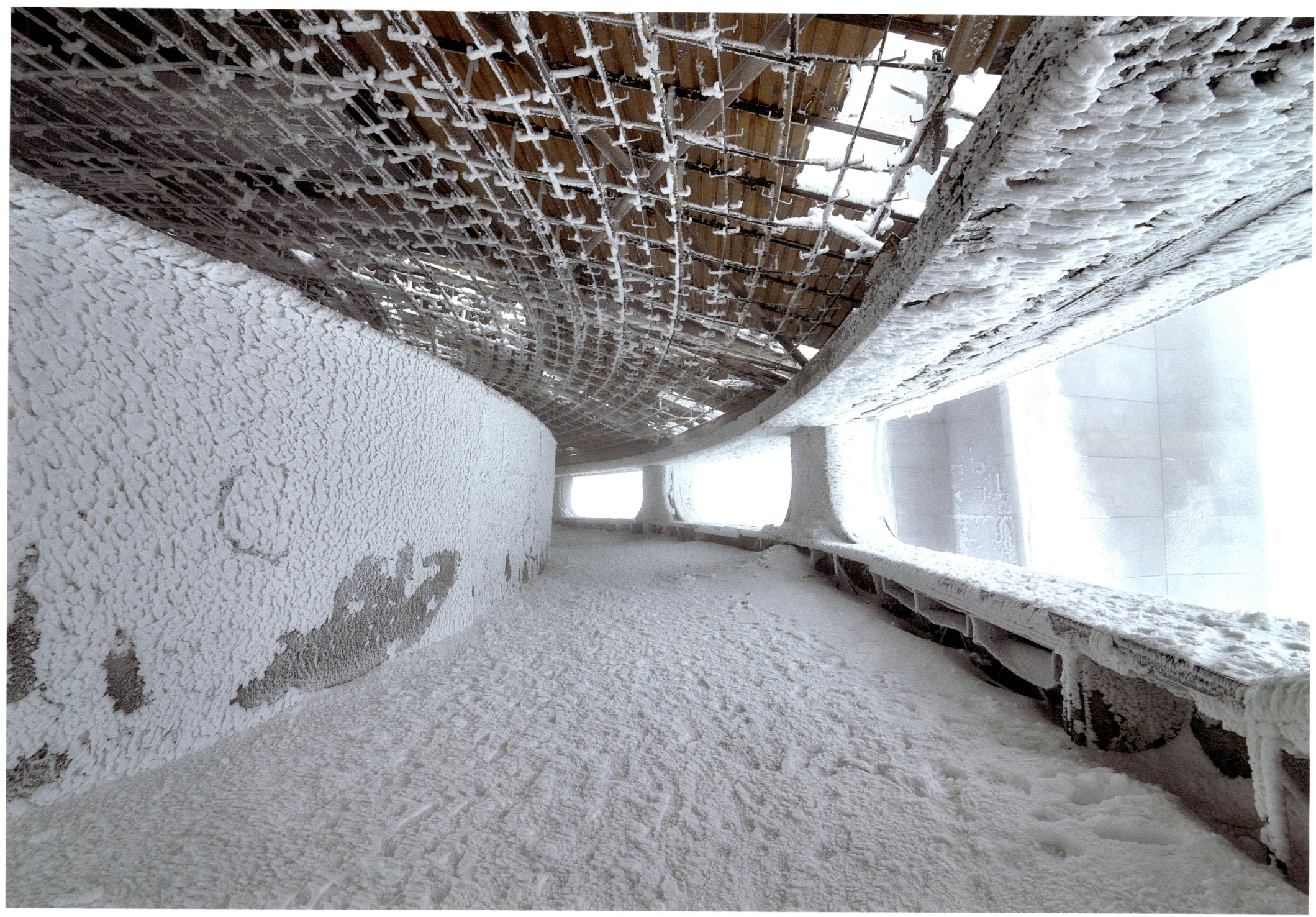

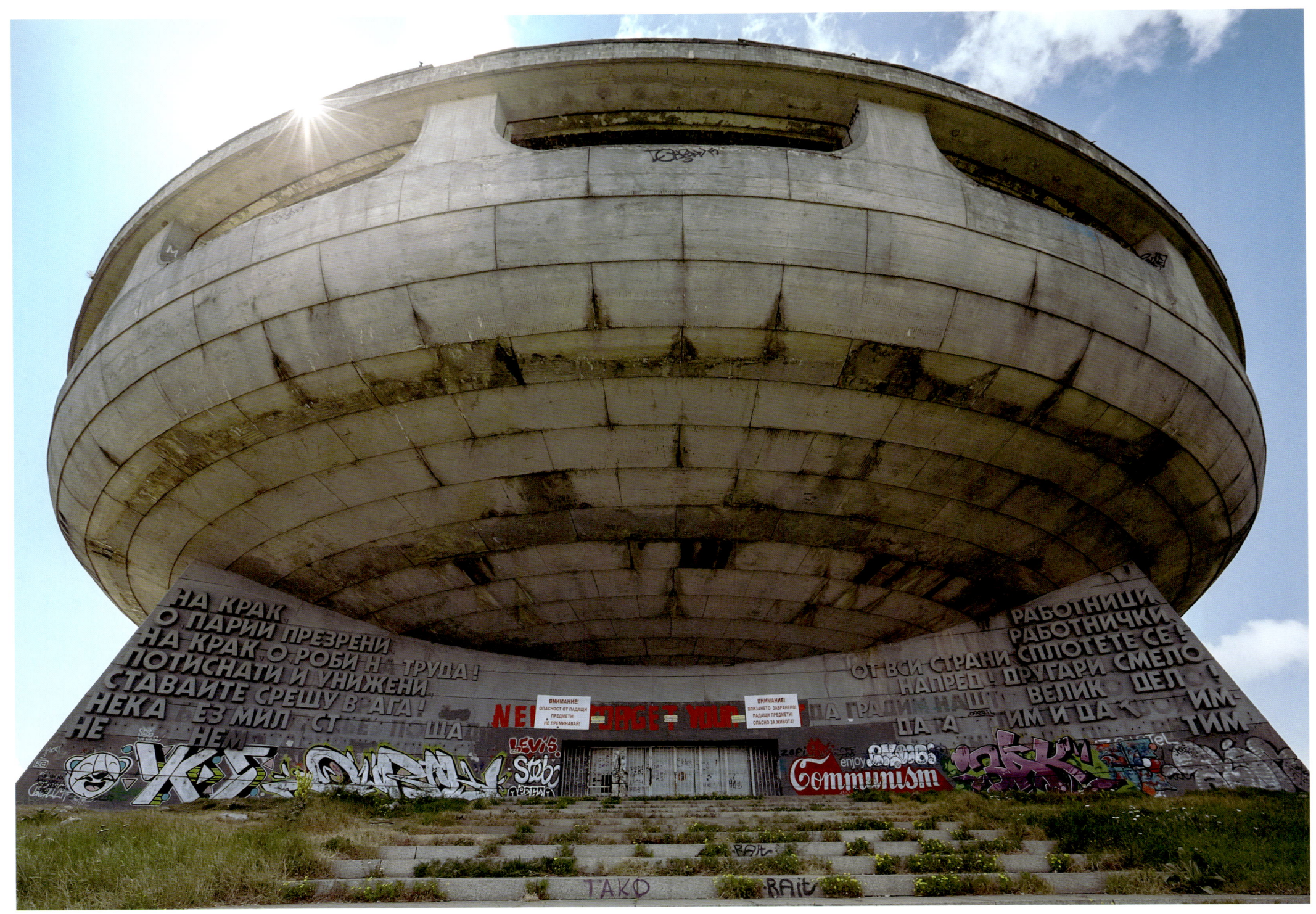

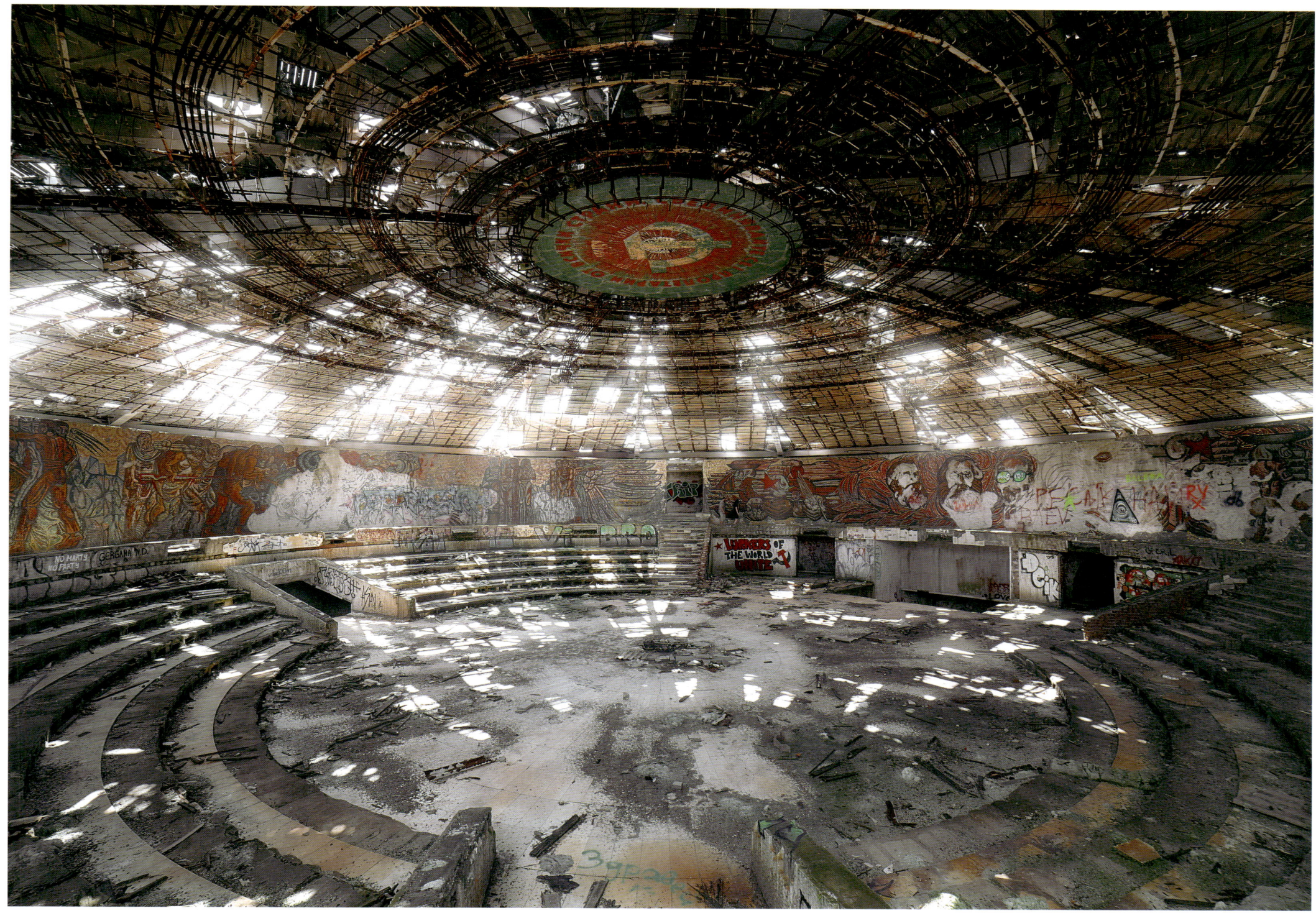

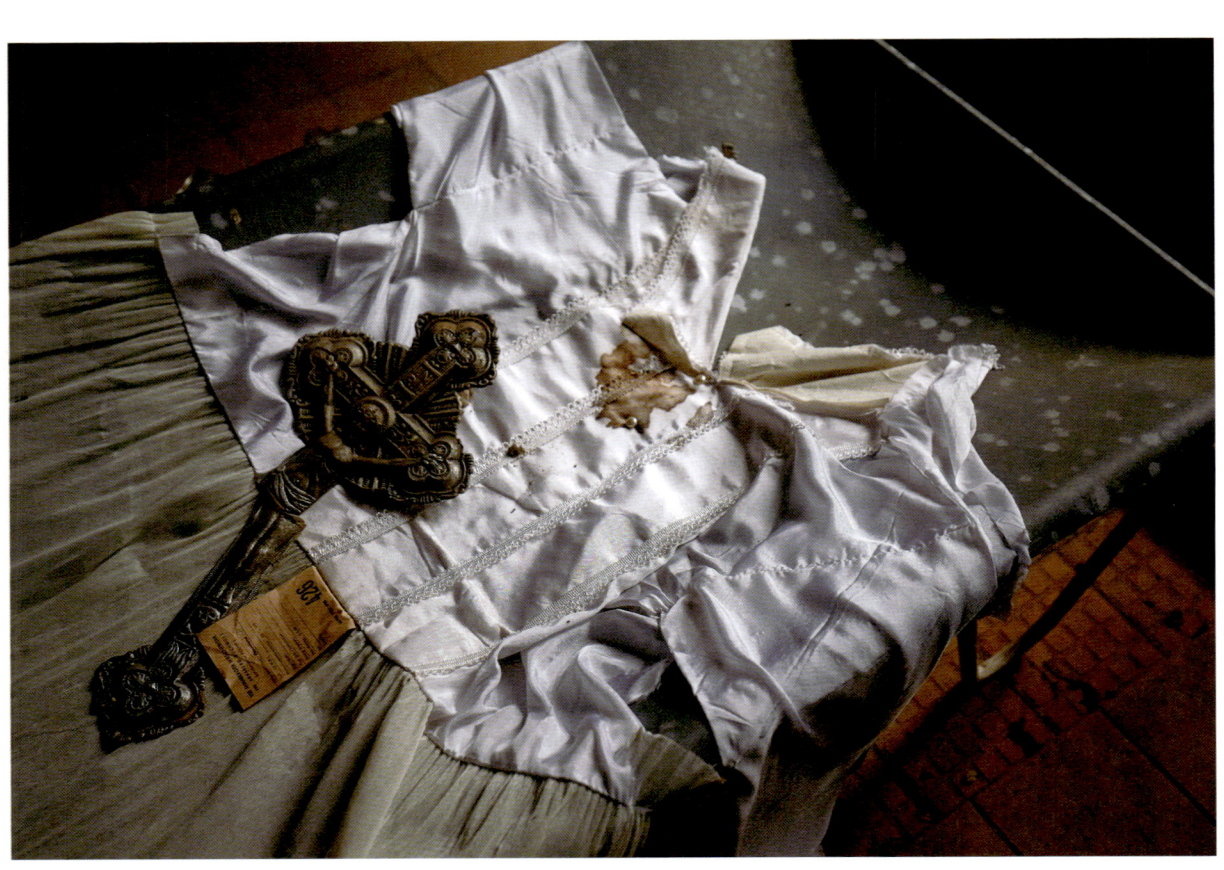

chapter 6

scene 2

チャペル

Chapel

［ドイツ・ブランデンブルグ州］

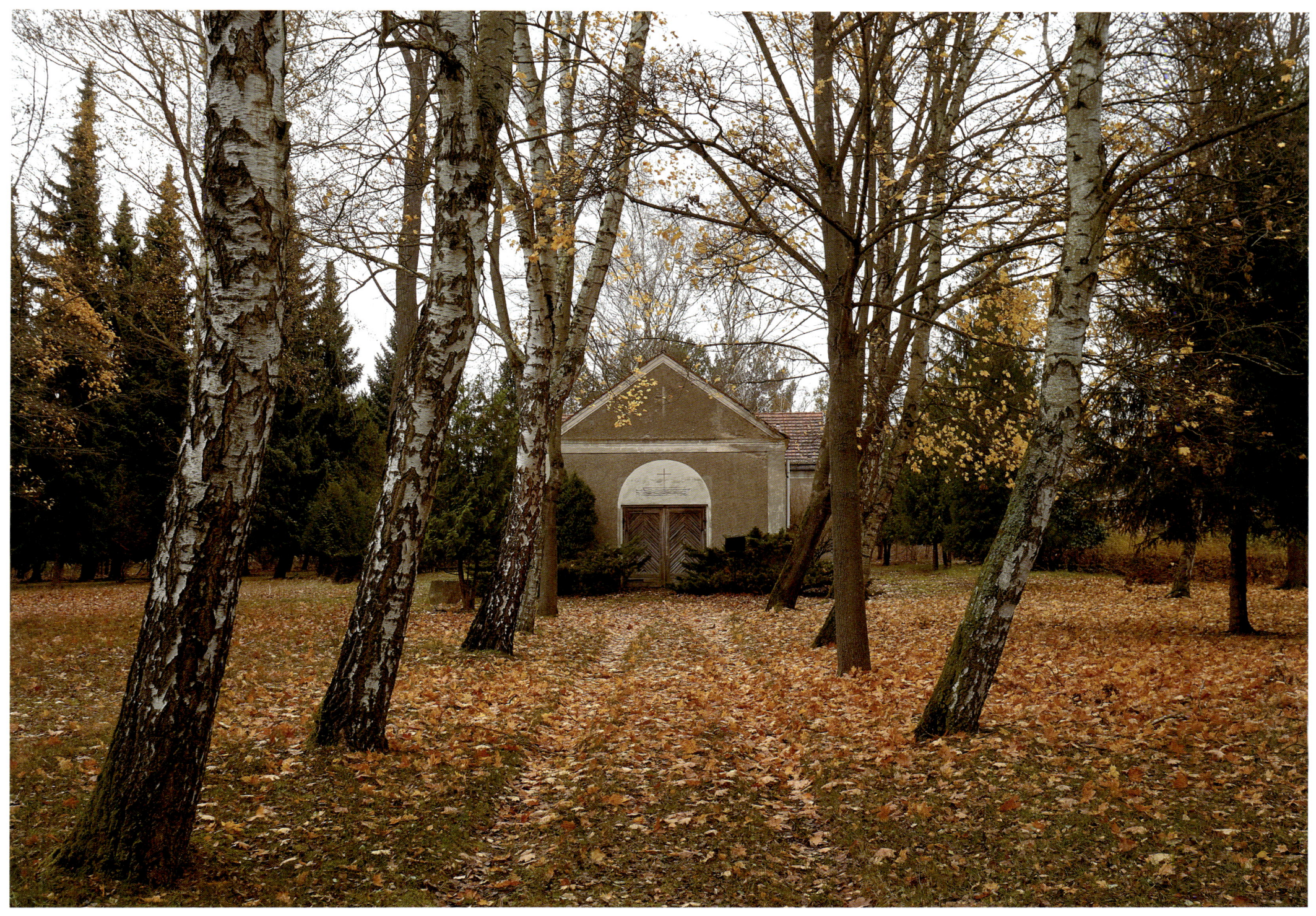

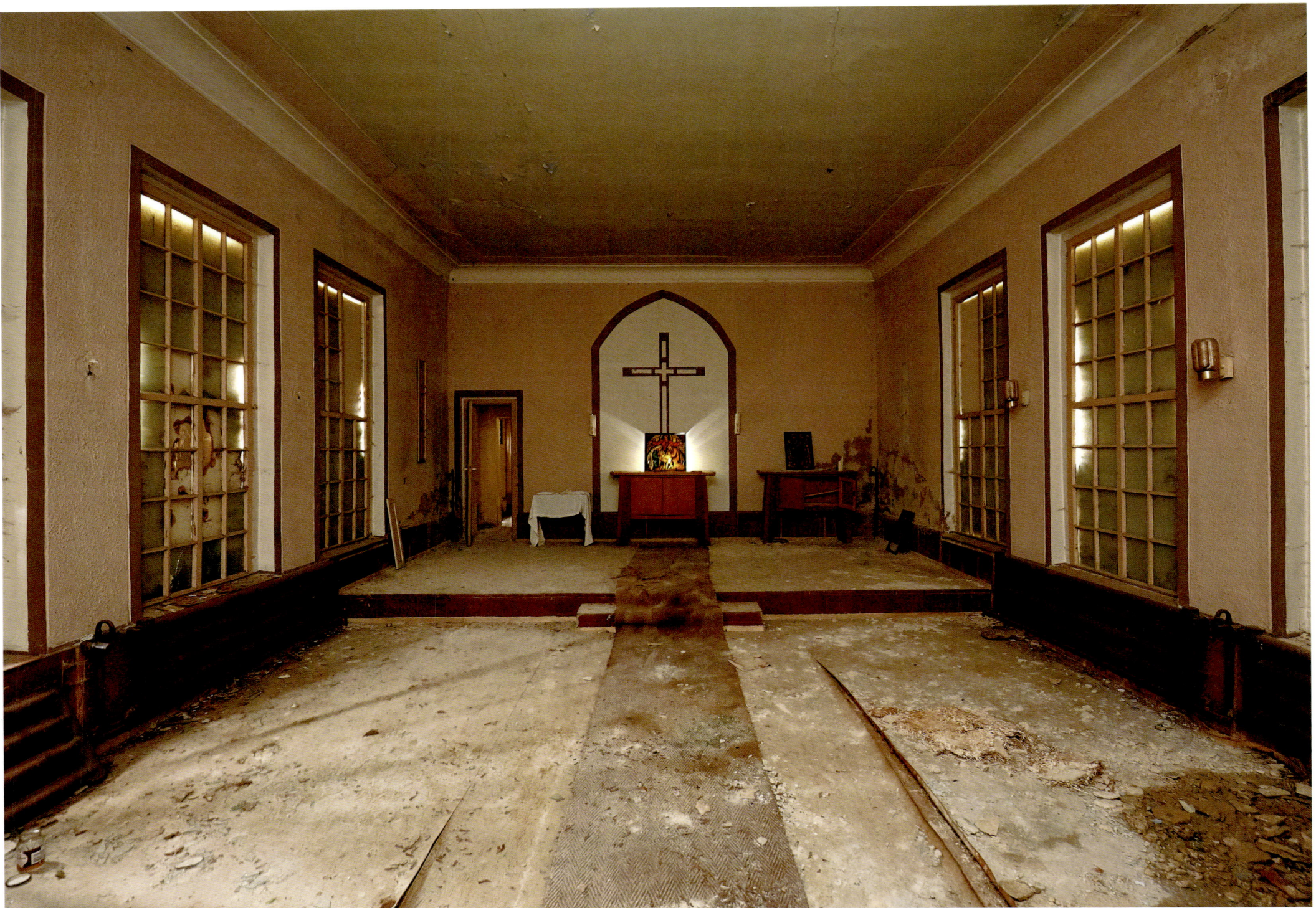

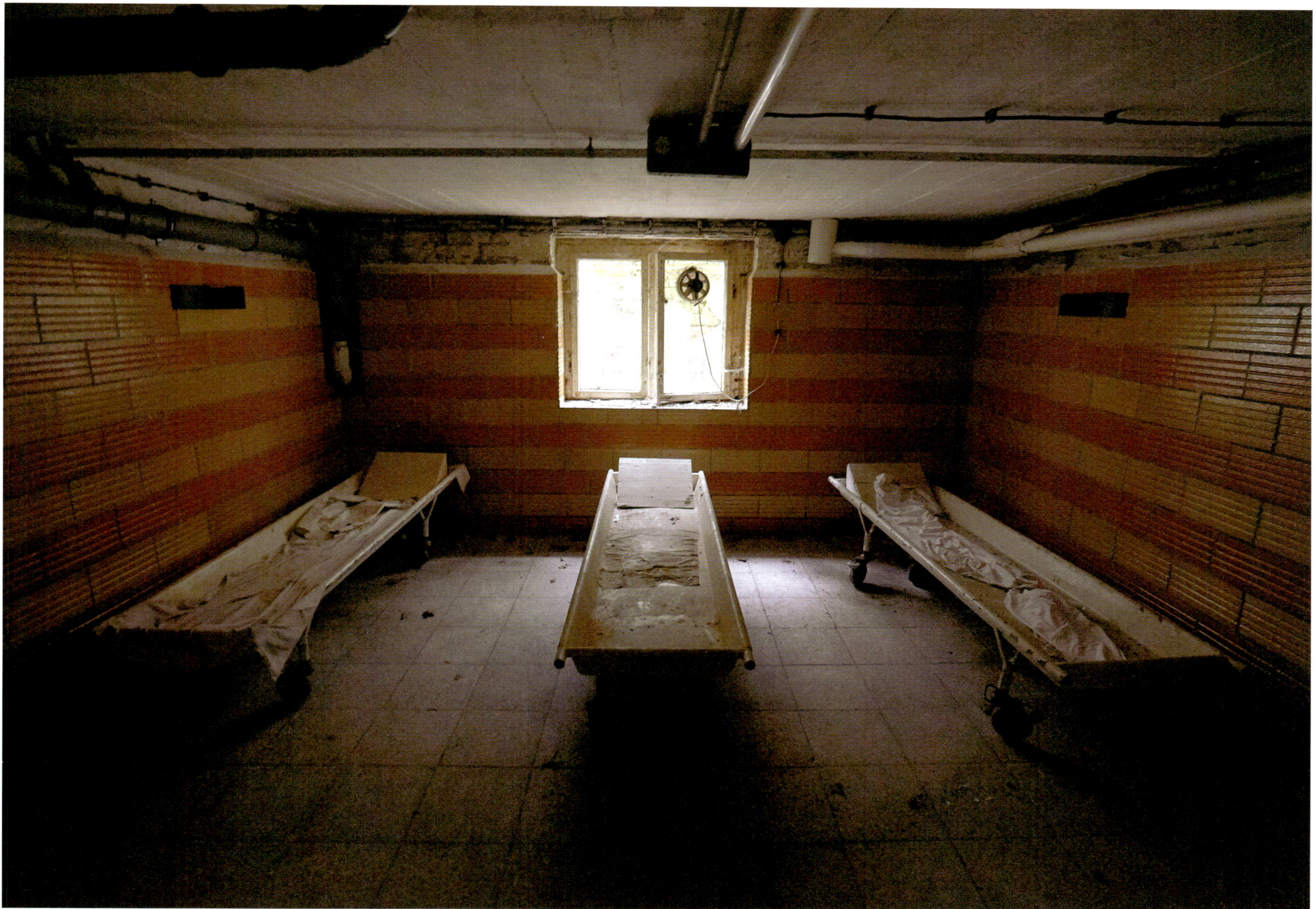

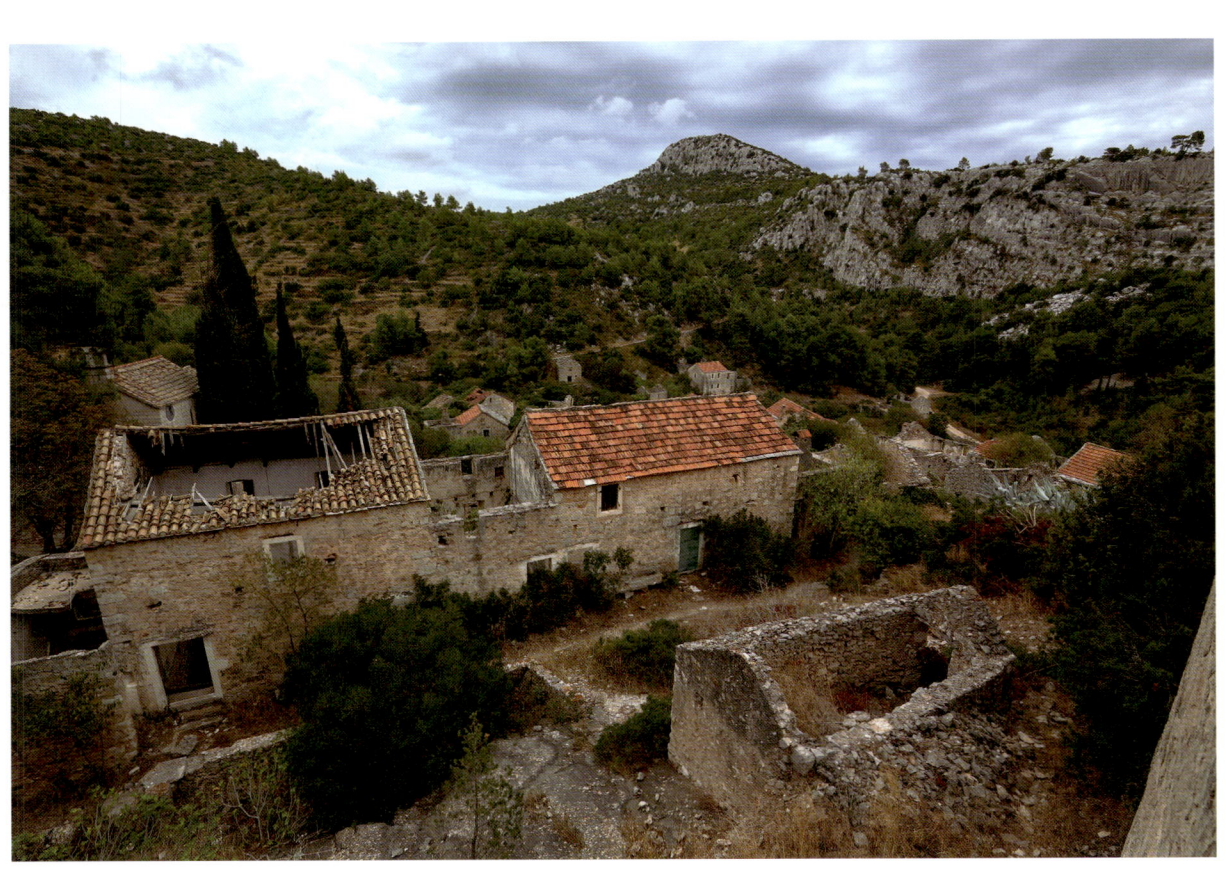

scene 3
Malo Grablje 村
Malo Grablje Village

［クロアチア共和国・フヴァル島］
廃村

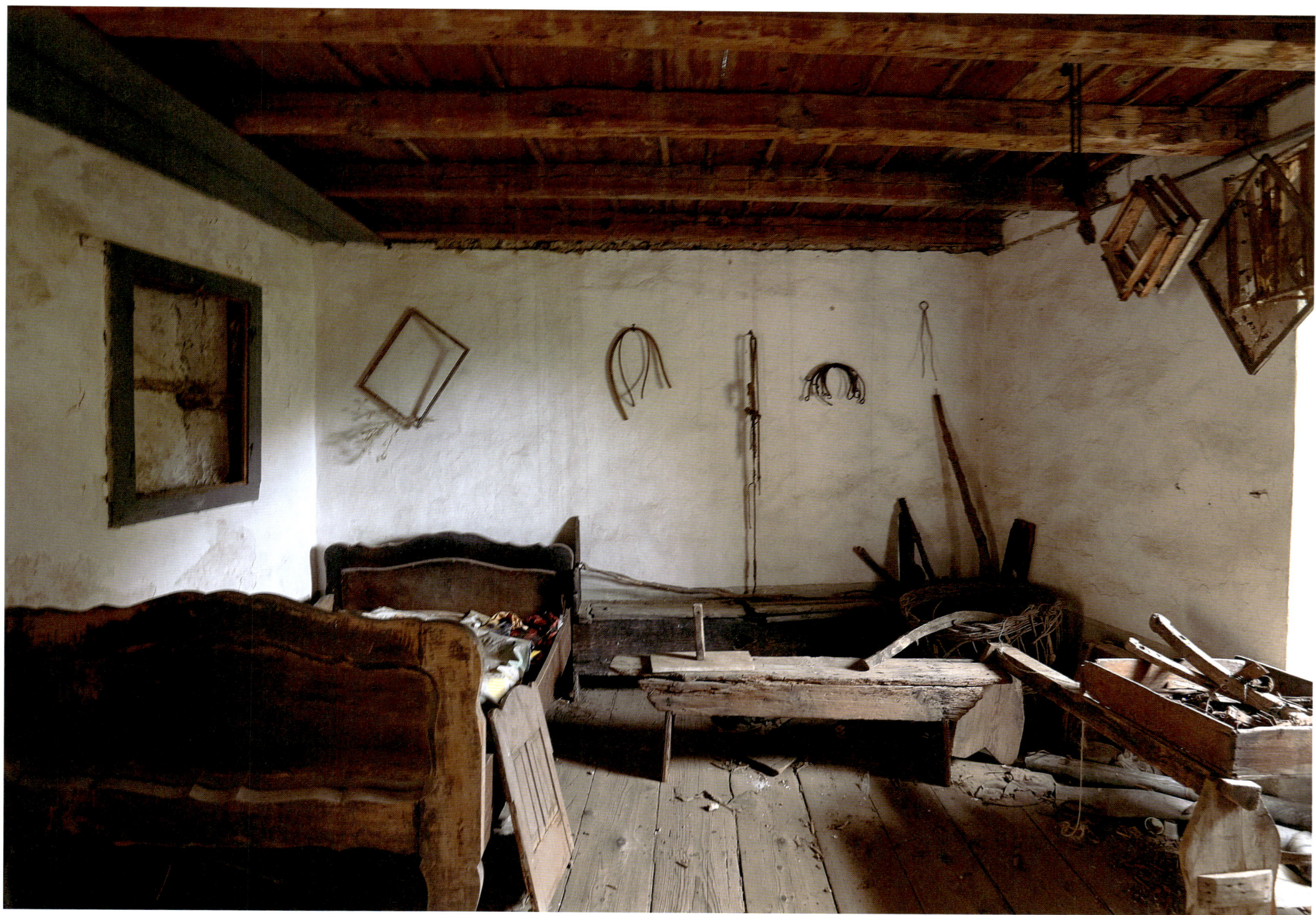

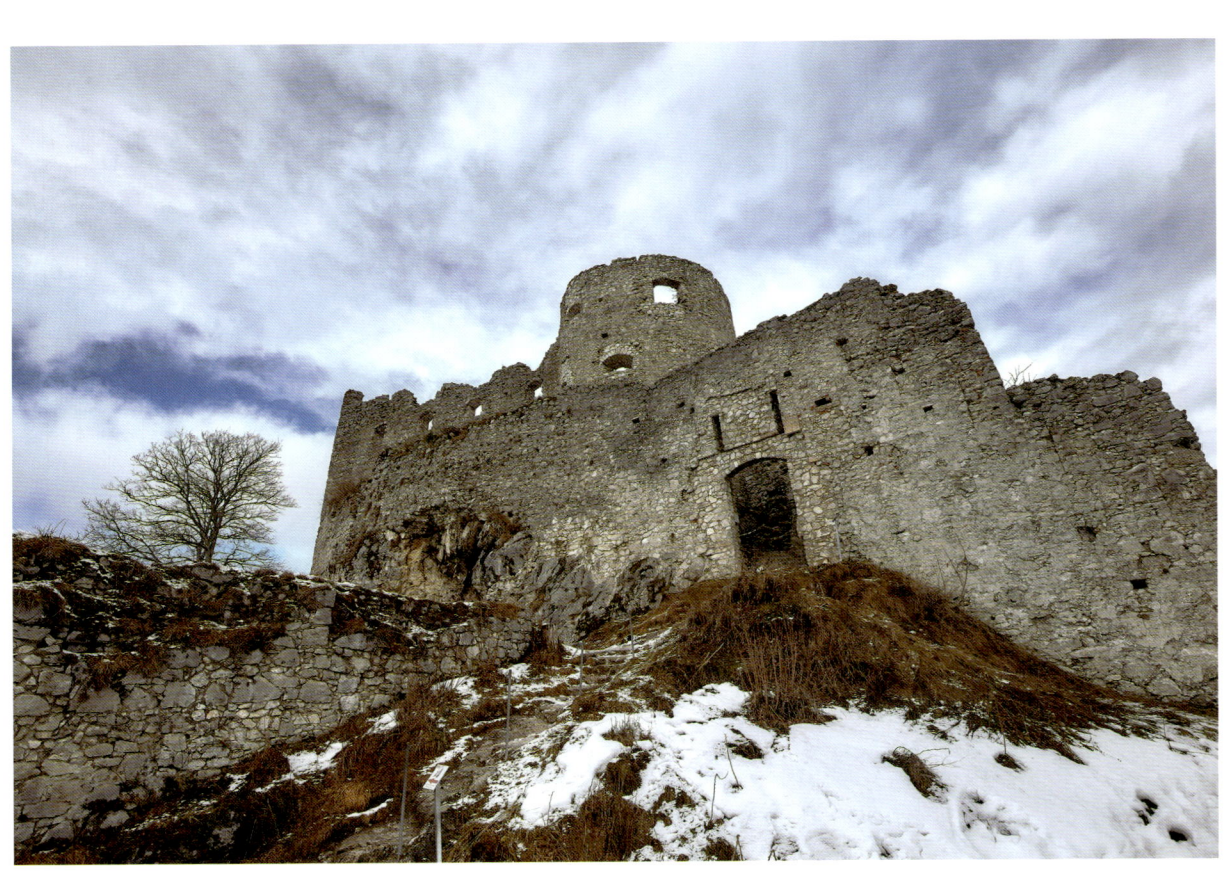

scene 4

エーレンベルク城

Ehrenberg Castle

［オーストリア共和国・チロル州］
古城

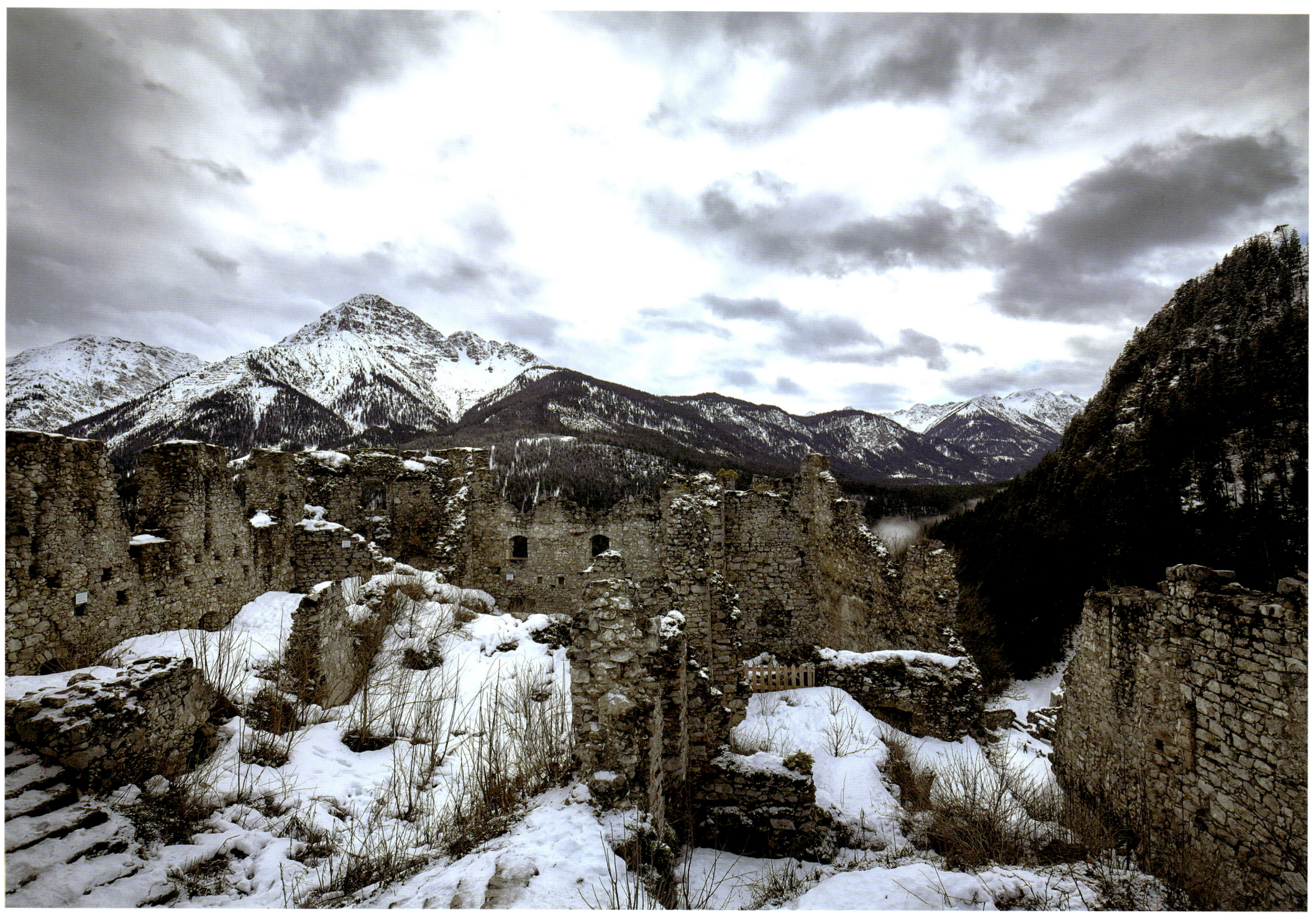

Explanatory Notes

chapter 1　病院——Hospital

scene 1

ベーリッツ療養所
Sanatoriums in Beelitz

ドイツ・ブランデンブルグ州
Land Brandenburg, Germany

1898年、ベルリン郊外に結核療養所として建設されたが、1902年にドイツ軍の巨大な軍事医療施設として開院。男女別の複数の設備を完備し、第一次世界大戦時には1500床以上の病床数を有していた。戦中に、ヒトラーが怪我の治療を受けたことで知られている。第一次世界大戦後も設備の拡充が続けられ、第二次世界大戦時は、ドイツ軍事医療施設として使用された。

戦後は、ソビエト連邦軍事医療施設となり、ソビエト連邦にとって、国外で最大の軍事医療施設となり、1994年まで使用されたのちに廃墟と化している。とても広大な施設面積のため、病院の廃墟としては世界的に有名である。さまざまな設備が男女別に完備されていたため、全施設をくまなく探索するには、少なくとも2日は必要には。

現在、一部は改装され、養護施設や住宅として活用されているが、その他の施設は、「廃墟ツアー」や「廃墟のアミューズメントパーク」として賑わう。そのため訪問者は多いのだが、未だに薬のビンや注射器が残されていたり、大量の革靴が残されていたりする部屋があり、当時の姿を垣間見ることができる。

scene 2

市立児童病院
Maternity and Children's Hospital

ドイツ・ベルリン
Berlin, Germany

1908年、ベルリン市街からさほど遠くないバイゼンゼーに、『市立児童病院』が建設された。乳幼児死亡率の低下を目的とした、ベルリン市内初の小児病院であった。多くの施設を増築しながら運営が続けられ、1987年にはさらなる拡張工事が実施されたが、1997年に全面的に閉鎖されている。

ベルリンの中心部に近いため、閉鎖後は、子供たちの肝試しスポットとして、また多くのストリートアーティストたちの巨大なキャンバスとして利用されていた。かつてはフェンスが開放され、常に子供たちや若者がいて賑やかだったのだが、いつの間にか木壁で囲われ、侵入できなくなってしまった。

scene 3

ブッフ森林治療院
Tuberculosis Sanatorium,
Military Hospital in Buch

ドイツ・ベルリン
Berlin, Germany

ベルリン郊外、「森に囲まれた街」のブッフに所在した結核治療院。第二次世界大戦時は空軍の軍事病院となったが、戦後はベルリンの壁崩壊後の1992年まで病院として使用されていた。3つの病棟がT字に伸びており、イタリア・ルネサンス建築をモデルに造られた建物の内部は、アーチ型の天井や石の柱、彫刻などが施され、他の病院の廃墟とは一線を画す美しさである。

しかし、光があまり差し込まない地下室には大きな浴槽があり、豪華な上階と比べると、とても無機質で不気味。その不気味な地下室で、初めて死体を目撃した。それは迷い込んで外に出られなくなってしまったであろう、かわいそうな犬の亡骸だった。

scene 4

グラボーゼー結核療養所
Sanatorium in Grabowsee

ドイツ・ブランデンブルグ州
Land Brandenburg, Germany

ナチス・ドイツがベルリン北部、ブランデンブルグ州オラニエンブルグに設置した『ザクセンハウゼンユダヤ人強制収容所』から、それほど遠くない場所に位置する『グラボーゼー結核療養所』(「ゼー」は、ドイツ語で「湖」の意味)。湖の隣に、1900年初頭に建設された巨大な結核療養所であり、他の結核療養所と同様、二度の世界大戦後にナチス・ドイツが滅亡し、ソ連軍が撤退する1991年まで、軍事病院として使用されていた。

広大な施設でさまざまなタイプの建物が点在し、とても興味深い場所である。教会もあったが、誰かが放火して全焼してしまった。今では映画の撮影や「廃墟ツアー」、イベントなどでも活用されている。

scene 5

エリザベス結核療養所
Elisabeth Sanatorium

ドイツ・ブランデンブルグ州
Land Brandenburg, Germany

1914年、ベルリン郊外に建設された結核療養所。戦後1952年からは、「皮膚科院及び、結核性リンパ節炎の治療院」として使用された。1980年に近代的なシステムが導入されたが、ベルリンの壁が崩壊してから、数年後の1994年に封鎖された。当時は豊かな緑に囲まれ、閑静であったであろう病院も、今日では周囲を取り囲むように高速道路が建てられ、中心にポツリと残されている。

scene 6

サロウ養護老人ホーム
Former Nursing Home in Salow

ドイツ・ブランデンブルグ州
Land Brandenburg, Germany

ベルリンの南に位置する、ブランデンブルグ州サロウに建てられた老人養護施設。もともとこの施設は1936年より兵舎、その後、軍病院として使用されていた。収容され、この場所で亡くなった数百人のドイツ兵は、すぐ近くの墓地に埋葬されていた。

その後、1940年に医療従事者のためのトレーニング施設となるも、戦時中は、1000人を超す避難者の宿泊施設として使用された。1947年にさらに診療所が増やされ、1953年には老人ホームになり、その後数年間にわたって、巨大な施設がいくつか増設され続けた。老人ホームには、最大1200人の老人と扶養家族が生活していたとされる。1990年、老人ホームへ多くの苦情が寄せられたため、東ドイツ(ドイツ民主共和国＝DDR)のロタール・デメジエール首相がこの施設を視察した。当時600人の老人が生活していたというが、施設の生活環境悪化が著しかったようだ。

大きな劇場と、その壁に描かれた壁画がとても印象的な建物でもある。天気が悪く、曇っていたせいもあっただろうが少し気味が悪く、あまり長居をしたくないという思いがこみ上げてきた。

scene 7

ソフィア療養所
Sophia Sanatorium

ドイツ・チューリンゲン州
Land Thuringia, Germany

1898年、ドイツ・チューリンゲン州に建設された結核療養所。1911年に拡張工事が行われ、1925年には胸部外科治療を開始し、高性能のX線装置など、当時の最新医療機器が完備された。以降、二度の世界大戦を経てベルリンの壁崩壊後、1992年に閉鎖された。今や10万375㎡という巨大な主要建物を含む22万3,500㎡の土地は販売され、買い手を探している。この廃墟も消えゆく運命にある。とてつもなく大きな5階建ての施設すべてを探索するには、多くの時間を要する。撮影時には若者もいたが、それ以上に40〜50代の人々が撮影したり、探索する姿が目立った。ベルリンでは、廃墟に行くと若者しか見かけないので、その違いに驚いた。

scene 8

東ドイツ政府病院
Former East German Stasi
Government Hospital

ドイツ・ベルリン
Berlin, Germany

ベルリン郊外のブッフに建設された『旧軍事医学アカデミー』。1950年からは、東ドイツ政府の病院として使用された。当時においては、すべてが最高レベルの設備が整えられていた。利用できるのは、東ドイツ政府メンバー、中央委員会、国家秘書、諸外国の外交官、国家ゲストのみで、特別なパスがなければ、入場不可能であった。1990年に初めて市民に開放されたが、ベルリンの壁が崩壊したことで、多くの医師たちは給料の高い西ドイツ側に流れて開業し、看護師にも続いた。

このようなブルジョア階級の大規模な病院施設2棟が、そのまま廃墟として残っていることが信じがたい。さらに、今まで行った病院廃墟の中で、この病院が一番重苦しく嫌な印象がした。今後アパートへと姿を変えるそうで、セキュリティーシステムによって常時監視されている。

scene 9

**ベルリン自由大学
解剖学研究所**
Anatomy Institute

ドイツ・ベルリン
Berlin, Germany

第二次大戦後、ソビエト連邦に統治された東ドイツ側の学校から離反した教授と生徒たちによって設立された、『ベルリン自由大学解剖学研究所』。2003年に大学が再結合され、研究所は閉鎖となり廃墟になった。ベルリンの住宅街にあり、常に若者たちが出入りしている。探検したり、騒いだり、落書きをしたり、日々騒がしい。講義室はそのままに残されており、圧倒されるが、他の病院廃墟と同様、当時解剖をしていたであろう室内は、どこか薄気味悪く異様さが漂っていた。

chapter 2　軍事施設——Military

scene 1

ブンスドルフ軍事施設
(通称・リトルモスクワ)
Former Headquarters of the Soviet
Military Forces Aka Little Moscow

ドイツ・ブランデンブルグ州
Land Brandenburg, Germany

『ブンスドルフ軍事施設』は、ベルリン南部ブランデンブルグ州に位置する、軍事複合施設。18世紀の後半から、ブンスドルフには多くの兵舎が建てられ、1912年に『ドイツ陸軍歩兵学校』が建設された。1919年から1943年までは、『ドイツ陸軍スポーツ学校』が設置され、1936年のベルリンオリンピックの際も、ドイツ選手団はこの施設を利用していた。

第二次世界大戦中、ナチス・ドイツ国防軍最高司令部などの司令部がこの施設に移動し、対爆シェルターが多数建てられている。大戦後は、ソビエト連邦国外では最大規模のソビエト軍基地となり、一時は7万人以上の兵士と住民が駐留していたため、『リトルモスクワ』という愛称で呼ばれていた。ソビエト軍関係者以外の立ち入りは禁止されていたが、東西統一後の1994年に、ソビエト軍は完全撤退した。

このエリアは、広域な敷地に多くの住宅や建築物が廃墟として残され、街から突然人が消え去ったかのような錯覚に陥る。街一つがそのまま廃墟になってしまった場所で、まさに「ゴーストタウン」と呼ぶにふさわしい。ただし、軍司令部関連の重要な建築物は保護されており、落書きや破壊されている建物は少ない。兵舎の廃墟は改装され、アパートや難民キャンプに使用されている。

scene 2

クランプニッツ軍事複合施設
Nazi and Soviet Military Complex in Krampnitz

ドイツ・ブランデンブルグ州
Land Brandenburg, Germany

『クランプニッツ軍事複合施設』は、1937年にドイツ陸軍養成所として設立され、その後ナチス・ドイツ軍、ソビエト連邦軍によって使用された軍事複合施設である。広大な敷地には数え切れないほどの兵舎と家、病院、バスケットボールコート、劇場などが建てられており、とても1日では回り切れないほどの規模だ。

当時の最重要施設と思われる建物には、暖炉や大理石で作られた階段、さらにナチスのシンボルである「鷲と鉤十字のレリーフ」が残され、朽ちかけている現在もなお、重厚な雰囲気を漂わせている。しかし、面積が広すぎて、まだ3割くらいしか探索できていないのではないかとも思う。2019年より、この広大な施設を住居として再利用するプロジェクトが始まる予定だ。

scene 3

ナチス・ドイツ陸軍制服施設 ソビエト連邦軍補充供給拠点
Army Clothing Agency in Bernau

ドイツ・ブランデンブルグ州
Land Brandenburg, Germany

1938年に、ナチスによって建設された陸軍制服施設。複数の巨大なビルによって構成され、第二次世界大戦中は1000人を超える労働者が、ナチス軍の軍服の製造、修復、クリーニング作業をした。戦後1945年から1994年まで、ソビエト軍によって使用された。最初の2年間は、戦利品をソビエト連邦に輸送する拠点や倉庫として、その後は兵舎などに利用した。

現在は、多くのアーティストの壁画で埋め尽くされ、ストリートアート美術館さながら。ストリートアーティストの友人、TWOONE（トゥーワン）に誘われて行ったこの施設が、初めて廃墟を撮影した場所のため、思い入れがある。初めて行ったときは、施設の巨大さ、冷たい空気感に圧倒された。未だに、当時の軍服、革靴、ガスマスクなどが残っていることが興味深い。

scene 4

フォーゲルザング基地
Soviet Military Barracks in Vogelsang

ドイツ・ブランデンブルグ州
Land Brandenburg, Germany

『フォーゲルザング基地』は、1951年に建設された、ソビエト軍舎と秘密核ミサイル貯蔵施設、ならびに発射基地である。冷戦時代に、ソビエト軍が核ミサイルを配備していたとされ、広大な敷地に1万5000人のソビエト軍兵士が駐留していた。基地までの車道ルートは遮断されており、森の中を30分ほどかけて歩くか、自転車で向かうことになる。道中で鹿の群れなどに遭遇しながら、しばらく進むと巨大な軍事施設が突如として現れる。

初めて訪れたときは森の中で迷ってしまい、Google Mapに助けられた。大きな劇場や複数のバスケットボールコート、100軒以上の住宅や兵舎などが点在しているが、森の中でアクセスが悪いため、建物への落書きや破損は少ない。敷地が広大なため、1日で回りきることは不可能。大きな劇場と2カ所のバスケットボールコートが印象的だった。

scene 5

ライオン兵舎
Lion Barracks

ドイツ・ブランデンブルグ州
Land Brandenburg, Germany

ベルリンの西に位置する、非常に大きな軍事訓練区域。施設は徐々に拡張され、飛行場も追加された。第一次世界大戦中には、ヨーロッパ7カ国から3万人以上の囚人を収容し、「囚人収容所」として使用された。第二次世界大戦直前、ドイツ軍のパンザー戦車の練習場になっていたが、その理由に「この土地の乾燥した土が、訓練をするのに適していたから」と伝えられている。

1944年から第二次世界大戦終結まで、ナチスの『ザクセンハウゼン強制収容所』の支所を兼務し、さらには難民キャンプとしても利用された。大戦後の1947年からは、最大2万人のソビエト軍兵士が駐留したが、1994年にようやく撤退することになる。

驚いたことに、当時使用されていたであろうランプシェードや家具が、そのまま残されているビルがある。ベルリン市内の廃墟は破壊され、使用可能な物品は持ち出されてしまうので、残っていることはとても珍しい。施設は広大で、1日で歩き回ることはできない。近く再開発プロジェクトが始動され、アミューズメントパークとして生まれ変わる予定だ。

scene 6

トイフェルスベルグ傍受基地
Spy Station in Teufelsberg

ドイツ・ベルリン
Berlin, Germany

『トイフェルスベルグ傍受基地』は第二次世界大戦後の冷戦時代に、アメリカとイギリスによって建築された。ソビエト支配下の東ドイツ（ドイツ民主共和国＝DDR）を盗聴、監視するための「スパイタワー」として、ベルリンの壁崩壊後の1992年まで使用された。スパイタワーが建つ、「悪魔の山（トイフェルスベルグ）」は第二次大戦時に、空襲で破壊された家々の瓦礫を集めて作られた人工の丘である。

ストリートアーティストによって至るところに絵が描かれ、入場料を支払うことで誰もが入場可能だ。廃墟でありながら、観光スポットにもなっているのだ。最上階に設置されている球体の中に入ると、今まで耳にしたことないような反響音が響きわたるので、とても面白い。

chapter 3 　娯楽施設——Amusement

scene 1

奈良ドリームランド
Nara Dream Land

日本・奈良県
Nara, Japan

『奈良ドリームランド』は、1961年に開園した遊園地で、「世界中の廃墟マニアの聖地」だったと言える。1970年代のピーク時には年間160万人近くの来場者数があったが、業績悪化のため、2006年に閉園した。2015年に売却先が決定し、2016年に解体されているが、今後の跡地利用など、具体的な内容は未定だ。

『奈良ドリームランド』の廃墟は、大規模な敷地にジェットコースター、メリーゴーラウンド、鉄道、スイミングプール、ゲームセンター、レストランやお店など、それぞれが巨大さやユニークさを備えていた。その特殊性を鑑みると、世界的に見てトップクラスの廃墟だったと思っている。今まで行った、どの廃墟よりも素晴らしかった。世界中の廃墟マニアの間で今後も語り継がれるに違いない、「伝説の廃墟」なのである。

scene 2

シュプレーパーク
Spreepark

ドイツ・ベルリン
Berlin, Germany

1969年に開園した、東ドイツ唯一の常設遊園地。最繁期には、年間約170万人の来場者があったという。ベルリンの壁崩壊後の1992年にリニューアルオープンしたが、2001年に閉園している。「ベルリンの廃墟」といえば、この施設を思い浮かべる人が多いほど、有名な廃墟だ。

遊園地のシンボルだった、高さ45mの赤い観覧車が時折、風に押されて音を立てながら回転しているのを目にする。数年前に、放火による不審火があって以来、それまで放置されていたマンモスや恐竜たちは撤去された。そのため常時監視されている廃墟でもある。近年、所有者が変わり、整備された園内で週末に廃墟ツアーが催されるということだ。

scene 3

リビエラ ダンスホール
Ballhaus Riviera

ドイツ・ベルリン
Berlin, Germany

1890年にオープンした社交場。その後、ドイツ統一後の1991年まで、100年もの長い間多くの人々に親しまれていたが、1980年代に大流行したディスコ、その後のクラブの出現によって客足は激減し、時代の流れに勝てず、廃墟と化した。ダンスホールに残されたピアノは弦が残っており、今でも使用可能だった。ちなみに、ベルリン中心地には『クレールヒュエンス』という、1913年に創業を開始したダンスホールが現存し、未だ営業を続けている。

scene 4

ブルブ・スイミング パーク
Blub Berliner Luft- Und Badeparadies

ドイツ・ベルリン
Berlin, Germany

『ブルブ（Blub）』は、1985年にオープンした、大型スイミングプール・レジャーセンター。当時は西ベルリンの人気スポットだったが、2002年にネズミが屋外プールで泳いでいた、ネズミの糞が赤ちゃんプールにあった、ネズミと鳥の糞が食堂にあった、などの衛生面の問題が発覚。さらに資金面の理由も重なり、2005年に閉鎖された。

屋内外のプール、120mのスライダー、サウナガーデン、フィットネスセンターなどが放置されている。施設には自由に立ち入ることができ、周りが公園であることもあり、探索に来た人、落書きをしている人、遊びに来た若者たちやそれを撮影する人など、常に訪れる人が絶えない。2017年に、不審火による大規模な火災があり、廃墟の大半が焼け落ちて消失した。

scene 5

競泳用プール
Olympic-Size Swimming Pool

ブルガリア共和国・ソフィア
Sofia, Bulgaria

ブルガリアの首都ソフィアにある、オリンピック競泳用プール。屋外にプールが設置され、観客席、プールを含め、すべてが大規模な施設である。このような巨大なプール施設が使用されずに放置されていること自体が驚愕する。敷地内では、野犬がうろつき近寄ってきたが、襲われることはなかった。ブルガリアでは、至るところで野犬を見かける。

scene 6

オブチャ・クペル浴場
Mineral Spa in Ovcha Kupel

ブルガリア共和国・ソフィア
Sofia, Bulgaria

『オブチャ・クペル浴場』は11年もの年月をかけて建設され、1983年にオープンした公衆浴場。ローマ式の円柱を配置した庭園には、100種類以上の樹木が植栽されていたそうだ。そのため、『オブチャ・クペル浴場』の庭園は、ソフィアでもっとも美しい」と、評判だったという。また、建築物自体も高く評価されてはいたが、現在は落書きや放火などで、内部がひどく荒らされてしまっている。

ブルガリア西部、ソフィア郊外の小さな町バンキャにあった大型浴場。もともとこの地区は、何百年もの歴史を持つ「薬用ミネラルスプリング」という温泉で有名だった。1907年に３年掛かりで建設され、地元住民に愛されてきたが、運営資金管理のミスや地方政府の投資不足によって、2001年に閉鎖された。男女別に分けられた施設は、天井に大きなアーチ型の彫刻が装飾されるなど、とても芸術的で美しい建物だ。すでに改装工事が始まり、新たな施設に変わるが、最後の最後に、運良く撮影することができた。

chapter 4　工場──Industry

『パワープラントIM』という愛称で呼ばれる、ベルギー南部の石炭火力発電所で使用されていた冷水塔。石炭火力発電所は、1921年から2007年まで稼働していた。完成した当初は、ベルギー最大規模の石炭火力発電所の一つだったが、2006年に環境団体『グリーンピース』から二酸化炭素排出量に対する抗議を受けたことがきっかけとなり、長い歴史に幕を閉じた。

かねてから行きたいと思っていた場所だったので、実際に塔の内部へ足を踏み入れた瞬間、そのスケール感に圧倒され、いたく感動した。鳥の鳴き声が反響し、非現実的な空間が広がる。間違いなく「世界屈指の廃墟」である。すでにメインの発電所は取り壊されてしまったので、この冷水塔自体も取り壊される日はそう遠くはないだろう。

1899年、ベルリン郊外のルーダスドルフにセメント工場として建設された。第二次世界大戦時には、ナチス・ドイツが航空機製造の過程で必要となる、合成ボーキサイト製造のために使用。大戦後は、東ドイツの企業が化学工場として利用したが、1999年に閉鎖されたまま時は流れている。

建物はとてつもなく巨大で、それまで撮影した廃墟の中でも最大級だ。以前、建物の煙突をフリークライミングで登る人たちに出会った際、屋上から地下のフロアまでを案内してもらったが、至るところに戦争の傷痕が生々しく残っていた。今は、戦争映画の撮影で使用されている。

1888年に開業したビール醸造所。「ベーレンクーウェル」とは、ドイツ語で「クマの泉」という意味で、ベルリンのシンボルでもあるクマが、ビールジョッキを持つ姿をデザインしたラベルが特徴的だった。東ドイツで高い人気を誇ったビールだったが、1994年に廃業した。

大通りに面した建物を、電車内から初めて見たときのインパクトは忘れられない。広大な敷地に建つ建物は巨大で、赤いレンガ造りの壁で覆われた外観はまるで西洋の古城のようだった。内部は屋根に空いた穴から光が差し、その下にだけ植物が生育し、幻想的な雰囲気を漂わせていた。メインゲートから自由に出入りできたこともあり、お気に入りの廃墟だった。しかし、数年前に、誰かが施設の中で「死体を見た」というフェイクニュースを投稿し、大騒ぎになった後、入り口は封鎖された。隣に大きなショッピングセンターがオープンしたこともあり、取り壊し作業が進行している。

1905年にベルリンに設立され、ピーク時には1400人の従業員が勤務していた光化学フィルム工場。その後、損失を被り、1927年に米国のフィルム会社『コダック』に売却された。『コダック』は、モノクロフィルム、X線フィルム、フォトケミカルの製造を専門とし、大きな成功を収めた。しかし、ドイツ政府は、戦時中の1941年に「米国の工場は敵の脅威」として、同社を押収したのである。

第二次世界大戦後、所有者はソビエト連邦政府となり、1956年まで『コダック』という名称で運営が継続されたが、その後、東ドイツによって改名された。冷戦終結後に1000人の従業員が解雇され、1992年に以前の所有者である『コダック』を再び使用。2010年にフィルム製造を終了するまで、工場は『コダック』とともにあった。今では、フィルム工場周囲のレンガ造りの建物が豪華なアパートメントに改装され、きれいな住宅地に生まれ変わっている。

『W.スピンドラークリーニング』は、1832年にベルリンで設立された洗濯・染色会社。当時ではドイツ最大のランドリーであり、またドイツのドライクリーニングの先駆的な存在だった。施設はドライクリーニング、ランドリー、染色のために使用され、第二次大戦後の東ドイツ時代には、ソビエト連邦軍事政権が所有し、ベルリンの壁崩壊後、1990年代中頃に永久的に閉鎖された。

非常に広大な施設だが、周囲は住宅地として開発され、建設も行われている。施設自体も、近くラグジュアリーアパートメントとして改装される計画が進められている。

ナチスがベルリンの北部・ブランデンブルグ州オラニエンブルグに設置した『ザクセンハウゼンユダヤ人強制収容所』や、ナチス軍への配給のために、常時80人前後の強制収容所の収容者が労働させられていたパン工場。『ザクセンハウゼンユダヤ人強制収容所』から2.5kmの場所にあり、囚人たちは工場まで、毎日徒歩で移動した。工場は1941年に稼働し始め、当初は一日1万斤以上のパンを焼いていたが、さらに設備を増やし、一日に4万斤以上のパンを焼くようになったという。戦後、東ドイツ政権下でも利用されていたが、東西統一後に閉鎖された。

施設内には複数の革靴が残されていた。暗い歴史背景を考えずにはいられなくなり、重苦しい気持ちになる廃墟だ。

1886年、首都ワルシャワにあるガス会社が、このガスタンクを建設した。当時、ガスは主に街灯照明用だったが、その後工業用としての需要が増し、市内にガスを供給する主要企業となった。第二次世界大戦中に砲兵砲弾がタンクに命中し、爆発は避けられたものの大火災になり、市内へのガス供給を停止する。その後、２つのタンクは爆撃によって破壊されたという。

巨大なタンクのため、電車からもその存在が確認できる。都市開発の一環で改装工事が開始され、２つのタンクのうちの一つの内部は黒い水で満たされ、もう片方は空だった。入り口からタンクの底までの深さは約10mあり、落下したときのことを想像すると思わず足が竦んだ。

chapter 5　交通──Transportation

『La Petite Ceinture（プティト・サンチュール）』という名の環状の鉄道路線は、1862年に乗客と貨物両方を運搬するサービスを開始し、1934年にはパリ中心部を走る生活路線の役割を担うようになった。その後、メトロ（地下鉄）の台頭から乗客サービスを停止し、1993年に完全に廃業した。廃線後はホームレスや不法滞在者が住みつき、強盗事件なども起きていた。現在、一部の路線は公園として利用されているが、大部分は放置されている。

長い間行きたかった場所で、フランス人の友人の案内で撮影できることになったが、撮影ポイントまでは、草木が生い茂る線路や、真っ暗なトンネルをひたすら歩かなければならなかった。トンネル内には「カタコンベ」と呼ばれる地下墓地への出入り口があり、不気味な雰囲気を漂わせている。その穴から、頭にライトを装着した少年たちが突然現れ、お互いにとても驚いたことを覚えている。

『パンコー鉄道車庫・貨物列車駅』は1893年に操業を開始し、かつてはドイツ最大の貨物ステーションだったが、1997年に閉鎖した。二つの転車台（ターンテーブル）を備え、一日に最大1800台の貨物車を扱っていた。巨大な木造の建物はまるでUFOのようで、その迫力に圧倒される。パンコー駅の近くにあり、しかもフェンスもなく、ベルリンの廃墟の中ではもっとも簡単に立ち入ることができた。しかし、多数のロマ（移動型民族）が住みつくようになったため、現在はフェンスが張られ、防犯カメラで監視されるようになった。

scene 3

ラングスドルフ飛行場
Rangsdorf Airfield

ドイツ・ベルリン
Berlin, Germany

『ラングスドルフ飛行場』は1936年、ベルリンオリンピックの前夜に開港した。のちにベルリンに発着する、すべての国際線の運航を開始した。第二次世界大戦中はドイツ軍事基地となり、戦闘機と爆撃機の部品を組み立てる施設として使われた。この空港にはひとつの歴史的な事件がある。「1944年7月20日、貴族のクラウス・シュタウフェンベルクと、ドイツ軍人のヴェルナー・ヘイフテンは、ラングスドルフ飛行場からラステンブルクに飛び、ヒトラーの宮殿での会議に出席した。シュタウフェンブルクは、スーツケースに仕込んだ爆弾でヒトラーを暗殺しようとしたが失敗。同日午後、二人はベルリンに戻ったが、ドイツを占領するクーデターを企てたとする、他の三人の共謀者とともに処刑された」というもので、のちにこの事件をテーマにして映画が制作された。

戦後は、ソビエト軍が飛行場を占領し、1946年から工場として操業していたが、1994年に閉鎖された。20年以上が経過した今、滑走路には雑草が生い茂り、まるで草原のように長閑だ。管制塔が残っていなければ、誰もそこが飛行場だったことに気づかないだろう。

scene 4

ヨハニスタール飛行場
Johannisthal Airfield

ドイツ・ベルリン
Berlin, Germany

ベルリン中心部から15kmに位置する『ヨハニスタール飛行場』は、1909年に開港したドイツ初の商用空港。1920年代に『テンペルホフ空港』が開港するまで、ベルリンの主要空港だった。第二次大戦後、ベルリンの壁崩壊前までは軍事訓練場として使われた。「世界で二番目に古い飛行場」ということもあり（世界で一番古いのは、一週間前に開港したフランスの空港）、古いレンガ造りの建物が立ち並ぶ。今は敷地内にはハイテク産業、科学技術研究所、コングレスセンター、スポーツレクリエーションセンターなどが建設され、今後さらに開発が進められる予定だ。

scene 5

テンペルホーフ空港
Tempelhof Airport

ドイツ・ベルリン
Berlin, Germany

『テンペルホーフ空港』の歴史は古く、かつてドイツ北部とポーランド西部を統治した「プロイセン王国」の軍隊が使用した跡地を、1828年にドイツ軍が買い取り、その後、運輸省が空港として認定した。1930年代半ば、ナチス・ドイツ政府が大規模な増築を行い、国際空港としたのは有名な話だ。第二次世界大戦中は軍事用としても使用されていたが、東西統一後の1994年にアメリカ軍が撤退してからは、旅客用空港へと変わった。

ブランデンブルク国際空港への機能強化で閉鎖されることが決定すると、国民投票で継続を希望する声が過半数を超えたにもかかわらず、2008年10月に閉鎖が実行された。ただし、地上70mのレーダータワーでは、今もドイツ軍によって進入管制業務が行なわれている。2010年以降、広い滑走路は市民の公園として、建物はファッショントレードショーやコンサートなど、イベントに利用されている。

scene 6

ジーメンス線
Siemens Line

ドイツ・ベルリン
Berlin, Germany

『ジーメンス社』は、ヨーロッパを代表する電機メーカー。19世紀初めに、広大な土地に工場や社宅を次々と建設し、1930年には5万人以上の労働者を働かせていた。彼らを通勤させるために開通したのが「ジーメンス線」である。

その後、労働者数はさらに増加したが、第二次世界大戦後にベルリンが東西に分断されると、西ベルリン市民は、東ドイツが運営する鉄道を利用しなくなったために乗客が激減し、1980年以降に運行停止となった。

線路上には草木が生い茂り、枕木はもちろん、木造の駅舎も風化が進行している。

scene 7

リーゼン橋
Liesen Bridge

ドイツ・ベルリン
Berlin, Germany

ベルリンの中心地にあり、1896年に建てられた『リーゼン橋』。第二次世界大戦後、ベルリンが東西に分断された結果、鉄道は廃止され、東西の境目にある橋は使用されなくなった。街の中心に、とてつもなく大きく錆び付いた陸橋が残っているのは、異様な光景でインパクトがある。今や鉄の塊でしかない巨大な陸橋が解体される日は、果たしていつになるのだろうか。

scene 8

機関車の墓場
Locomotive Trains Graveyard

ブルガリア共和国・カロヤノヴェッツ
Kaloyanovets, Bulgaria

ブルガリアのほぼ中心に位置する、カロヤノヴェッツにある蒸気機関車の墓場。錆び付いた蒸気機関車や貨物列車が、十数本も放置されていた。多数の列車が取り残された光景は非現実的で、まるで映画やロールプレイングゲームの世界に迷い込んだような錯覚に陥った。周りの施設や建物も寂れて、廃墟になっていた。

chapter 6　その他──etc.

scene 1

共産党ホール
Buzludzha:
Communist Party Headquarters

ブルガリア共和国・カザンラク
Kazanlak, Bulgaria

首都のソフィアから200km以上離れた、標高1432mバズルジャ山の頂上に建設されたブルガリアの共産党本部の廃墟。1981年に建設されたが、1989年にブルガリアの共産主義政権が崩壊とともに、1990年半ばに放置された。廃墟好きならば、誰もが一度は訪れてみたいと強く思う、世界的に有名な場所だ。建物の姿を目にした瞬間からテンションが上がり、無事に建物に入り、階段を登り、メインホールが目前に広がったときは、撮影できることに心が震え、いたく感動した。建物内部は落書きが多く、風化も進んでいるが、ガラスと天然石で作られたモザイク画は美しく光り輝いていた。そのときの喜びは、今でも忘れられない。

冬の撮影では、マイナス15度の吹雪の中を徒歩で登山し、神秘的なシーンを撮影できた。ようやくリノベーションのプロジェクトが始まったという。再生された建物を見たいとは思うが、それには長い年月がかかるに違いない。

scene 2

チャペル
chapel

ドイツ・ブランデンブルグ州
Land Brandenburg, Germany

このチャペルは、[Chapter 1_scene 6]で掲載している『サロウ養護老人ホーム』の近くにあり、驚くことに家具や食器類などがそのまま手付かずの状態で残されていた。ヨーロッパの廃墟で、落書きや破壊、盗難がない場所を見たのは初めてだった。ただ、遺体安置所だったと思われる地下の室内や、キリスト教の儀式をする場所だったのか、チャペル裏手の部屋で担架の上に置かれた血のようなものが付いたドレスを見たときは、さすがに背筋が凍り、気味が悪くなった。

scene 3

Malo Grablje村
Malo Grablji Village

クロアチア共和国・フヴァル島
Hvar, Hrvatska

クロアチア屈指のリゾート地でもある、フヴァル島の廃村。16世紀に建てられた石造りの教会と家々があり、歴史的建造物としても興味深い。しかし、50年前に村の収入源であるワイン用のブドウとラベンダー畑で、「フィロキセラ」という害虫が大発生し、住民たちは生活がままならなくなったという。23家族180人ほどが近くの町へ転出したために廃村となった。起伏が激しい山の中にあり、音もなくひっそりとしている。石造りの家屋が静かに自然に侵食されていく、その光景は神秘に満ちている。

scene 4

エーレンベルク城
Ehrenberg Castle

オーストリア共和国・チロル州
Reutte, Austria

1296年に、オーストリア・チロル州ロイッテ郡に建てられた、中世の古城。700年の年月を経て、廃城となった。崩れかけた巨大な外壁や高い塔など、朽ちかけてはいるが歴史を感じさせる。丘の上に悠々とそびえ立っていたであろう城は、観光スポットにもなっている。

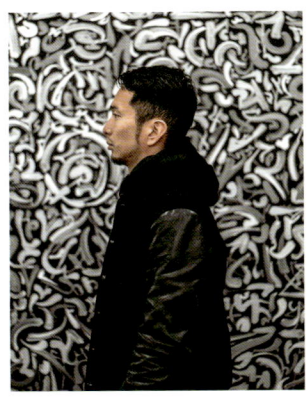

Photo : Thai Hoang

山田 悠人
Yuto Yamada

東京都出身。日本デザイナー学院グラフィックデザイン科卒業、広告制作会社
勤務を経て、ニューヨークに渡米。帰国後、フリーランスデザイナーとして活動。
2013年より、ドイツの首都ベルリンに活動拠点を移し、写真家としても活動を
開始する。デザイナーとしてのスキルを生かしたグラフィカルな写真表現を得
意とし、近未来的な夜景、歴史的背景とストーリーを持つ廃墟を撮影。近年で
は拠点であるベルリン、出身地である東京を中心に、国内外で作品展示を行っ
ている。

Website : yuto-yamada.com
Instagram : tokio_kid

Special Thanks :
Conny and Linus.
Ciaran Fahey -Abandoned Berlin-
両親、親戚、大森BOYS、BEN、齋藤さん、ISEさん、羽柴さん、益田さん、大介さん、
いつも本当にありがとうございます。
本書をご購入いただいた皆様、いつも展示にお越しいただいている皆様、作品
をご購入していただいた皆様、自分とかかわっているすべての皆様(お一人おひ
とりのお名前をお書きできず、申し訳ありません)、いつもサポートしてくださ
り、ありがとうございます。
そして、この本を形にしてくださった、担当編集の篠谷氏、デザイナーの藤田氏、
(株)アイワードの浦氏、パイ インターナショナルの三芳社長に感謝しております。

Danke für immer!
Anita, Manfred, Martina, Nicole, Andre, Alex, Lars, Fabian, Hiro&Kelly,
Pascal&Veronique, Olli, Youssef, Thomas, Satoko, Florian, Wardamer, Lilly,
Maarten, Maxim, Mathias, Naomi, Ruby, Nathalie, Sarah, Sophie, Yusuke,
Anne, Saltybarbara, Fukuzo, Hide san, Kana, Yuma and Kohei.

SILENT WORLD
サ イ レ ン ト　　ワ ー ル ド

消えゆく世界の美しい廃墟
Beautiful Ruins of a Vanishing World

2018年5月18日　初版第1刷発行

著者 ———————— 山田悠人
発行人 ——————— 三芳寛要
発行元 ——————— 株式会社 パイ インターナショナル
　　　　　　　　　　〒170-0005 東京都豊島区南大塚 2-32-4
　　　　　　　　　　tel：03-3944-3981　fax：03-5395-4830
　　　　　　　　　　sales@pie.co.jp
印刷・製本 ————— 株式会社アイワード
プリンティングディレクター ——— 浦 有輝

装幀・本文デザイン ——— 藤田 康平（Barber）
文 ————————— 山田 悠人
校正協力 —————— 平沢 千秋
編集 ———————— 篠谷 晴美